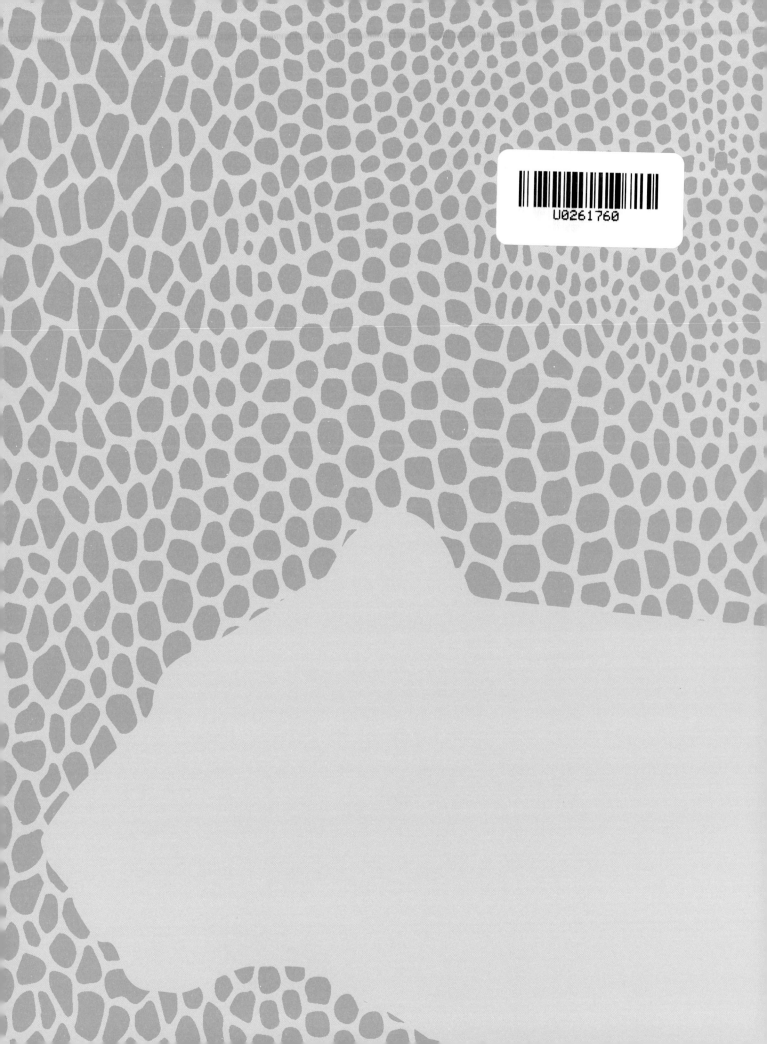

DK

ANIMAL KNOWLEDGE GENIUS!

DK Penguin Random House

Original Title: Animal Knowledge Genius!

图书在版编目（CIP）数据

动物研究所 / 英国 DK 公司著；霸王龙工作室译 . — 沈阳：辽宁少年儿童出版社，2024.2
（儿童天才百科）
ISBN 978-7-5315-9728-5

Ⅰ . ①动… Ⅱ . ①英… ②霸… Ⅲ . ①动物—儿童读物 Ⅳ . ① Q95-49

中国国家版本馆 CIP 数据核字 (2023) 第 236929 号
辽宁省版权登记号：06-2023-245

动物研究所
Dongwu Yanjiusuo
英国 DK 公司 著　　霸王龙工作室 译

出版发行：北方联合出版传媒（集团）股份有限公司
辽宁少年儿童出版社
出 版 人：胡运江
地　　址：沈阳市和平区十一纬路 25 号
邮　　编：110003
发行部电话：024-23284265 23284261
编辑室电话：024-81060398
E-mail:qilinln@163.com
http://www.lnse.com
承 印 厂：佛山市南海兴发印务实业有限公司

责任编辑：武海山
责任校对：李　爽
装帧设计：苔米视觉
责任印制：孙大鹏

幅面尺寸：216mm × 276mm
印　　张：11　　　　字数：220 千字
出版时间：2024 年 2 月第 1 版
印刷时间：2024 年 2 月第 1 次印刷
标准书号：ISBN 978-7-5315-9728-5
定　　价：98.00 元

爱上DK 爱上科学
绿色印刷产品
绿色环保印刷
用心呵护成长
混合产品
纸张 | 支持负责任林业
FSC® C018179

本书插图系原版插附地图

儿童天才百科

动物研究所

英国DK公司 著　　霸王龙工作室 译

北方联合出版传媒（集团）股份有限公司
辽宁少年儿童出版社
沈 阳

目录

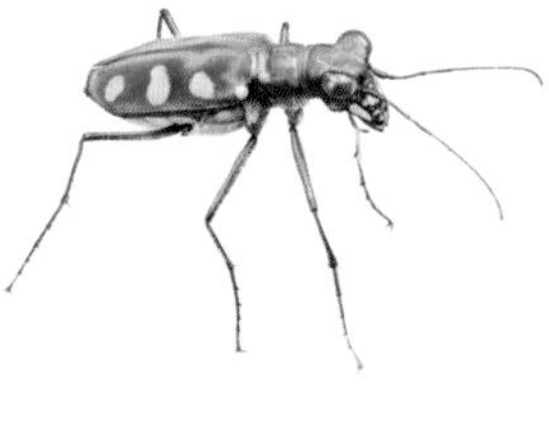

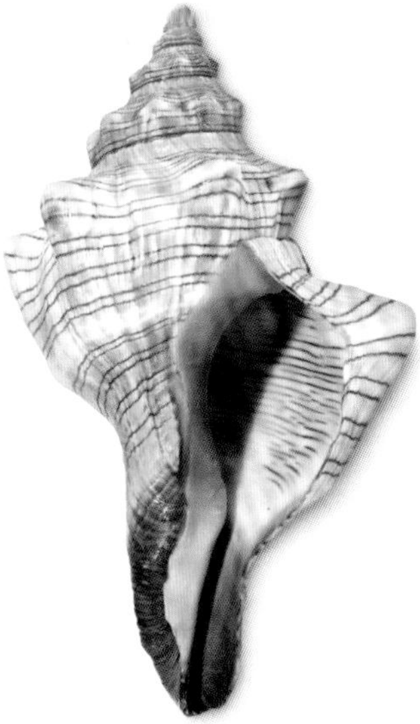

5 爬行动物

6 鸟类

7 哺乳动物

使用指南

让我们开始脑力挑战之旅，让你的大脑全新升级吧！学习一些新知识，然后努力完成测试，通过图片线索找到答案。你能区分珊瑚和水母吗？你知道这是哪种鸟的喙吗？你能分清各种蜥蜴吗？是时候找出答案了！

先阅读

首先了解动物王国中的几类主要动物：无脊椎动物、鱼类、两栖动物、爬行动物、鸟类和哺乳动物。这些章节中介绍了很多有趣的信息，能让你的大脑在测试前活跃起来。

后作答

然后就到了自我测试的时间了。看一看图片和旁边的动物名称列表，试着把它们匹配起来。按照以下的四个步骤，便可掌握解决这些问题的最佳方法。

01. 本书共七章，内容包含动物之间的共同点、不同点以及生活习性等，这些内容都与测试有关。或许可以从一个你所熟知的动物开始，然后逐渐探索一些比较陌生的动物。

80

攀爬时，长长的尾巴有助于抓牢树枝

两只眼睛可以独立旋转

在求偶季节，雄性身上的颜色会变得更加鲜艳

01 这种蜥蜴生活在马达加斯加茂密的雨林中，以其变色的能力而闻名。

锋利的爪子能帮助它抓住被海藻覆盖的岩石

横穿眼部

蜥蜴

世界上有5500多种蜥蜴，它们是爬行动物中最庞大的群体，从小壁虎到科摩多巨蜥，蜥蜴的体型差异极大。除南极大陆以外，这些有鳞的冷血动物在其他每一块大陆上都有分布。

脚底有以帮助物体抓

04 遇到危险时，这种动物会使身体膨胀，让自己看起来更大，同时还会伸出舌头并发出嘶嘶声恐吓对方。

颈部的助于抓

尾巴占据了体长的三分之一

66　两栖动物

两栖动物

两栖动物的幼体生活在水中，用鳃呼吸，经过变态发育，成年体可以生活在陆地上，用肺呼吸。它们的皮肤大都也可以用来辅助呼吸，但必须一直保持湿润，所以大多数两栖动物都生活在潮湿的地方。

成年体　受精卵
鳃是从水中收气气的器官
四肢的幼体
有鳃的幼体
四肢的幼体

蟾蜍的生命周期

蟾蜍的身体在一生中经历了明显的变化。它的生命从一颗受精卵开始，在19~50天内会孵化成幼体，并慢慢长出腿，最终在2~5个月后变为成体。

鸣叫
这些蛙类和蟾蜍利用叫声来吸引雌性，它们的叫声不同，就是有可能找得到爱侣，每种蛙和蟾蜍都有自己独特的叫声。

鸣叫时声囊膨胀

脚趾间的蹼有助于青蛙在水中进退自如。

致命防御

⚠ 黄金箭毒蛙是地球上毒性最强的动物之一，它的毒液储存在颜色鲜艳的皮肤里用于防御。

⚠ 虽然箭毒蛙的体型极小，只能长到2厘米长，但其携带的毒足以杀死一个成年人。

⚠ 蟾头分泌毒液（如下图）的体表具有毒，仅仅触碰一下它的皮肤就足以让你感到很不舒适。

如何像青蛙一样游泳

01. 用你的前腿和脚掌调控身体的方向。

索取上的吸盘有助于上岸时抓牢地面。

小水池
生活在树荫和雨林中的某些青蛙会将精卵存放在水里，从已经精卵的小水中孵化出的小蝌蚪。

青蛙不能生活在咸水中。

02. 尽可能地伸展身体，然后将腿划向身体后侧。

03. 奋力游出你强大的后腿，以产生向前的推力。

难以置信

生活在南美洲的奇异多指节蛙的蝌蚪是成年蛙的3倍大，体长可达25厘米，但随着年龄的增长，身体会收缩。

两栖动物的种类

无尾目
这是最大的两栖动物类别，主要包括蛙和蟾蜍。它们的前腿较短，后腿长而有力。

有尾目
这类动物主要包括大鲵和蝾螈，它们的身体长着尾巴，有着长长的尾巴和大小基本相同的四肢。

无足目
这些形似蠕虫且无腿的两栖动物，它们主要生活在潮湿的地下或水中。

数据统计

60天
当达尔文蛙的卵孵化成蝌蚪后，雄蛙会将蝌蚪放在声囊内长达60天，等到变态完成后再将青蛙从嘴中吐出。

24千米/小时
安第斯蟾蜍的奔跑速度可达24千米/小时，是世界上奔行速度最快的两栖动物。

3千克
一只成年非洲巨蛙的体重可达3千克。

最大和最小

最大的两栖动物是中国大鲵，生活在中国中部的河流中。

1.8米

最小的两栖动物是贝氏窄指蛙，它生活在巴布亚新几内亚的雨林中，只能长到7毫米长，大约比10便士硬币还小一半。

阿玛乌童蛙
7毫米

蟾市直径
18厘米

67

不要偷看
页面底部的答案顺序与图片旁边的数字顺序相匹配。

答案顺序：7，X，X，X，X，7，8，见P89

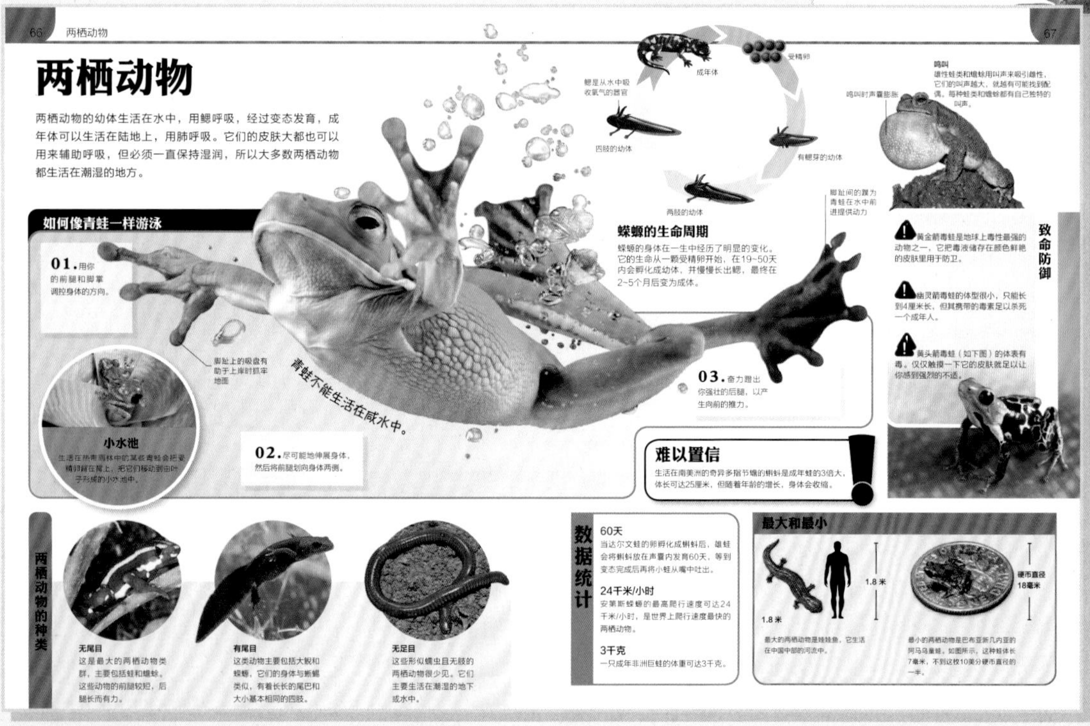

02. 选定某页的测试后，仔细观察书页上的图片。你能认出所有的动物吗？图片旁边的注释会给你提供一些额外的信息，帮助你解决问题。

03. 找到“自我测试”列表，将表内的动物名称和页内的图片相匹配。尽量不要把答案写在书上，因为你以后可能会再次进行测试或拿给朋友测试。

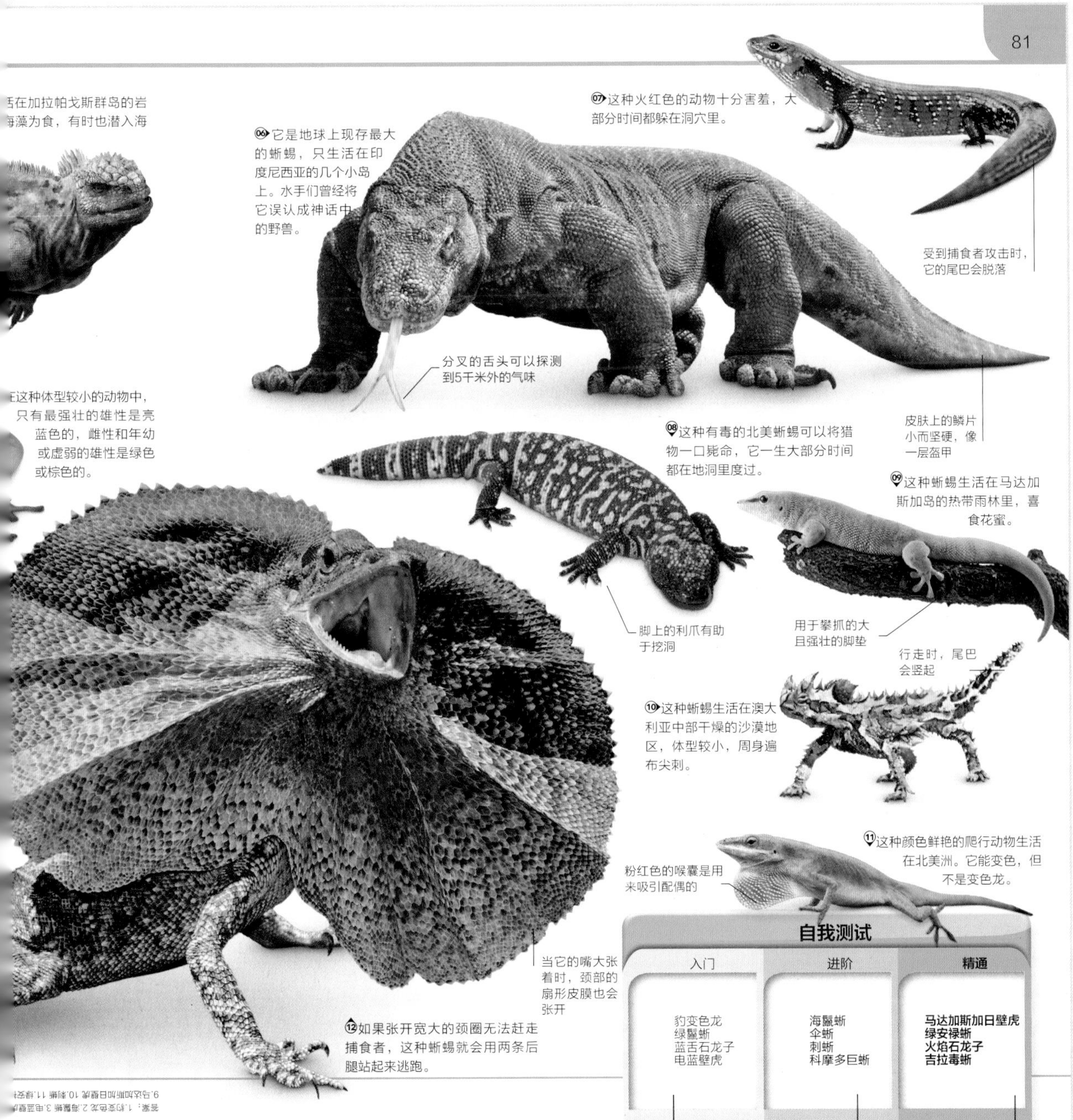

81
活在加拉帕戈斯群岛的岩
海藻为食，有时也潜入海
06 它是地球上现存最大的蜥蜴，只生活在印度尼西亚的几个小岛上。水手们曾经将它误认成神话中的野兽。
分叉的舌头可以探测到5千米外的气味
07 这种火红色的动物十分害羞，大部分时间都躲在洞穴里。
受到捕食者攻击时，它的尾巴会脱落
皮肤上的鳞片小而坚硬，像一层盔甲
在这种体型较小的动物中，只有最强壮的雄性是亮蓝色的，雌性和年幼或虚弱的雄性是绿色或棕色的。
08 这种有毒的北美蜥蜴可以将猎物一口毙命，它一生大部分时间都在地洞里度过。
09 这种蜥蜴生活在马达加斯加岛的热带雨林里，喜食花蜜。
脚上的利爪有助于挖洞
用于攀抓的大且强壮的脚垫
行走时，尾巴会竖起
10 这种蜥蜴生活在澳大利亚中部干燥的沙漠地区，体型较小，周身遍布尖刺。
11 这种颜色鲜艳的爬行动物生活在北美洲。它能变色，但不是变色龙。
粉红色的喉囊是用来吸引配偶的
当它的嘴大张着时，颈部的扇形皮膜也会张开
12 如果张开宽大的颈圈无法赶走捕食者，这种蜥蜴就会用两条后腿站起来逃跑。
自我测试
入门
豹变色龙
绿鬣蜥
蓝舌石龙子
电蓝壁虎
进阶
海鬣蜥
伞蜥
刺蜥
科摩多巨蜥
精通
马达加斯加日壁虎
绿安禄蜥
火焰石龙子
吉拉毒蜥
答案：1.豹变色龙 2.海鬣蜥 3.电蓝壁
9.马达加斯加日壁虎 10.刺蜥 11.绿安

04. 列表内有三个难度等级，需要你自己努力依次通过——这应该不容易！全部答完后，核对一下答案——它们位于页面的底部，是翻转过来的。

开始很简单……这些名称应该是最容易对应的。

难度加深……那这些难一点儿的呢？你也能将它们分别对应吗？

棘手的来了……如果你能将这些剩下的名称正确匹配，那么毫无疑问——你就是一个小天才！

1 总论

无处不在的生命

从干燥的沙漠到湿润的雨林，从植物茂盛的浅海到幽深黑暗的海沟，地球上的每一片区域都生活着种类繁多的奇特动物。

动物是什么

动物是具备呼吸、摄食、运动、感知、交流和繁殖等功能的生命体。科学家们推测世界上总共有超过800万种动物，但其中的绝大多数尚未被发现。

动物的种类

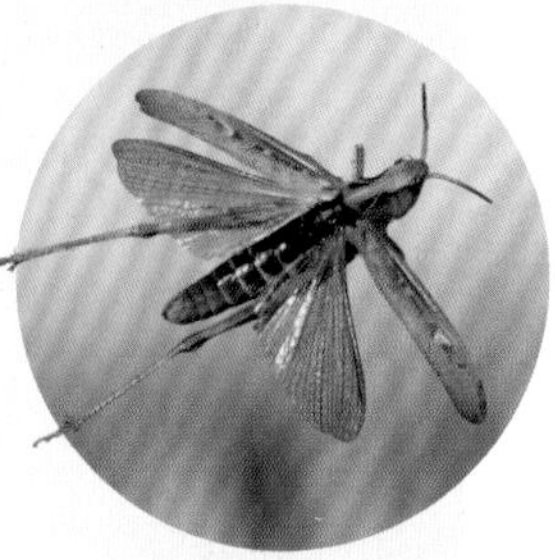

无脊椎动物

无脊椎动物的种类数量占动物总种类数量的95%，是唯一一类没有内骨骼的动物。从海绵到蜘蛛，无脊椎动物的种类异常丰富。

鱼类

从淡水湖到洋底海沟，鱼类生活在各种水环境中。大多数鱼用鳃在水下呼吸，身上覆盖着鳞片，这些鳞片是一种起保护作用的薄片状外骨骼。

两栖动物

两栖动物是一类皮肤湿润的变温动物。它们的幼体生活在水中，以鳃呼吸，经过变态发育，会成为用肺呼吸的可以在陆地生活的成体。

爬行动物

爬行动物是一类变温动物。它们没有完善的体温调节功能，只能依靠太阳的热量来取暖。它们的身体上通常覆盖着鳞片。

鸟类

鸟类是恒温动物，它们的身体上披覆着羽毛，用来飞翔和保暖。嘴部长有喙，用来捕猎和进食。

哺乳动物

所有的哺乳动物都是恒温动物，它们的身体内部可以产生热量，以保持体温。所有哺乳动物的体表都有毛发或皮肤。哺乳动物幼崽刚出生时，需要依靠母亲的乳汁存活。

如何像水母一样移动

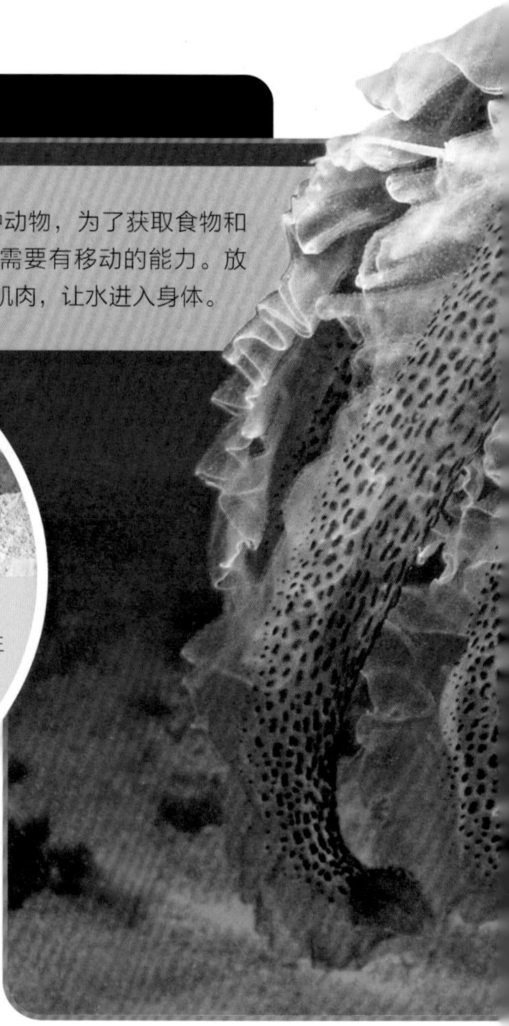

01. 作为一种动物，为了获取食物和躲避捕食者，你需要有移动的能力。放松钟状内腔上的肌肉，让水进入身体。

新生命

所有的动物都会繁殖。有些动物通过卵生繁殖（受精卵在母体外发育），而有些则通过胎生繁殖（受精卵在母体内发育）。这只刚孵化的小海龟正在爬向大海。

数据统计

90%
对于人类来说，约有90%的动植物仍处于未知的状态。

6亿
动物在地球上已经生存了约6亿年。

322种
在过去的500年里，共有322种动物灭绝。

难以置信

人类与黑猩猩的DNA相似度高达98.8%。即便如此，这两个物种之间仍存在着巨大差异。

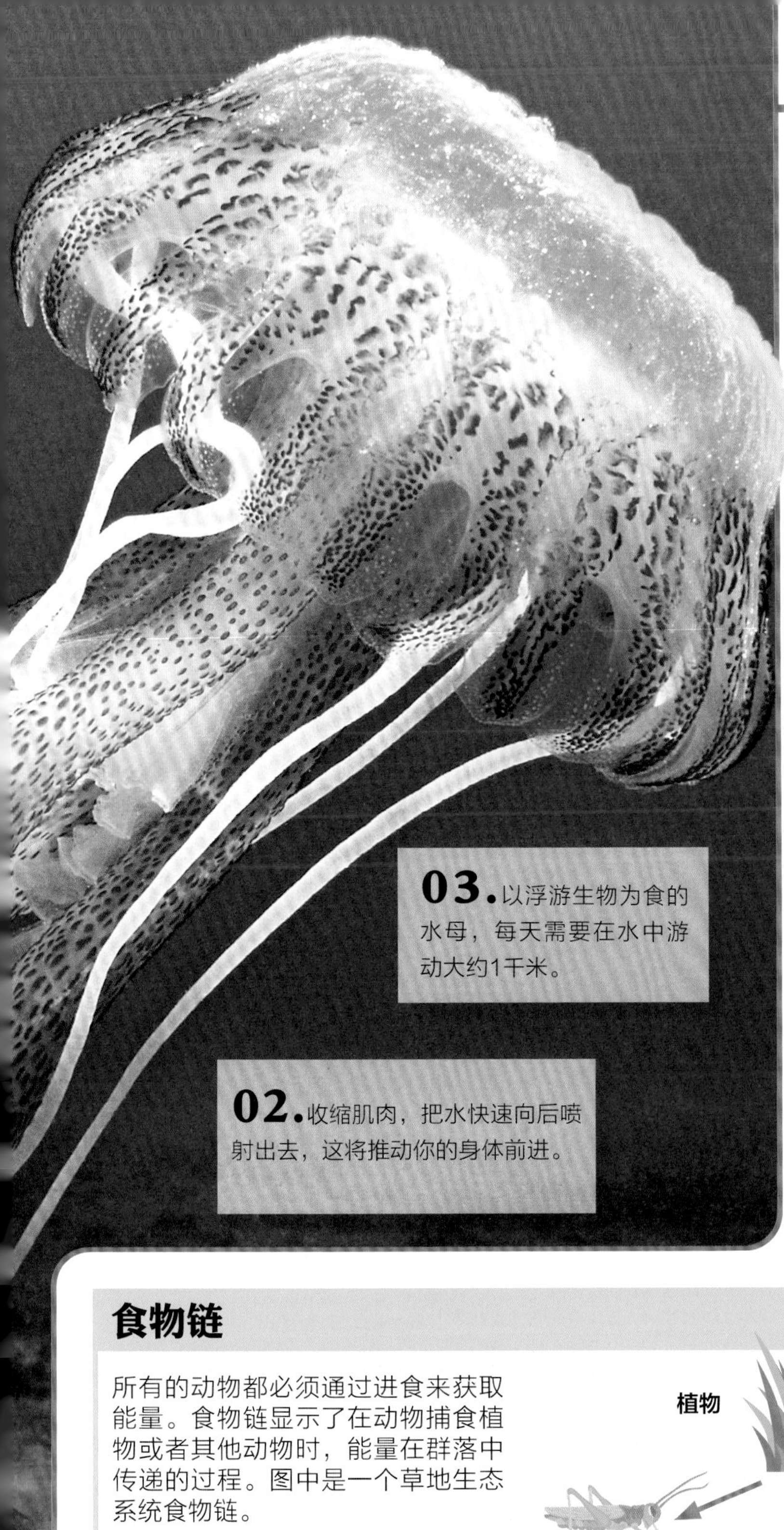

03. 以浮游生物为食的水母，每天需要在水中游动大约1千米。

02. 收缩肌肉，把水快速向后喷射出去，这将推动你的身体前进。

呼吸

绝大多数动物都需要氧气才能生存。大多数陆生动物都通过肺或气管从空气中吸入氧气。

一些水生动物使用叫作鳃的器官从水中吸入氧气。

蚊子幼虫生活在水里，它们使用尾巴上的呼吸管从空气中吸入氧气。

无肺蝾螈通过嘴、喉咙和皮肤上的黏膜吸入氧气。

大多数蛇只有一个肺，这是为了适应它们细长的管状身体。

食物链

所有的动物都必须通过进食来获取能量。食物链显示了在动物捕食植物或者其他动物时，能量在群落中传递的过程。图中是一个草地生态系统食物链。

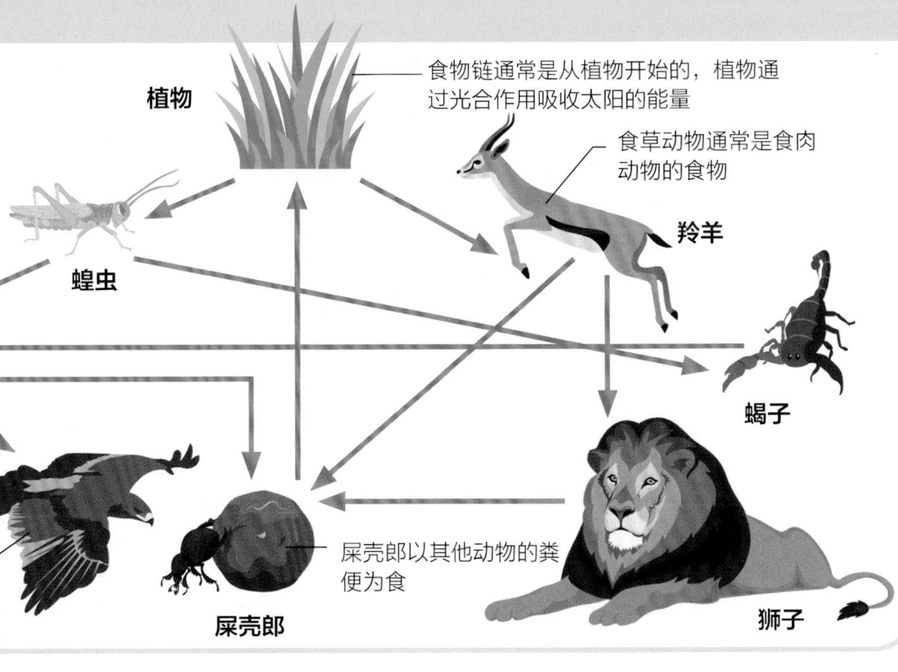
植物
食物链通常是从植物开始的，植物通过光合作用吸收太阳的能量
食草动物通常是食肉动物的食物
羚羊
蝗虫
蝎子
猫鼬能吃的食物种类很多，包括蝗虫和其他小动物
猫鼬
老鹰等食肉动物以其他动物为食
老鹰
屎壳郎以其他动物的粪便为食
屎壳郎
狮子

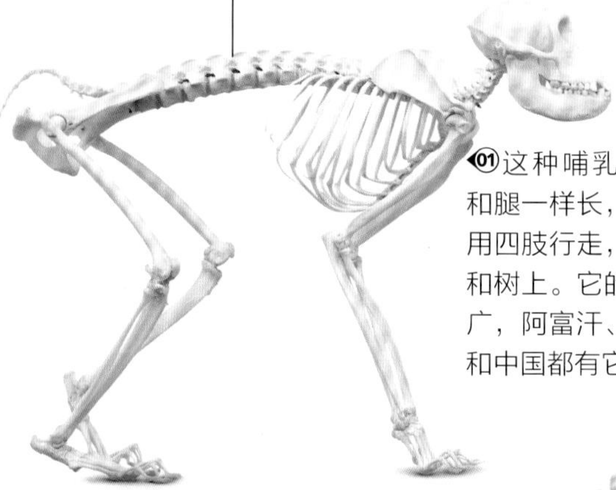

翅膀里只有几块骨头

它的脊椎由50块椎骨构成

02 这种鸟的骨头上布满了小孔，使其重量减轻以便飞行。同时又大又厚的胸骨能够支撑其用于飞行的发达肌肉。

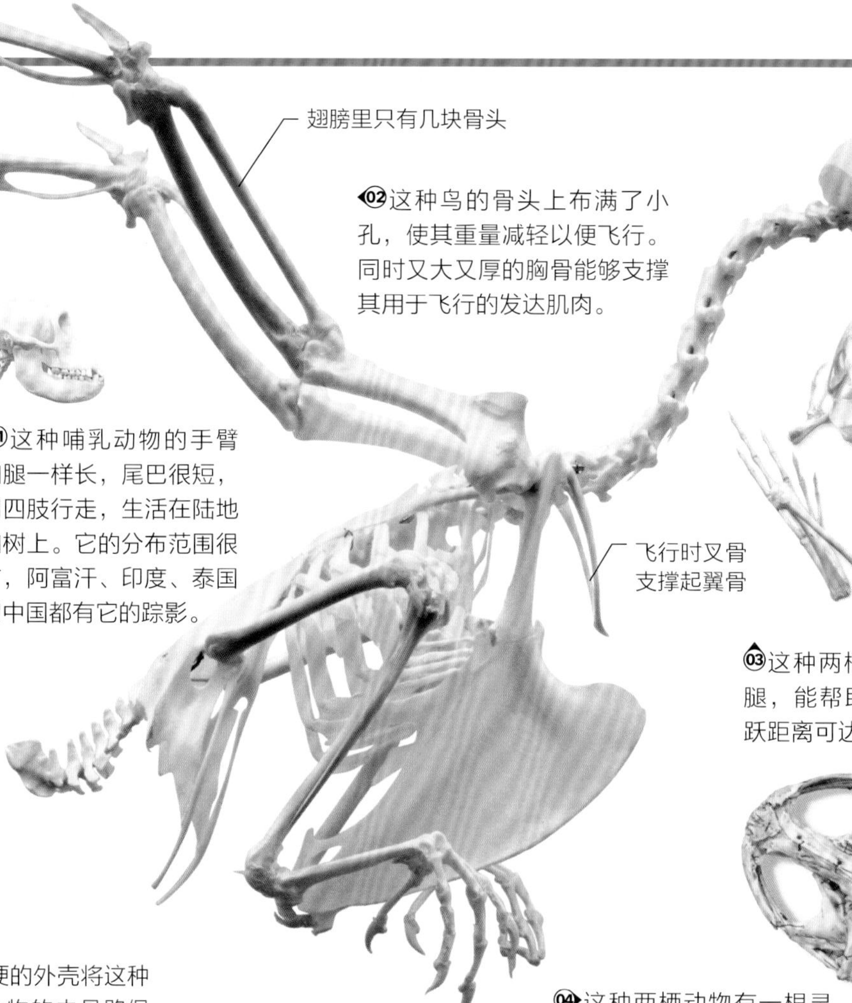

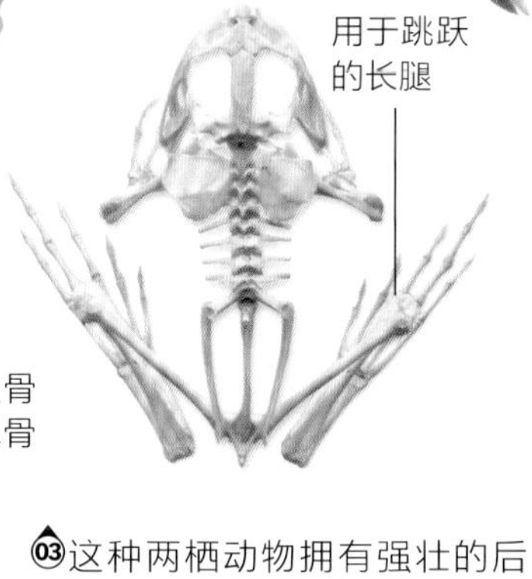

用于跳跃的长腿

01 这种哺乳动物的手臂和腿一样长，尾巴很短，用四肢行走，生活在陆地和树上。它的分布范围很广，阿富汗、印度、泰国和中国都有它的踪影。

飞行时叉骨支撑起翼骨

03 这种两栖动物拥有强壮的后腿，能帮助其跳跃。它们的跳跃距离可达到体长的10倍。

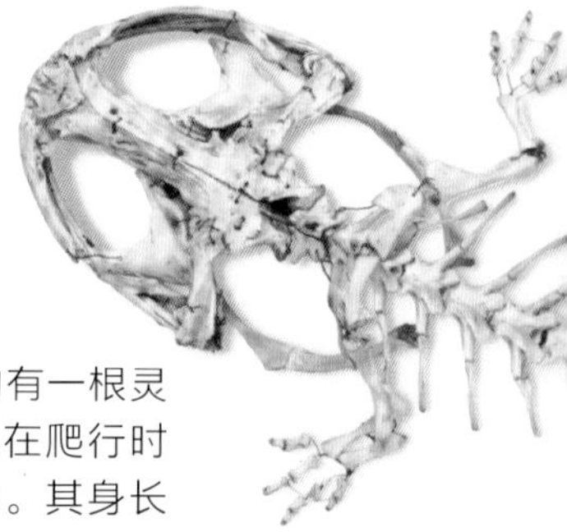

05 坚硬的外壳将这种爬行动物的内骨骼保护得非常好。外壳的上部分叫背甲，下部分叫腹甲。

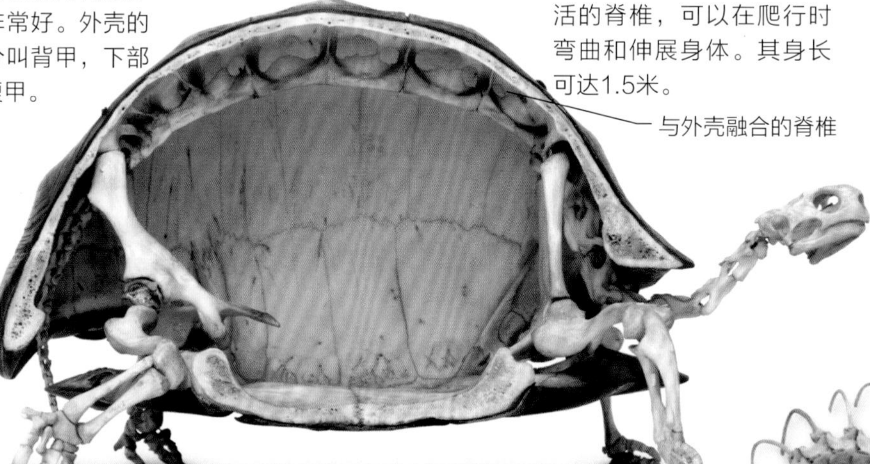

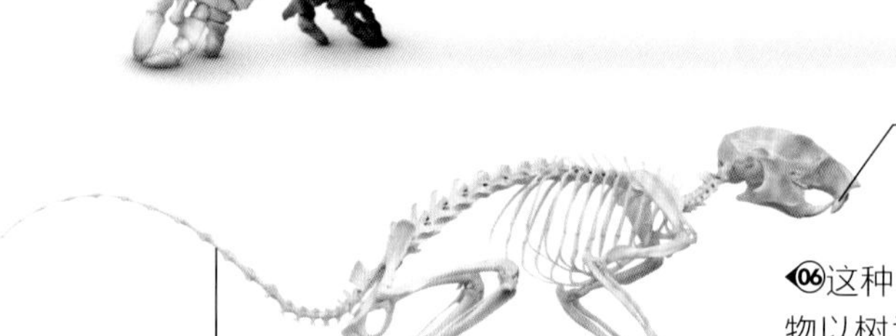

04 这种两栖动物有一根灵活的脊椎，可以在爬行时弯曲和伸展身体。其身长可达1.5米。

与外壳融合的脊椎

用来啃树皮、种子和坚果的巨大门牙

06 这种小型哺乳动物以树为家，轻巧的身体以及强壮的四肢有助于攀爬。

07 长长的尾巴和强壮的身体使得这种爬行动物不仅能在水中畅游，也能在陆地上平稳行走。

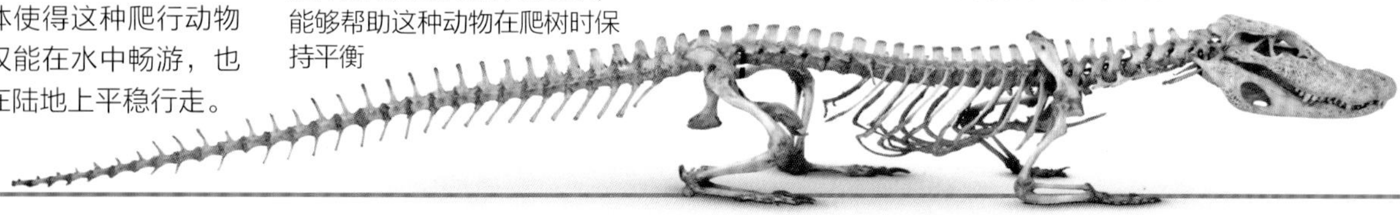

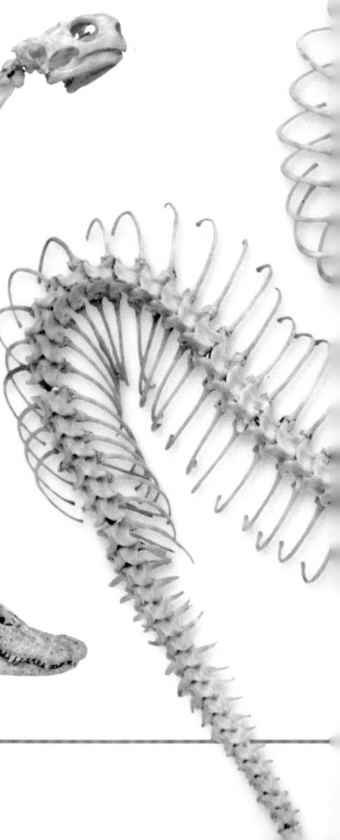

延伸到尾巴的脊椎十分灵活，能够帮助这种动物在爬树时保持平衡

动物的骨骼

大多数动物都有骨骼——一种塑造身体和固定肌肉的框架。有内骨骼和脊骨的动物叫脊椎动物，没有脊骨的动物被称为无脊椎动物。尽管一些无脊椎动物有一种类似于盔甲的外壳，但这种外壳是外骨骼。

腿是带有灵活关节的硬管

⑨这种动物有带刺的背甲和细长的腿。它们生活在水里，粗糙的外壳上经常长满了藻类，这对它们来说是极好的伪装。

⑧这种海洋无脊椎动物的骨骼由一块块覆盖着皮肤的骨板组成。它以藻类、小动物和腐肉为食。

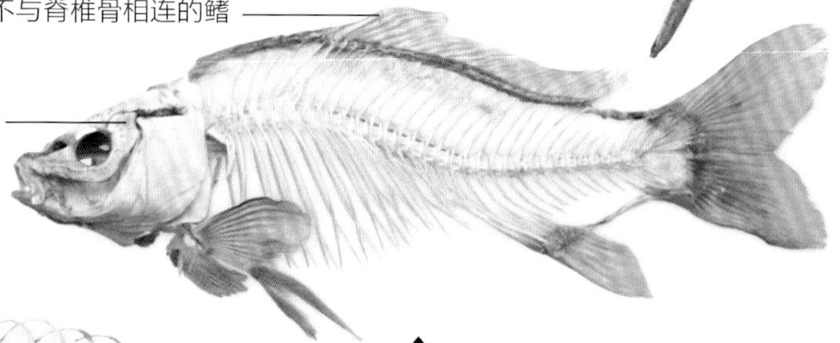

不与脊椎骨相连的鳍

保护头部的骨板

⑩流线型的骨骼使这种动物非常适合在水中生活，它们只需要轻轻摆动鳍，就能畅快地在水中游泳。

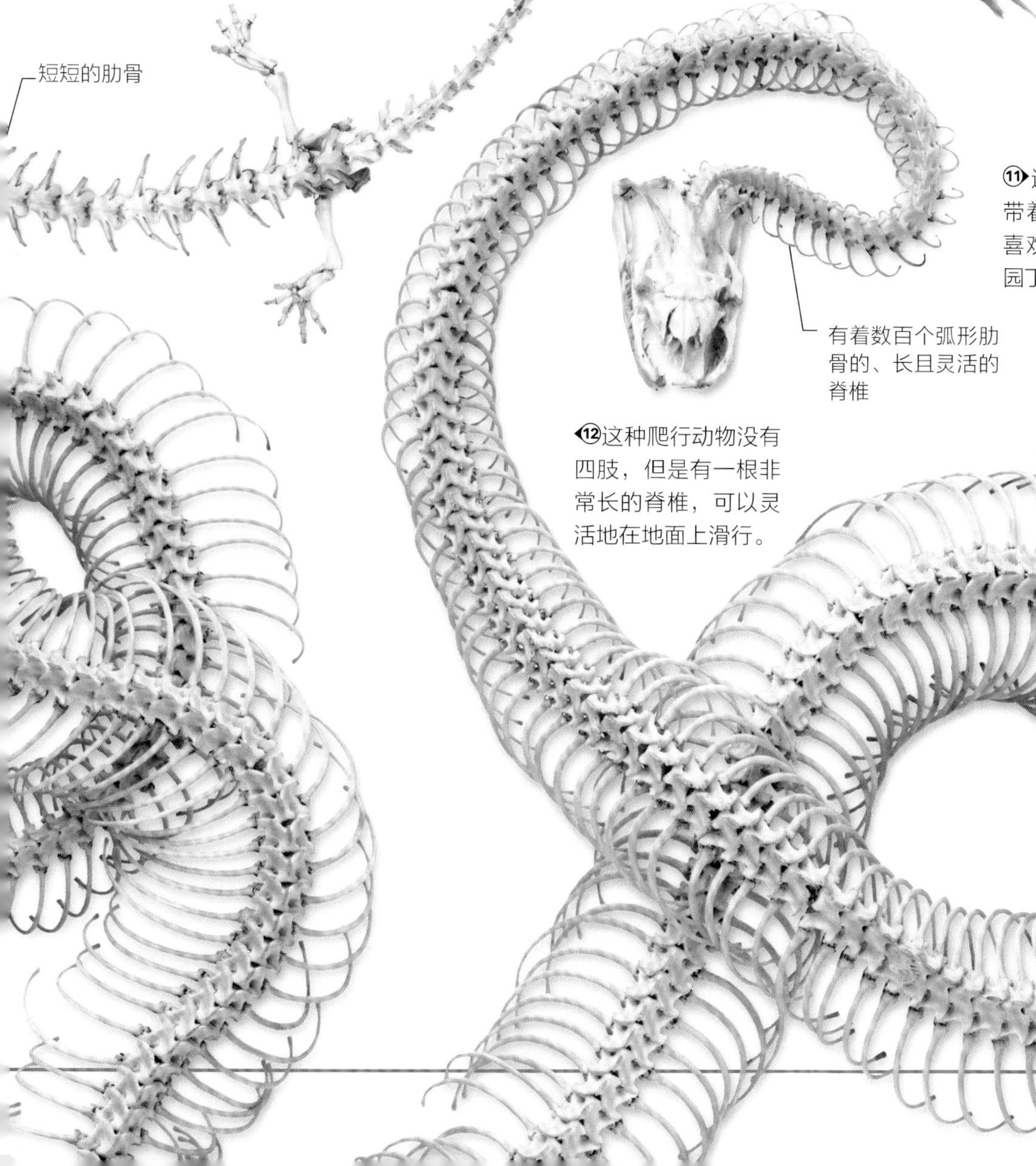

短短的肋骨

有着数百个弧形肋骨的、长且灵活的脊椎

⑫这种爬行动物没有四肢，但是有一根非常长的脊椎，可以灵活地在地面上滑行。

⑪这种动物有着闪亮的、带着紫绿条纹的外壳。它喜欢咀嚼草本植物，这给园丁们带来了极大的困扰。

野生动物面临的威胁

森林砍伐
森林被不断砍伐意味着许多动物的栖息地逐渐被破坏。图中的这场森林大火源自毁林开荒。

气候变化
人类的活动使地球变暖，从而导致冰山融化，这使得企鹅、北极熊等动物将会失去大片栖息地。

偷猎和贸易
一些动物因其身体某些部位对于人类有特殊用途而被杀害，如象牙可用来制作饰品；金刚鹦鹉等动物被人类作为宠物猎捕出售。虽然这些行为都是违法的，但仍屡禁不止。

建筑工程
建筑工程会影响周围环境。例如，大坝能够为人们提供可再生电力资源，然而它也会改变河流环境，影响鱼类等动物的生存。

饱受威胁的动物

人类活动改变了世界的环境。我们开荒种地、下海捞鱼，还制造汽车、开办工厂，这些行为破坏了生态系统，导致大片的野生动物栖息地被破坏，使动物的生存受到威胁。

濒危物种

世界自然保护联盟（IUCN)已经统计出五类脊椎动物中濒临灭绝的物种所占的大致比例（见下图中的红色部分）。目前还没有对无脊椎动物做类似的统计，但专家们认为它们也同样面临着危机。

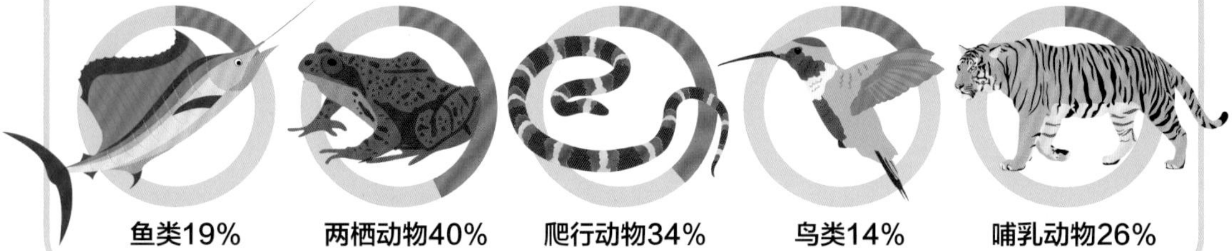

金蟾蜍的灭绝

金蟾蜍曾生活在哥斯达黎加热带雨林中的一小片区域内。人类活动导致的气候变化使得这一地区变得炎热干燥，金蟾蜍因此患上了一种真菌病。在1989年之后就再也没有人在野外见过这种蟾蜍，它已被宣告灭绝。

生物多样性热点地区

地球上物种极其丰富并饱受威胁的区域被称为生物多样性热点地区。全球共确立了36个生物多样性热点地区，它们只占地球表面积的2.4%，却包含了超过50%的植物与超过43%的陆生动物。

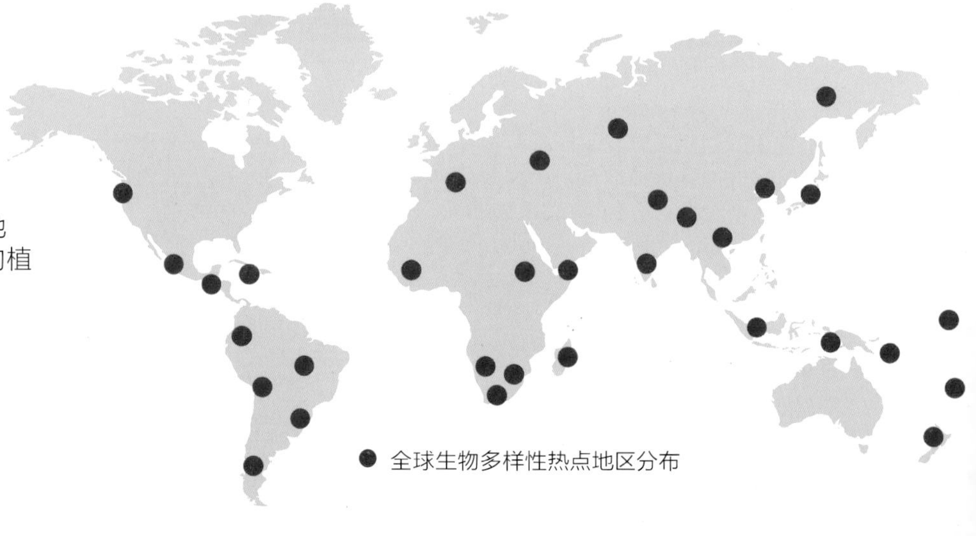

过度捕捞

随着着渔业的工业化进程，人类对海洋的索取越来越多。过度捕捞使海洋生态系统失衡，许多鱼类变得稀有，甚至灭绝，如濒危的斑点长手鱼。

喷洒杀虫剂

喷洒杀虫剂可以杀死吃农作物的昆虫，但是鸟类也因此失去了一种食物，或因吃了带有杀虫剂的昆虫而中毒。杀虫剂的滥用严重破坏了生态系统。

难以置信

人类一直在使野生动物走向灭绝。一万多年前，猛犸象等大型哺乳动物的灭绝很可能就是由于人类的过度猎杀导致的。

濒临灭绝

世界上最濒危的海洋哺乳动物是小头鼠海豚，这是一种小型海豚，为美国加利福尼亚湾所独有。据一些自然资源保护组织估计，野生小头鼠海豚的数量可能不足10只。

苏门答腊犀牛是如何变得极度濒危的

01. 苏门答腊犀牛是世界上最小的犀牛。在过去的20年里，其所在的热带雨林被大面积砍伐，导致这种犀牛的数量下降了70%。目前，野生苏门答腊犀牛的数量已不足80头。

02. 森林砍伐使苏门答腊犀牛的种群被分割，致使它们难以找到配偶繁殖后代。

03. 偷猎者为获取犀牛角大肆捕杀苏门答腊犀牛，这也是它濒危的原因之一。

IUCN红色名录

世界自然保护联盟（IUCN）红色名录能够清楚地显示出哪些动物正处于灭绝的危险之中。它将已发现的所有动物根据其生存现状归为以下几个类别。

无危（LC）
物种数量稳定，就目前而言，不太可能灭绝。

近危（NT）
目前物种没有受到威胁，但在不久的将来可能会面临灭绝。

易危（VU）
物种数量较少，其野生种群灭绝的概率较高。

濒危（EN）
该物种的野生种群即将灭绝的概率非常高。

极危（CR）
该物种的种群数量已经非常非常少，它们面临着极高的灭绝风险。

保护野生动物

动物保护是指致力于保护野生动物及其栖息地的行为。建立野生动物保护区和国家公园，并且颁布法律禁止偷猎，可以保护这个区域内的生态系统，给予濒危物种安全的生存环境，这是保护野生动物的有效方式。

如何保护小象

263只小象在这次援助计划中得到救助。

01. 建立野生动物保护区。如图所示，非洲肯尼亚就有一个这样的小象保护区。

野外灭绝（EW）
野生种群已经全部灭绝，仅存的个体被人类圈养在动物园等区域内。

灭绝（EX）
没有活着的个体，或最后几个幸存的个体是同性，不能进行繁殖。

附在外壳上的卫星追踪装置

追踪
科学家在濒危的玳瑁（一种海龟）身上安装卫星追踪装置，来了解它们的活动路线，以便更好地保护它们。

数据统计

1 000 000
当前濒危物种数量约为100万。

6000平方米
地球上每秒钟有6000平方米的森林被砍伐。

99%
由于人类活动而濒危的物种占全部濒危物种的99%。

40%
一个世纪内，有40%的昆虫物种因失去栖息地而灭绝。

拯救蜜蜂！
蜜蜂消失的原因有很多，但主要的原因还是杀虫剂的使用。蜜蜂能够帮助植物授粉，对自然界和农业生产，尤其是果蔬种植，都十分重要。我们可以通过不使用杀虫剂、专门种植充满花蜜的花朵等方式，来拯救蜜蜂。

难以置信
如今，世界上有10万个野生动物保护区和国家公园。不仅可以保护许多野生动植物及其栖息地，还能让人类体验自然之美。

成功案例

🏆 20世纪70年代初，野生毛里求斯红隼只剩下4只。通过实施圈养繁殖计划，现在这种鸟的数量已达数百只。

🏆 最近的保护工作使得山地大猩猩的数量从600只增加到1000多只。

🏆 加利福尼亚秃鹰一度因非法猎杀而濒临灭绝，人们将圈养繁殖的秃鹰放归野外后，这一情况才得以好转。

02. 护林员在保护区内巡逻，监护小象使其免受偷猎者的伤害。这些护林员还需要喂养和照顾一些非常脆弱的小象，如刚失去母亲的象宝宝。

03. 鼓励发展旅游业等可持续发展的产业。这些产业不仅对环境的影响较小，还能为当地人创造工作岗位，获得的收入也可以用来继续经营保护区。

2 无脊椎动物

冬眠的瓢虫

地球上的大多数昆虫都是无脊椎动物，图上的瓢虫也不例外。当冬季来临，它们没有食物可吃的时候，成千上万只瓢虫就在一个隐秘处集体冬眠。

无脊椎动物

无脊椎动物是指身体内部没有脊椎骨的动物。它们是地球上最早出现的动物，从陆地上的昆虫到海洋中的鱼，这类动物的种类繁多，占地球动物总种类数量的95%。

无脊椎动物的分类

地球上的无脊椎动物可分为34个类群，这里展示了其中的6类。

腔肠动物

这类动物包括栉水母、珊瑚、海葵和水母等。它们中的大多数都长有带刺的触须，可用来捕猎。

海绵动物

这些结构简单的动物一生都生活在水中，吸附在石头等坚固物体的表面。

棘皮动物

这类动物生活在水中，一般表皮带刺。它们有的外形像星星，有的像黄瓜。

软体动物

软体动物包括蜗牛、蛞蝓、章鱼、鱿鱼和牡蛎等。它们有些有壳，有些没有。

节肢动物

节肢动物主要由昆虫组成，也包括螃蟹和蜘蛛等，是最大的无脊椎动物群。

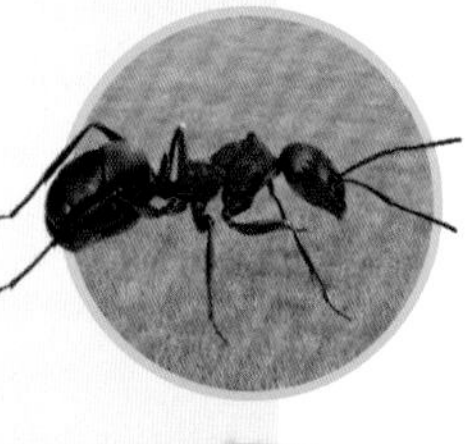

蠕虫

这类动物身体柔软分节，靠身体的蠕动前行。包括陆地上的蚯蚓和海洋中许多五彩斑斓的动物。

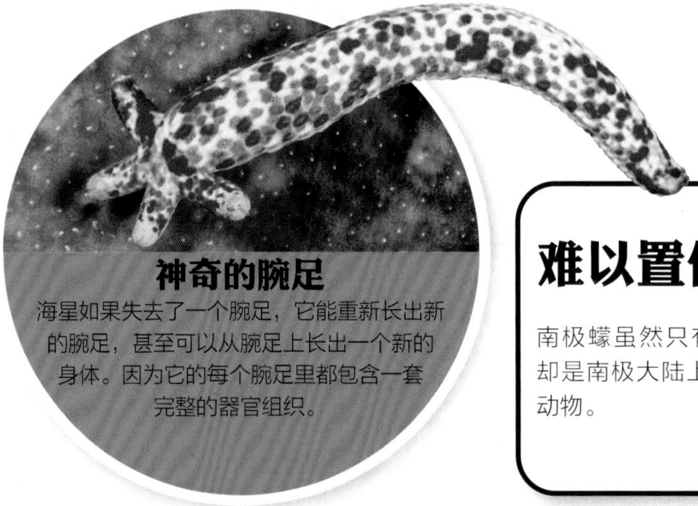

神奇的腕足

海星如果失去了一个腕足，它能重新长出新的腕足，甚至可以从腕足上长出一个新的身体。因为它的每个腕足里都包含一套完整的器官组织。

难以置信

南极蠓虽然只有1厘米长，却是南极大陆上最大的本土动物。

伪装大师

拟态章鱼的伪装技术堪称完美。它们通过改变表皮的颜色和纹理，让自己看起来像礁石、珊瑚或海蛇，并以此来迷惑捕猎者。

寄居蟹

拟态章鱼

狮子鱼

拟态章鱼

拟态章鱼

海蛇

如何像蜘蛛一样捕猎

01. 用丝线编织一张坚韧有弹性的网，并耐心等待。

02. 你感觉到了网的振动。一只昆虫被网粘住了，快去！

03. 给昆虫注射特殊的消化液，使其内脏液化。赶快吮吸液体，享受盛宴吧！

数据统计

3亿
蜻蜓是最早进化出翅膀的昆虫之一，它在地球上已经生存了3亿年。

250千克
世界上最大的蛤蜊有250千克。它同时也是世界上最大的软体动物。

24只
箱形水母有24只眼睛。这些眼睛可以帮助它避开障碍物。

水母的生命周期

水母繁殖的第一阶段为有性繁殖，受精卵首先会发育成浮浪幼虫，其前端会固着在物体上发育成水螅体。而后会开始进行无性繁殖，即横裂生殖形成幼年的水母形体。成年水母的寿命一般为几周至几个月。

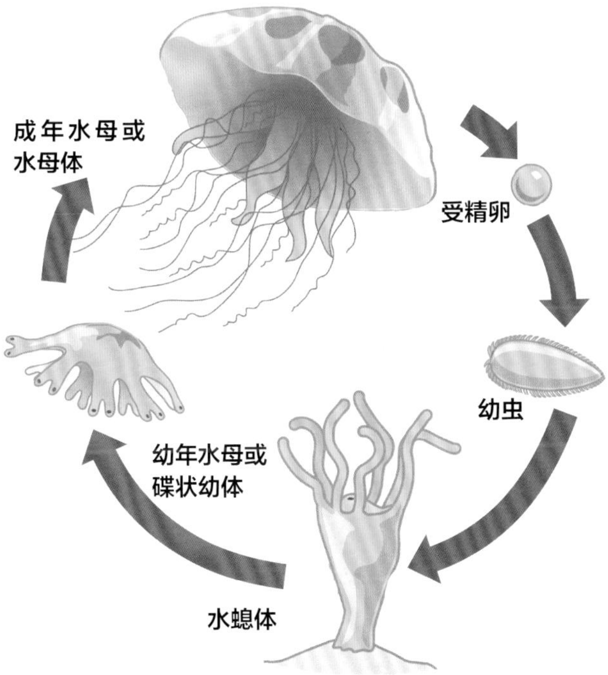

黑暗中的亮光

✦ 蝎子的皮肤里有一种特殊的矿物质，在紫外线的照射下会发出蓝绿色的光泽。一些科学家认为，这是为了防止蜱虫和螨虫的寄生。

✦ 栉水母会发出闪光来吓退捕食者。

✦ 萤火虫实际上是一种会飞的甲虫。它们通过体内进行的化学反应发光，并利用这种光与同类交流。

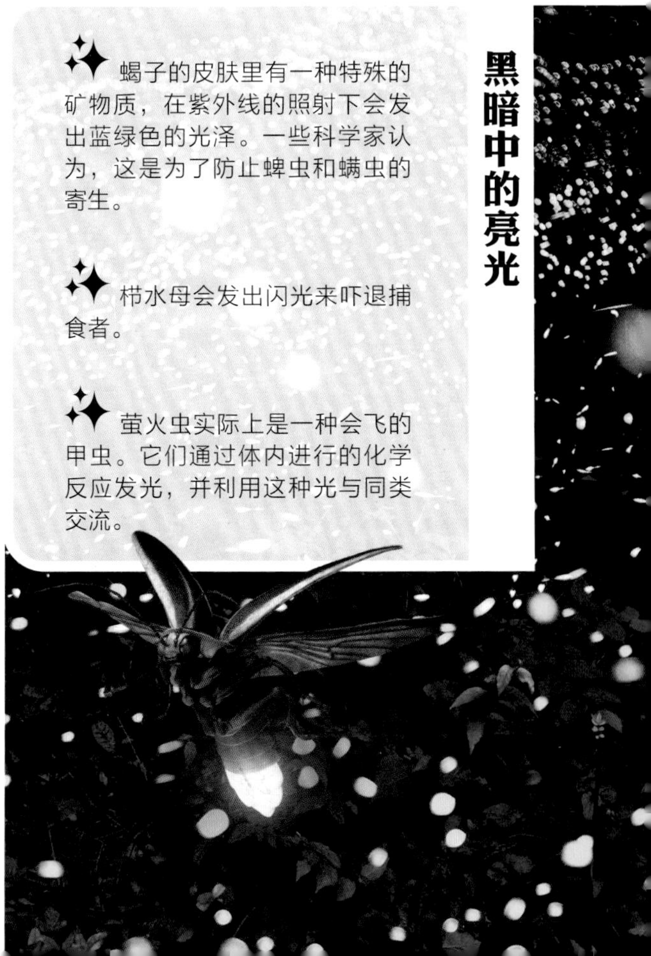

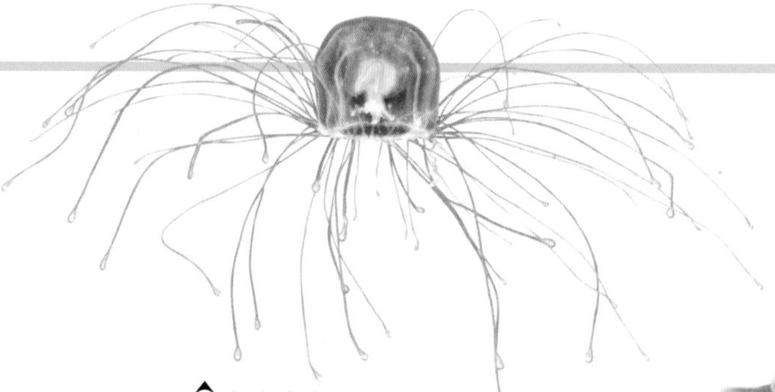

01 这种无脊椎动物的触手呈毛发状，可长达36.5米，它以沙蚕、鱼和其他小型水生生物为食。

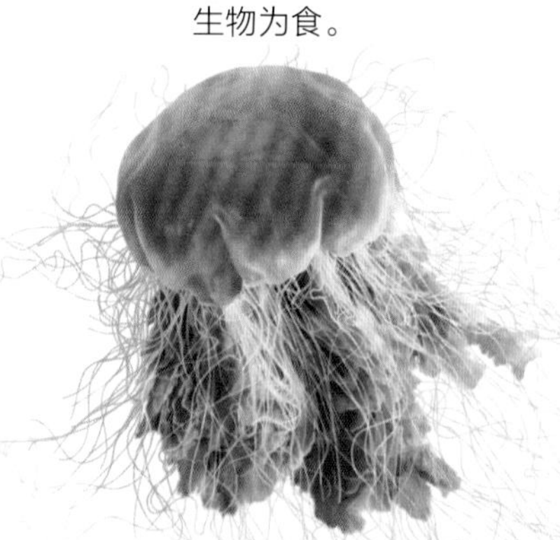

02 这种动物有一种独特的能力。当食物耗尽或受到刺激时，它可以回到幼虫阶段，重新成为水螅体，并再次长大。这种过程没有次数限制，也就是说它拥有无限的寿命！

受到威胁时，它的须状触手会收缩

海绵和刺细胞动物

栉水母、海绵以及刺细胞动物门中的水母、珊瑚和海葵等水生动物是地球上最简单的生命形式。这些动物已经存在了近6亿年，并且现在仍然种类、数量繁多。它们的捕食方式不一，刺细胞动物用带刺的触手麻痹猎物，而海绵则通过身上的小孔过滤出海水中的微生物。

03 这种体型庞大的无脊椎动物生活在热带珊瑚礁中。它附着在海床的岩石上，用有毒的触手捕捉小型鱼类和浮游生物。

04 这种动物有无数条向外伸展的美丽的枝干，它看起来可能更像一株植物，但它实际上是由一群微小的动物组成的。它的生长速度非常缓慢，每年能长1厘米左右。

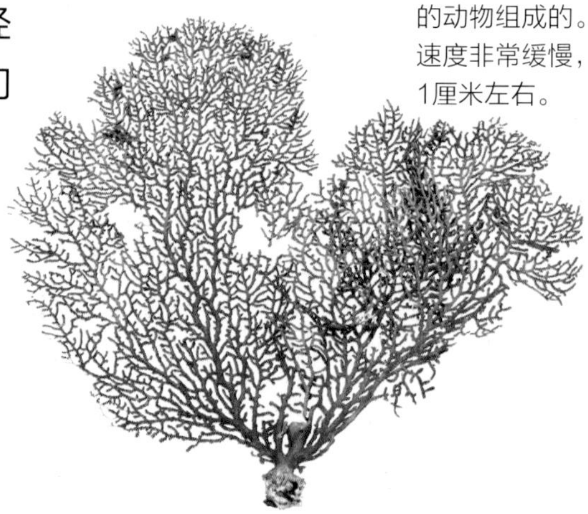

05 这种动物的名字源于其触手顶端的形状。小丑鱼为了躲避捕食者经常生活在这种动物的触手之间。

06 这种生物生长在浅海的珊瑚礁上，它的枝干中空，呈圆柱形，以漂浮在其间的细菌和其他微小的有机体为食。

这种管状结构可以长到1米长

07 这种动物生活在河流和湖泊等淡水中，全身长满了细小的孔，可以吸收水中的氧气和过滤食物。这种动物通体发绿，但这并非其原本的颜色，而是经常有藻类附着在其表面所致。

08 这种动物是以希腊神话中的九头蛇“海德拉”命名的。它的身体只有2厘米长，以小型淡水生物为食，它的触手能够射出毒液麻醉猎物，并将其缠绕至死。

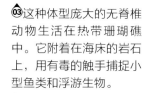

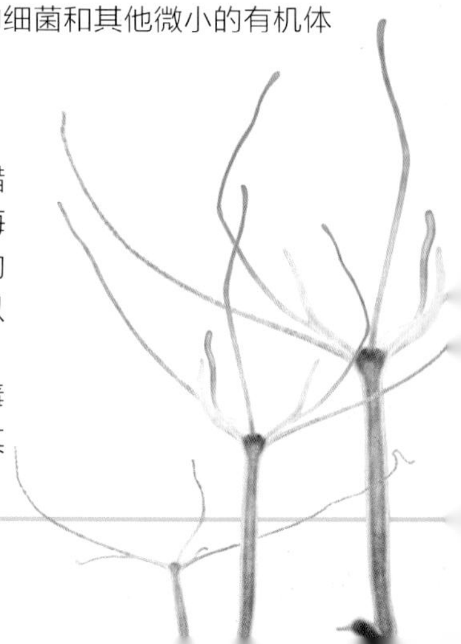

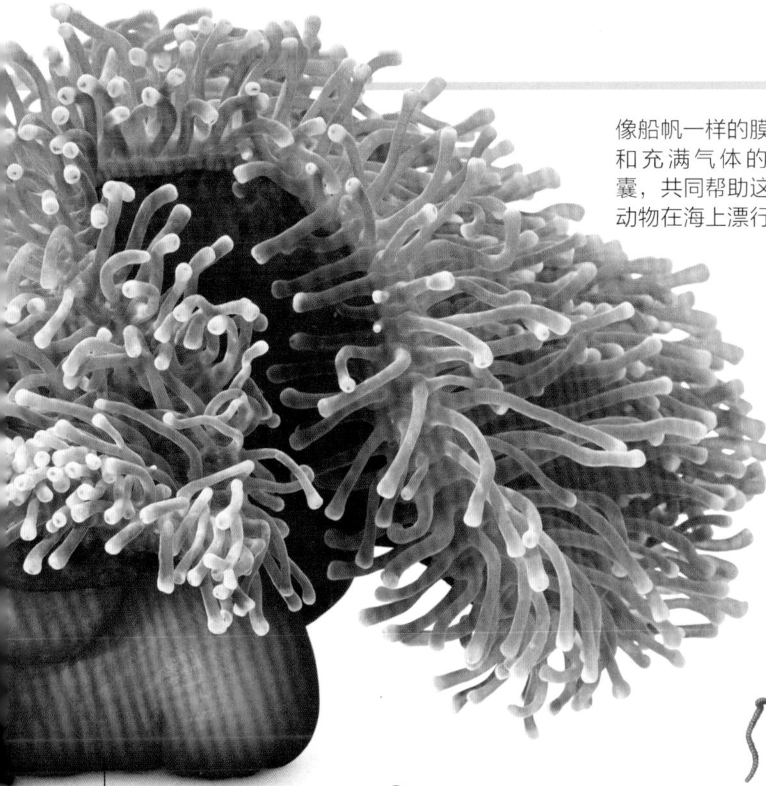

像船帆一样的膜冠和充满气体的浮囊，共同帮助这种动物在海上漂行

09 这种动物的外形虽酷似水母，但它其实是一个由4种不同的水螅体组成的集合体，这个集合体内的动物数量有时能达到1000个，甚至更多。

它基盘的黏性很强，可以把自己牢牢地固定在礁石或珊瑚表面

10 尽管这种动物的名字中只含有一种颜色，但实际上它能发出多彩的光。它的8个栉板上覆盖着许多纤毛，它通过摆动纤毛在水中游动。

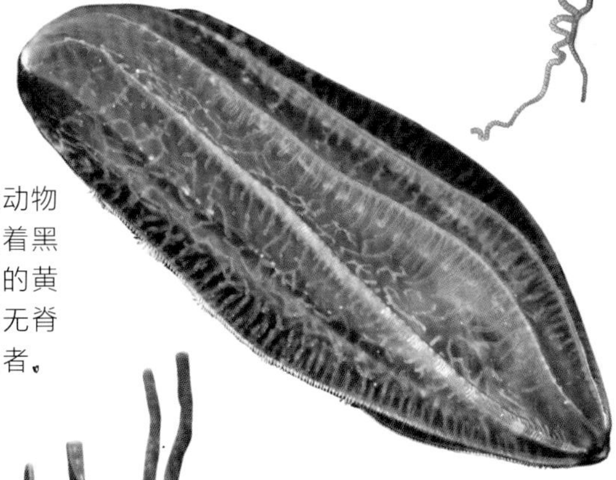

触须携带着大量刺细胞，可用于捕猎或防御

触手上的每个弯曲处都含有有毒的刺细胞

11 这种深海无脊椎动物全身呈螺旋状，长着黑色的外骨骼和锋利的黄色触手。一些小型无脊椎动物为躲避捕食者，经常躲藏在这里。

它的枝条直径为2.5~7.5厘米

12 这种动物以其鹿角状的分枝命名。它在加勒比海地区的浅海处繁衍生息，形成了大片的珊瑚丛。

美丽的绳状分枝

13 这种动物的绳状分枝可以长到40厘米长。它以漂浮的细菌、微小藻类和其他有机碎屑为食。

自我测试

入门	狮鬃水母 红扇珊瑚 红色绳状海绵 奶嘴海葵 粗糙鹿角珊瑚
进阶	公主海葵 水螅 螺旋鞭角珊瑚 黄色管状海绵
精通	**葡萄牙战舰水母 灯塔水母 棕色栉水母 淡水海绵**

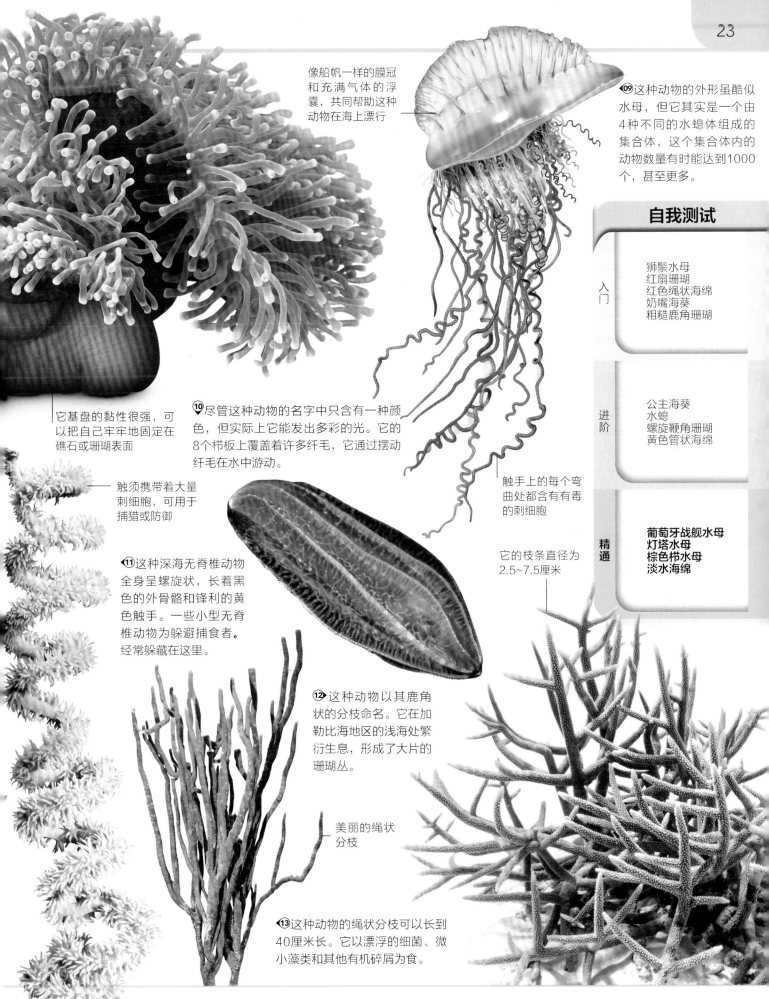

蠕虫

蠕虫的身体细长而柔软，有些蠕虫长有许多短足，而另一些则根本没有。有的蠕虫可以长得很长，世界上最长的蠕虫是博比特虫，这种蠕虫可以长到55米，比一个奥运会标准游泳池还长。

体表的加厚部分是用来储存卵的

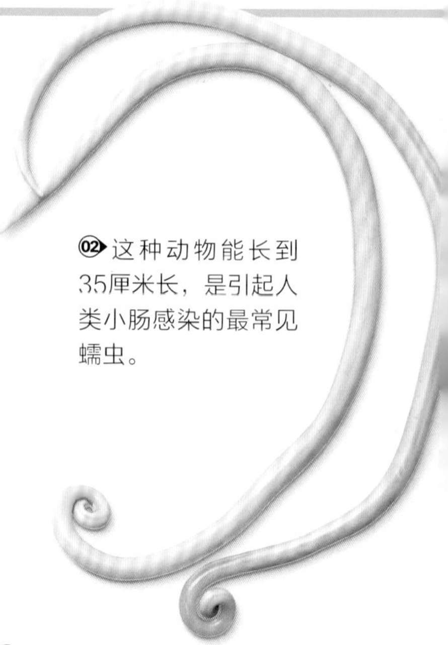

02 ▶ 这种动物能长到35厘米长，是引起人类小肠感染的最常见蠕虫。

01 这种生物经常在土壤中蠕动，使得土壤的保水透气性增强，利于植物生长。人们在花园中就可以发现它们。

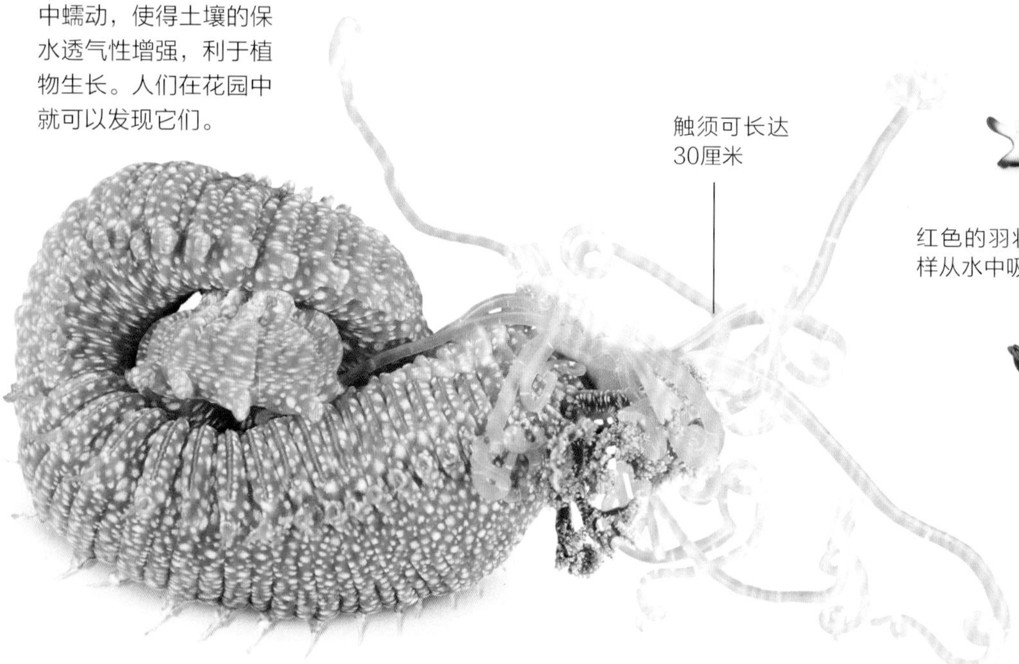

触须可长达30厘米

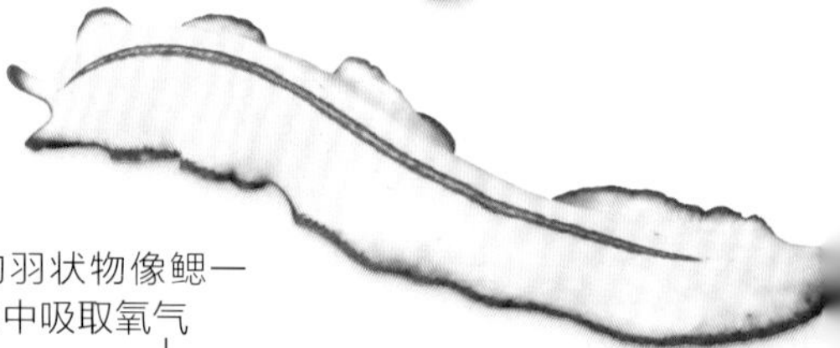

红色的羽状物像鳃一样从水中吸取氧气

03 ▶ 这种海洋蠕虫因其身体中的蓝色条纹而得名，它生活在东南亚的一些珊瑚礁中

它可以长到3米长

04 这种色彩鲜艳的蠕虫因其长长的、面条状的触须而得名。它将自己的身体隐藏在海底的裂缝中，用触须来捕食。

用于呼吸和进食的羽毛状触手

白色部分是由一种叫作几丁质的物质构成的，这种物质也存在于蟹壳中

05 这种海洋蠕虫用其扇形羽毛状触手来捕捉浮游生物。它的身体隐藏在一根用自身分泌物筑成的柔软而坚韧的管子内。当觉察到危险时，它就会迅速缩回管中。

06 ▶ 这种管状蠕虫生活在海底温泉附近。它没有嘴和消化系统，体内聚集着大量细菌，这些细菌为它提供生长所需的营养。

07 这种蠕虫依附在其他动物身上，以其血液为食。吸血前，它首先在咬痕周围分泌一种液体，这种液体能阻止血液凝固！

其扁平、分节的身体上覆盖着一层刚毛 ——

两端的吸盘帮助它吸附住鱼和鸟等猎物

这种动物生活在森林中，遍布全身的小凸起使得其身体表面具有天鹅绒般柔软的触感。它的环状触角高度敏感，能够帮助它准确地找到猎物。

彩虹色的身体 ——

从口中吐出的黏液用来捕捉小蜘蛛和白蚁

09 这种凶猛的动物以海葵和小型甲壳动物为食。当捕食者接触到它时，它身上的刚毛会突然折断，刺入对方的身体，并释放出毒液。这会让敌人的伤口处产生灼烧感，从而使其撤退。

10 这种蠕虫因其扁平的身体而得名。它寄生在动物的肠道中，体长可达9米。

11 这种动物经常在潮湿的沙子和泥浆中挖洞，喜欢吃海葵和其他海生小动物。其身体两侧的肉质凸起具有鳃的作用，使它能在水下呼吸。

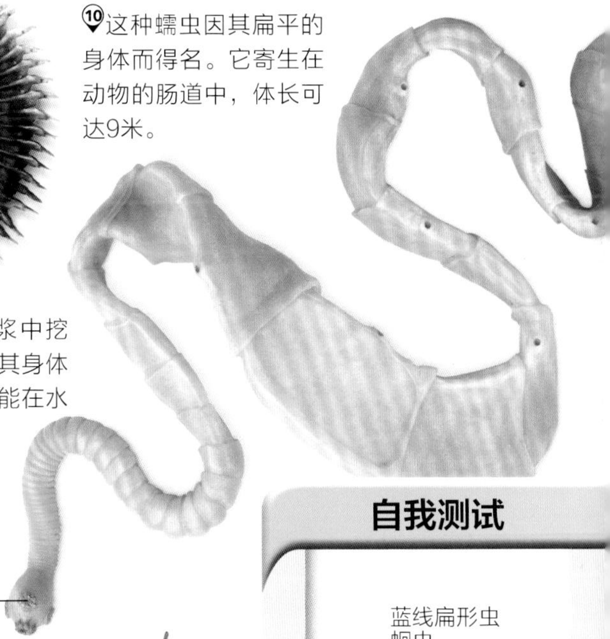

头上的吸盘用于固着在宿主体内

触角伸出沙面以探测猎物

12 这种蠕虫常藏在海床的沙子下面，等待小鱼游过。一旦发现猎物，它就会迅速将其捕获，其强有力的颚足以把鱼撕成两半！

自我测试

入门	蓝线扁形虫 蛔虫 蚯蚓 水蛭 绦虫
进阶	火刺虫 意大利面虫 巨型管虫 大羽毛管虫
精通	**博比特虫 天鹅绒虫 沙蚕**

灵敏的触角用来寻找食物和躲避捕食者

①这种海洋生物的名字来源于其身上绿色的树叶状凸起和羊角一样的触角。它仅有5毫米长，以藻类为食。

受精卵只需短短几周就能孵化

②这种软体动物啃食植物的叶子、茎和根，是菜地里最常见的害虫。

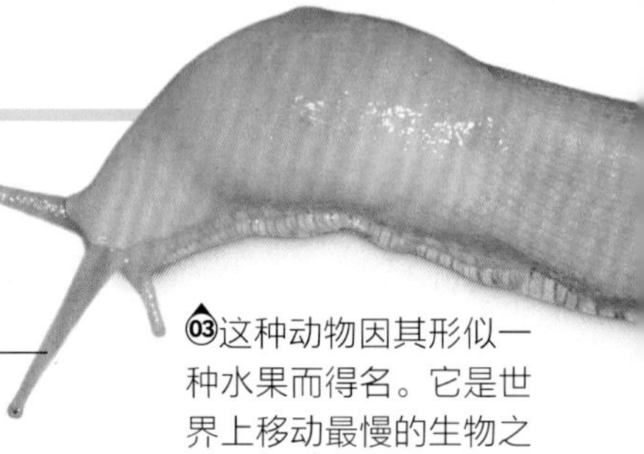
长长的触角是用来探测光线的

③这种动物因其形似一种水果而得名。它是世界上移动最慢的生物之一，最高移动速度仅为每分钟16.5厘米。

锥形螺旋外壳

④这种生物是世界上最大的陆生软体动物之一，它的锥形外壳长度可达20厘米。

软体动物

软体动物身体柔软，没有脊椎。有些是有两个壳的双壳类，但约80%都是像蛞蝓和蜗牛一样的腹足类。有些用坚固的外壳来保护自己，还有一些通过身体上鲜艳的颜色来让捕食者对其避而远之，因为鲜艳的颜色通常代表着强毒性。有些生活在陆地上，但大多数软体动物都生活在海洋里。

⑤这种动物通常以植物的嫩叶和花朵为食，天气干燥时，它们会钻进卷曲的外壳里。

眼柄即使折断也可以再生

⑥这种来自于中南美洲的软体动物得名于其细长的眼柄。它既有鳃也有肺，经常游到水面上来呼吸。

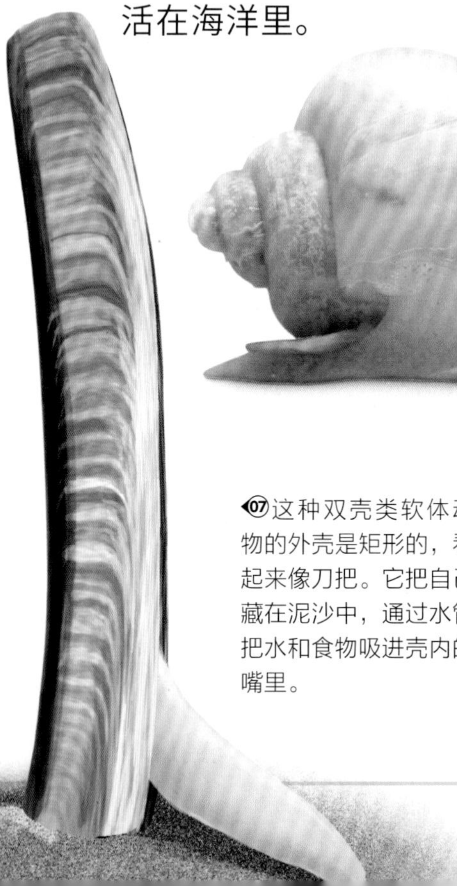

⑦这种双壳类软体动物的外壳是矩形的，看起来像刀把。它把自己藏在泥沙中，通过水管把水和食物吸进壳内的嘴里。

⑧这种海洋软体动物的触角很像兔子耳朵。它用这对触角来探测气味和辨别方向。

根据壳上水平方向的褶皱可以推算出它的年龄

答案：1.叶羊 2.鼻涕虫 3.太平洋香蕉蛞蝓 4.非洲大蜗牛 5.庭园蜗牛 6.尖峰苹果螺 7.蛏子 8.碎毛盘海蛞蝓 9.大西洋玉螺 10.裸鳃海蛞蝓 11.长砗磲 12.斑马贻贝 13.豹蛞蝓

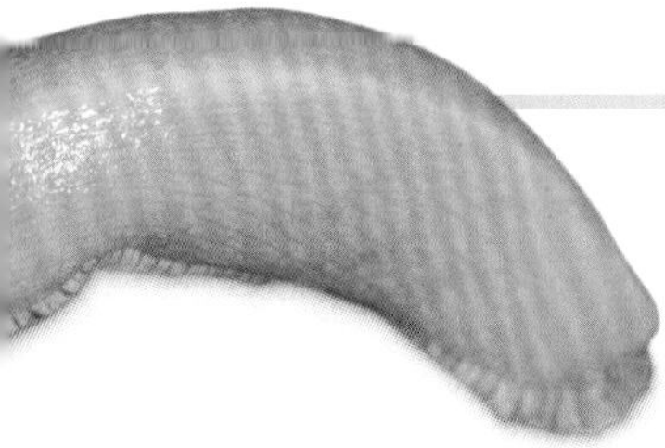

09 这种大型软体动物只在夜间活动，是一种凶猛的捕食者。捕食时，它首先用自己强壮的斧足缠住蛤蜊等贝壳类动物，然后再用齿舌锉食其肉。

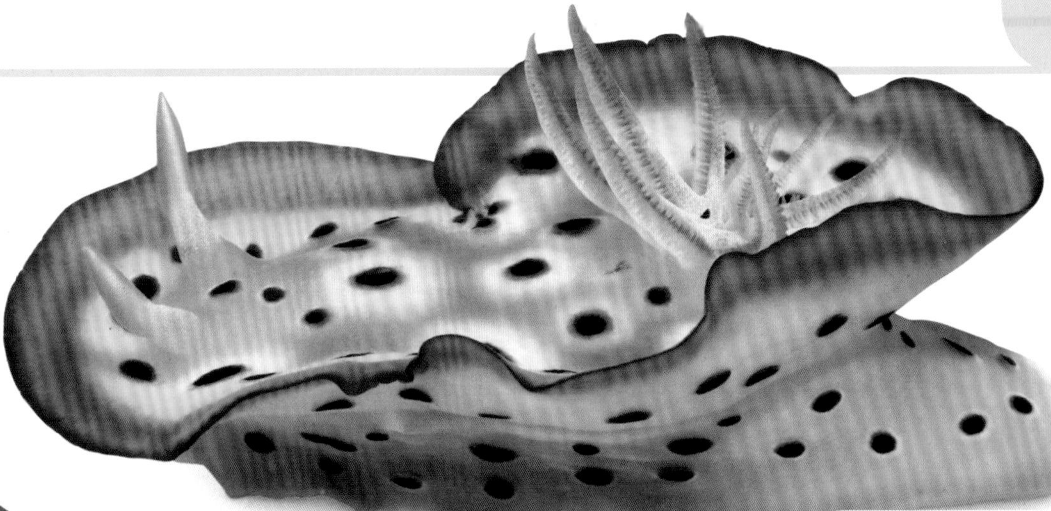

10 这只长有斑点的海蛞蝓通过身上明亮的颜色来警告捕食者远离自己。它名字中的“裸鳃”源于其背上的一簇羽毛状的鳃。

斧足在吸水时会膨胀

11 这种软体动物生活在浅水处的珊瑚礁里，外壳上有很深的纹理且颜色鲜艳。它以水中的浮游生物和生长在其软组织中的藻类所产生的废料为食。

用于滤食和呼吸的水管

12 这种淡水动物原产于东欧，壳上的条纹与斑马身上的类似，纤细的足丝用于将自己固着在石头等坚硬物体的表面。

自我测试

入门	豹蛞蝓 太平洋香蕉蛞蝓 叶羊 长砗磲 斑马贻贝
进阶	非洲大蜗牛 鼻涕虫 庭园蜗牛 碎毛盘海蛞蝓
精通	**大西洋玉螺** **裸鳃海蛞蝓** **蛏子** **尖峰苹果螺**

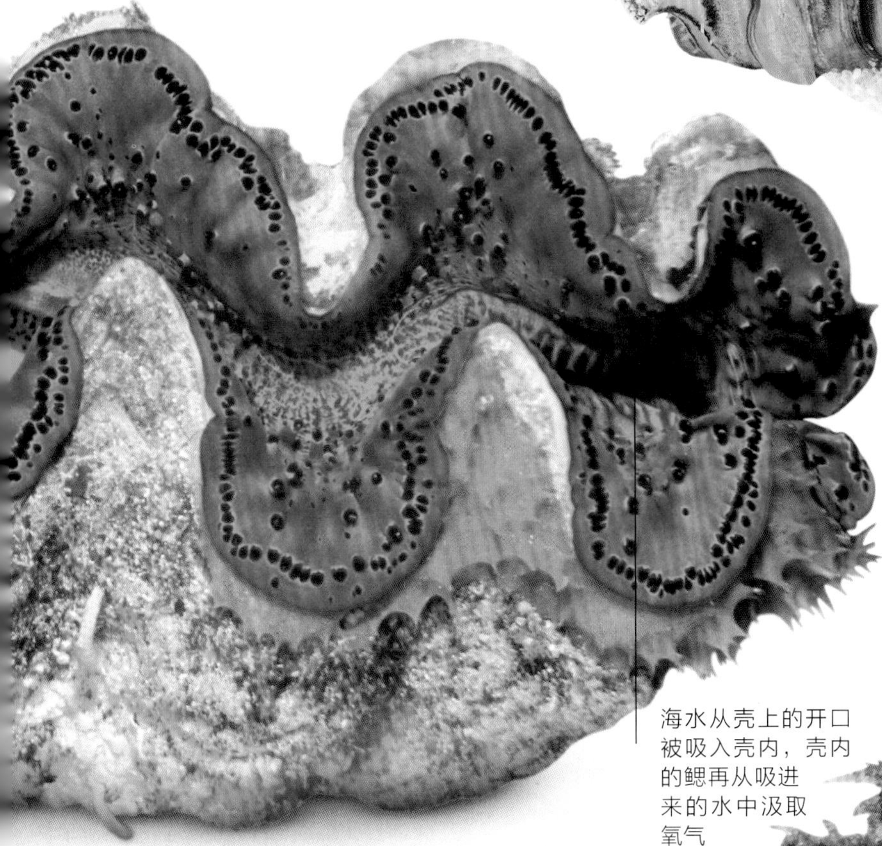
海水从壳上的开口被吸入壳内，壳内的鳃再从吸进来的水中汲取氧气

13 这种动物身上的黑色斑点与花豹身上的花纹类似。它主要以藻类和植物为食，有时也捕食其他的蛞蝓。

遍布全身的黏液能够防止这种动物脱水

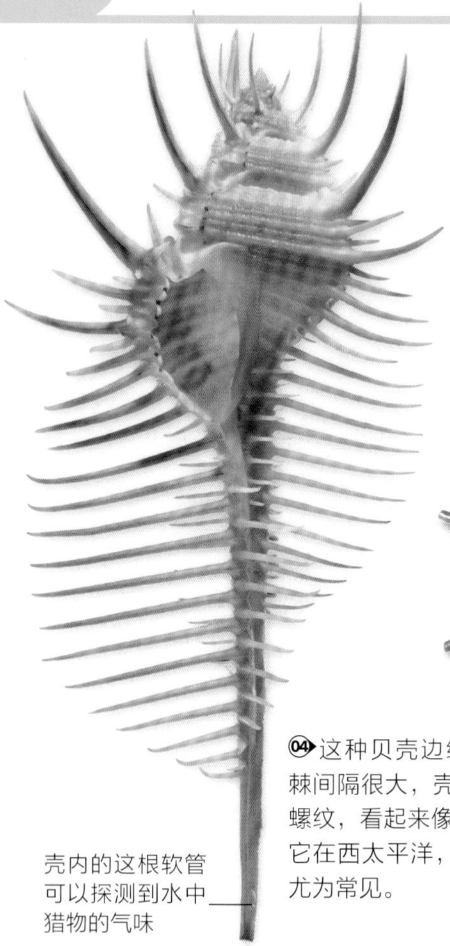

⓪①这种长满长棘的贝壳分布在太平洋和印度洋中，居住在其中的动物十分好斗。壳外的长棘既可以震慑捕食者，也可以防止它们沉入海底的沙子中。

壳内的这根软管可以探测到水中猎物的气味

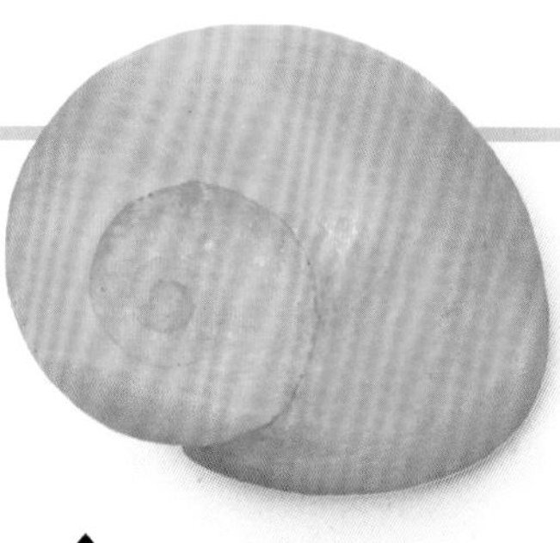

⓪②这种贝壳在礁石海岸上很常见，它们喜欢漂浮在海藻间，其颜色为居住在里面的动物提供了很好的伪装。

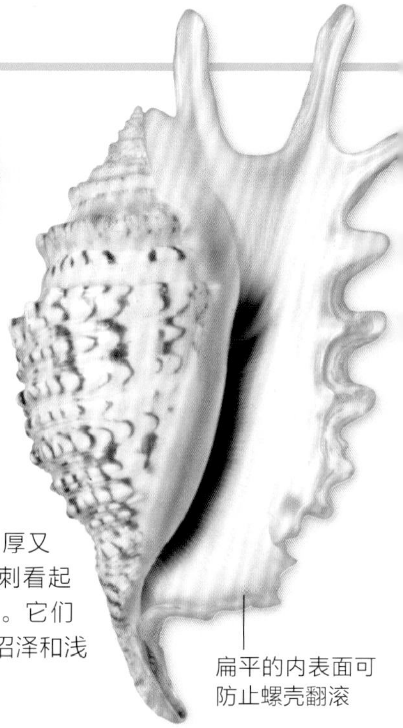

⓪③这种贝壳又厚又重，其上的长刺看起来像蜘蛛的腿。它们分布在红树林沼泽和浅礁中。

扁平的内表面可防止螺壳翻滚

⓪④这种贝壳边缘上的尖棘间隔很大，壳上有5~6圈螺纹，看起来像被卷起来的布。它在西太平洋，特别是日本附近尤为常见。

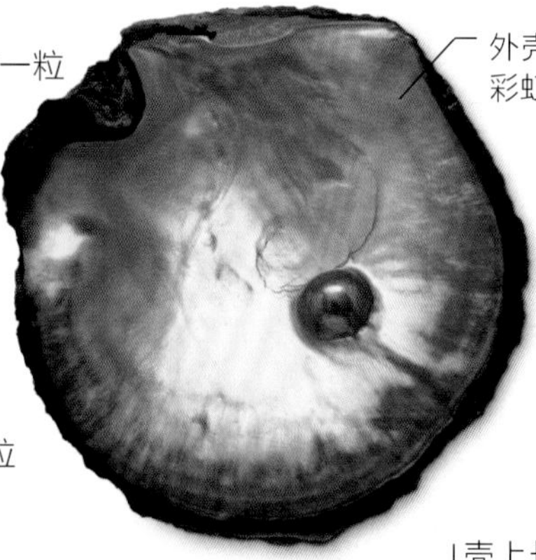

⓪⑤这种贝壳内通常有一粒天然的珍珠。当沙粒进入壳内时，壳内的软体动物为了减少沙粒对自己的刺激，会分泌出一种叫作珍珠质的物质，并将其覆盖在沙粒上。久而久之，沙粒就变成了珍珠。

外壳里面的膜闪烁着彩虹般的色彩

贝壳上的花纹可以让这种动物完美地隐藏在沙滩上

⓪⑥这个壳内住着世界上最致命的软体动物之一。捕食时，它会将麻痹性毒液刺入猎物体内，然后将其整个吃掉。

壳上长满了微小的海洋生物，这使它看起来毛茸茸的

⓪⑦这种贝壳遍布整个北大西洋。图中的壳原本属于海螺，但现在正被一只寄居蟹所占据！

自我测试

入门

大西洋扇贝
柿棘骨螺
珍珠贝
蚯蚓锥螺
美洲车轮螺

进阶

星螺
紫口蜘蛛螺
北黄玉黍螺
欧洲峨螺
织锦芋螺
斑带鬘螺

精通

大锥笋螺
大赤旋螺
斧蛤
特里同螺

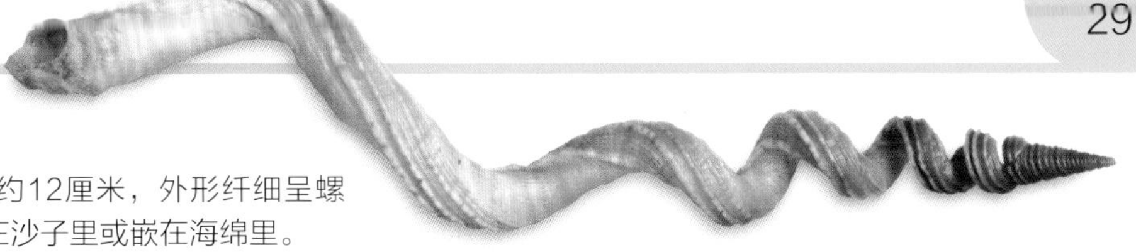

⑧ 这种贝壳长约12厘米，外形纤细呈螺旋状，经常埋在沙子里或嵌在海绵里。

壳上有成对的棕色细条纹

贝壳

贝壳是蜗牛、海螺、牡蛎和蛤蜊等海洋软体动物的外壳，它是一种坚硬的外骨骼，可以保护壳内柔软而脆弱的身体免受伤害。和鸡蛋壳一样，贝壳的主要成分是碳酸钙，而它的大小和形状各异。

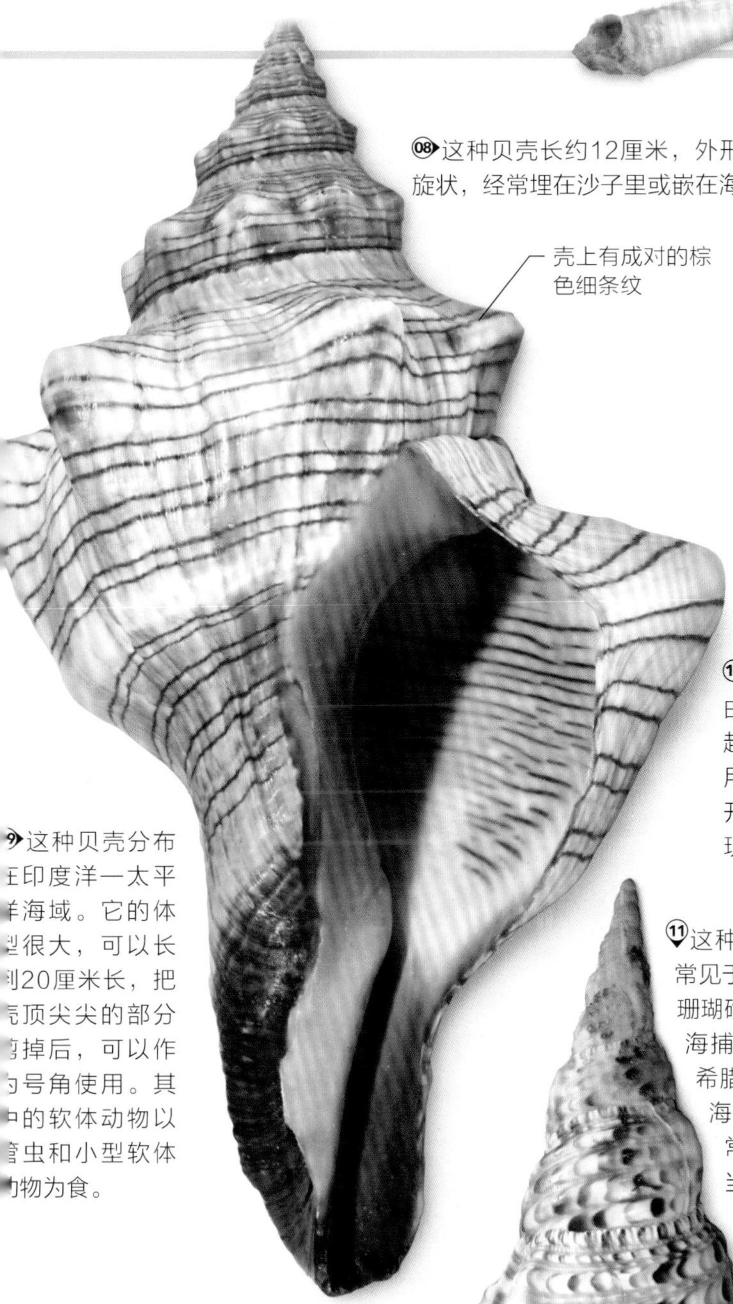

⑩ 这种贝壳的两片壳由一块肌肉连接在一起，里面的软体动物用这块肌肉控制外壳开闭，吞吐水流以实现快速移动。

⑨ 这种贝壳分布在印度洋—太平洋海域。它的体型很大，可以长到20厘米长，把它顶尖尖的部分锯掉后，可以作为号角使用。其中的软体动物以蠕虫和小型软体动物为食。

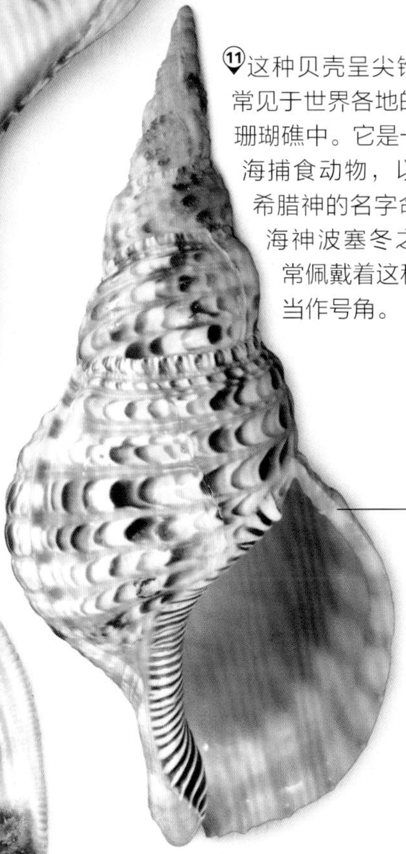

⑪ 这种贝壳呈尖锥形，常见于世界各地的浅海珊瑚礁中。它是一种暖海捕食动物，以一位希腊神的名字命名。海神波塞冬之子经常佩戴着这种贝壳当作号角。

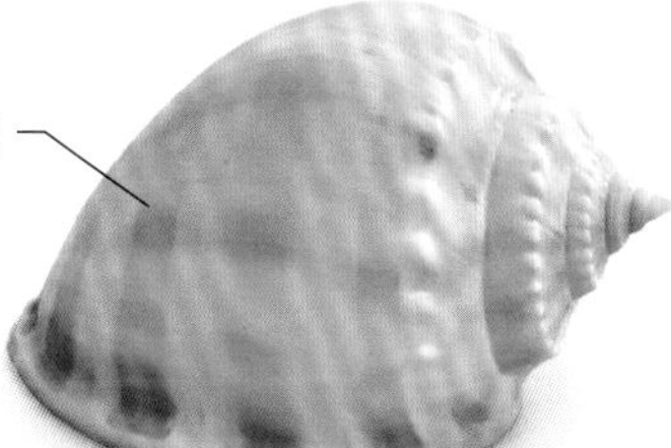

⑫ 这种贝壳属于一种食肉的软体动物，它以海星、海胆和沙钱为食。这种贝壳是美国北卡罗来纳州的州壳。

方格花纹

底部螺旋状花纹逐渐变大

贝壳边缘有彩色条纹

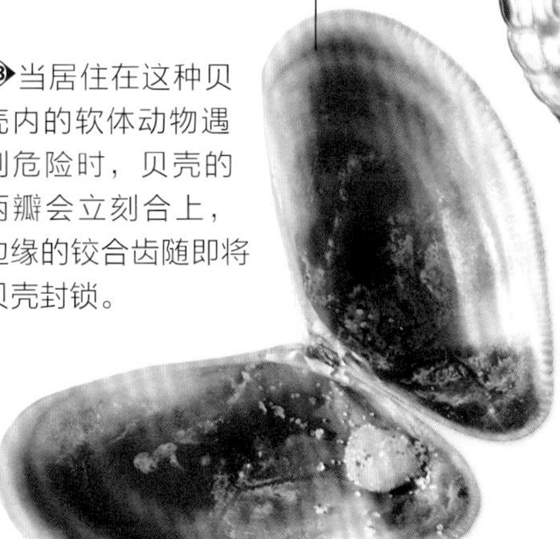

⑬ 当居住在这种贝壳内的软体动物遇到危险时，贝壳的两瓣会立刻合上，边缘的铰合齿随即将贝壳封锁。

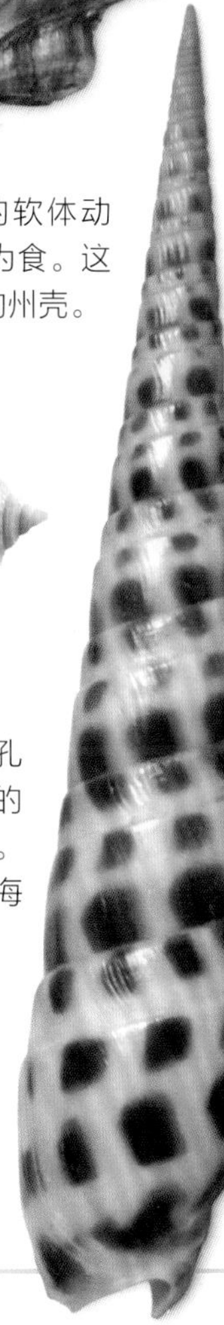

⑭ 这种尖尖的贝壳是以一种钻孔工具命名的。里面的动物用贝壳的尖端在柔软的海底挖洞寻找食物。壳上暗色的斑点便于它们隐藏在海底的沙石中。

⑮ 这种贝壳分布在美洲海岸，是世界上拥有最完美对称花纹的贝壳之一，其壳上的图案类似于螺旋楼梯。

沿着螺纹生长的深浅相间的褐色条纹

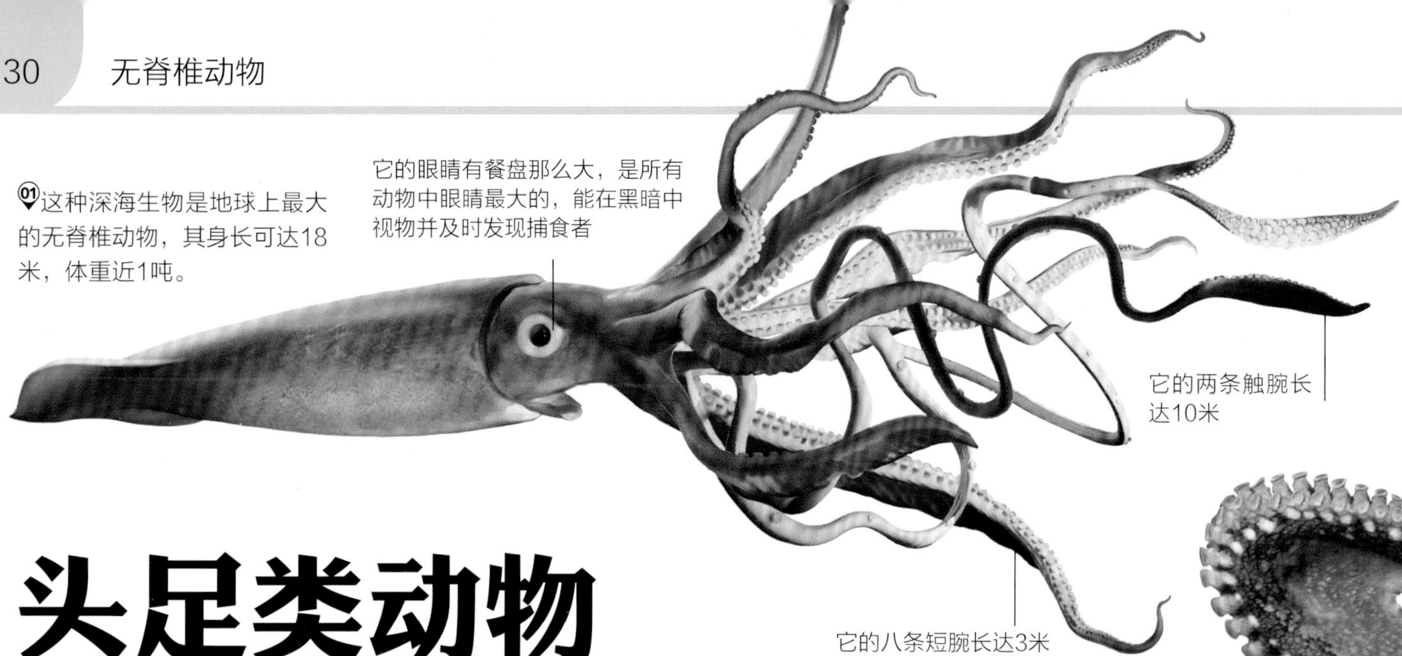

01 这种深海生物是地球上最大的无脊椎动物，其身长可达18米，体重近1吨。

它的眼睛有餐盘那么大，是所有动物中眼睛最大的，能在黑暗中视物并及时发现捕食者

它的两条触腕长达10米

它的八条短腕长达3米

头足类动物

虽然大部分软体动物移动缓慢，但章鱼、乌贼和鱿鱼等蛸类软体动物却可以快速移动，它们是优秀的猎手和伪装大师。和鹦鹉螺一样，它们都属于头部口周围有多条腕足的头足类动物。

遍布全身的黑色斑点

02 这是一种群居的软体动物，种群中个体数量最多可达30只。它的身体呈鱼雷状，鳍的长度约为20厘米，几乎延伸到整个身体。它们以浅海珊瑚礁里的小鱼和虾为食。

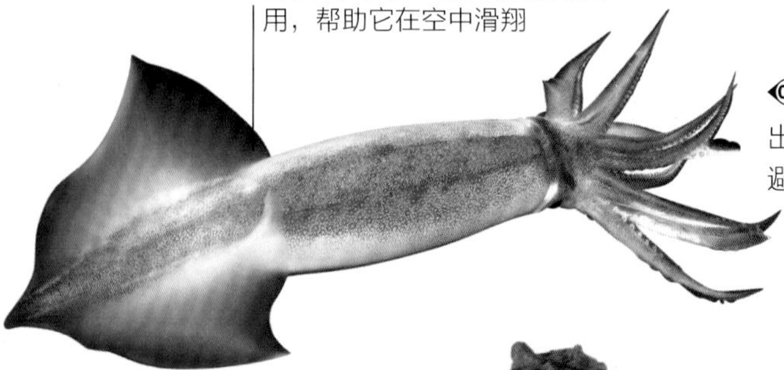

当它跃起时，鳍起到翅膀的作用，帮助它在空中滑翔

03 这种生物可以跃出海面30米高以躲避捕食者。

独特的红色皮肤

它的每只长腕上都有250多个吸盘，能帮助它牢牢地抓住猎物

04 它是世界上最大的章鱼，可长达4.8米。它生活在北太平洋，用长腕在海底爬行，捕食龙虾、螃蟹和蛤蜊。

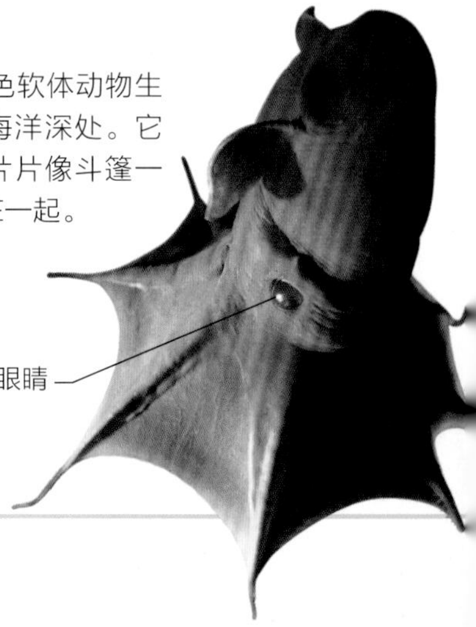

05 这种血红色软体动物生活在黑暗的海洋深处。它的腕足由一片片像斗篷一样的皮肤连在一起。

血红色的眼睛

答案：1.大王酸浆鱿 2.加勒比海暗礁鱿鱼 3.太平洋褶鱿鱼 4.太平洋巨型章鱼 5.吸血鬼鱿鱼 6.普通乌贼 7.蓝
8.帕劳鹦鹉螺 9.小飞象章鱼 10.火焰乌贼 11.加勒比海暗礁章鱼

短腕用来抓住猎物并将其送入口中

⑥这种动物生活在东大西洋中，它可以通过改变皮肤的图案和颜色来躲避或吓退捕食者。

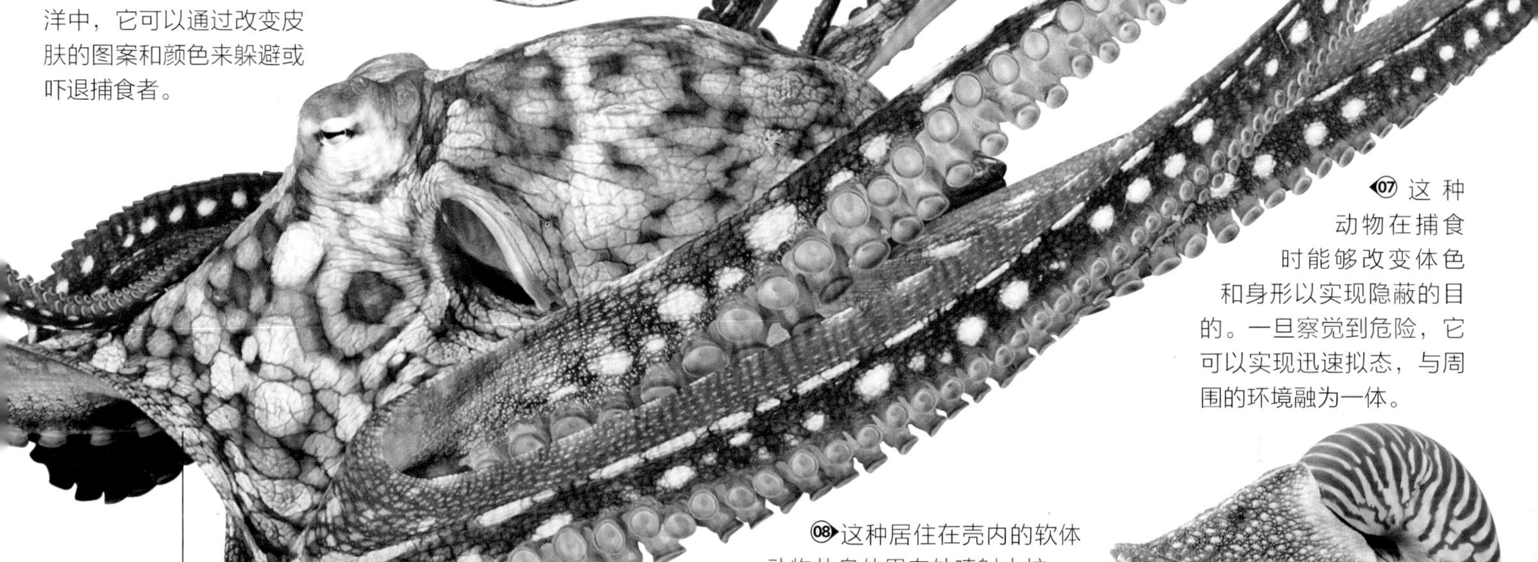

⑦这种动物在捕食时能够改变体色和身形以实现隐蔽的目的。一旦察觉到危险，它可以实现迅速拟态，与周围的环境融为一体。

连接腕足的网状结构充满了变色细胞

⑧这种居住在壳内的软体动物从身体里向外喷射水柱，以推动自己移动。它喜欢在夜间移至浅水处用其短短的面条状触手捕捉螃蟹、鱼和虾。

⑨这种章鱼生活在4000米深的海底，是迄今为止发现的生活在海洋深度最深的章鱼。它的短腕使其能在海底爬行并捕捉猎物。

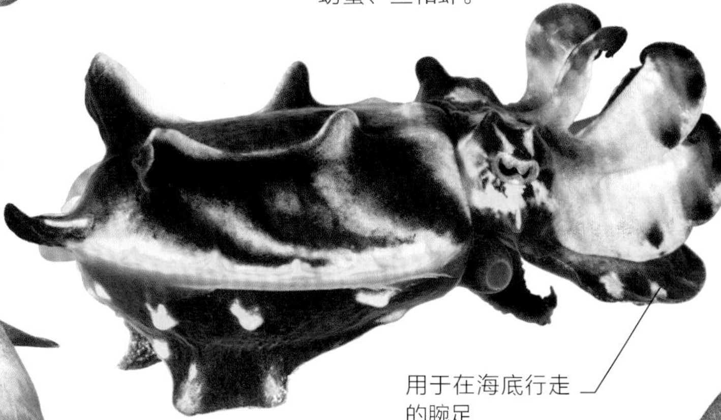

⑩这种有毒的乌贼生活在印度太平洋地区。它通过皮肤上鲜艳的颜色和图案吓退捕食者。它自己也是一位活跃的捕食者，喜欢在白天捕食鱼类和螃蟹。

用于在海底行走的腕足

形似大象耳朵的鳍

⑪这种动物生活在热带海洋的珊瑚礁中，它用带有吸盘的网状腕足和锉状的齿舌来捕食螃蟹、龙虾，甚至是自己的同类。

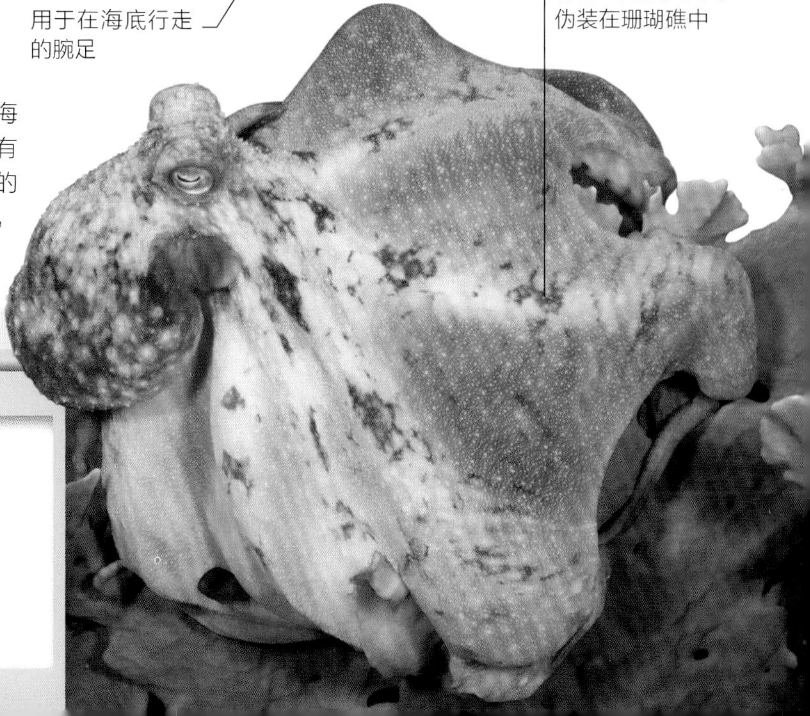

棕色斑点使其可以伪装在珊瑚礁中

自我测试

入门	进阶	精通
吸血鬼鱿鱼 大王酸浆鱿 太平洋巨型章鱼 太平洋褶鱿鱼	加勒比海暗礁章鱼 小飞象章鱼 加勒比海暗礁鱿鱼 蓝蛸	**普通乌贼** **火焰乌贼** **帕劳鹦鹉螺**

成排的呼吸小孔形成了花朵状的图案

01 这种动物的身体圆而扁平，上面布满了细密的小刺。它活着的时候呈灰黄色，被海浪冲上岸搁浅而死时则呈白色。

02 这种短臂海星生活在热带海床上，以珊瑚和小型动物为食。除了腕部顶端，它全身上下都布满了小凸起。

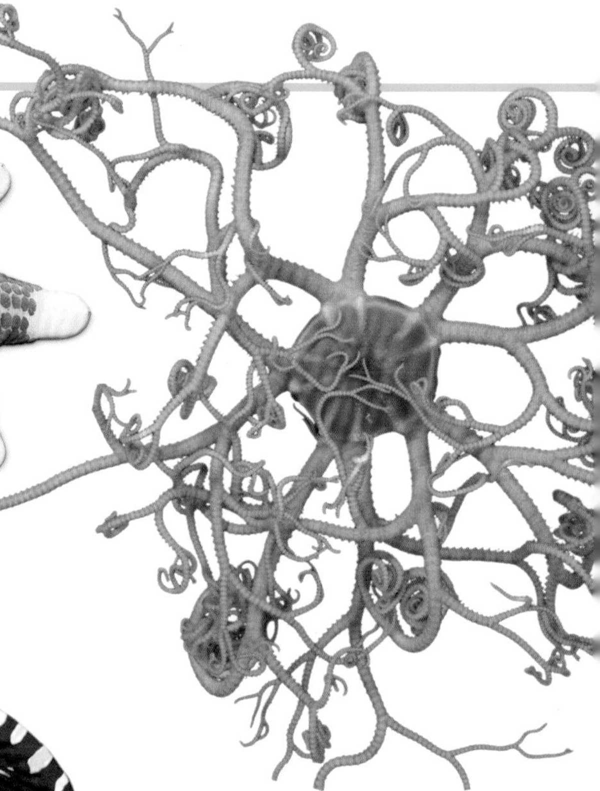

03 这种动物把自己固定在海床上，通过把自己长长的树枝状的腕编织在一起来捕捉猎物。

鲜艳的颜色用来警告捕食者它可能有毒

04 这种美丽的动物能够攀爬、行走和游泳，它为龙虾等许多海洋动物提供庇护。

张开折叠的羽毛状腕臂可捕捉漂浮的微小生物

它的蔓枝起到腕足的作用，可以把它固定在海床上

棘皮动物

这类动物体表有瘤粒棘刺，故名棘皮。棘皮动物大多生活在海底，从细长的海参到球形的海胆和花朵状的海星，这些无脊椎动物颜色各异，形态万千。

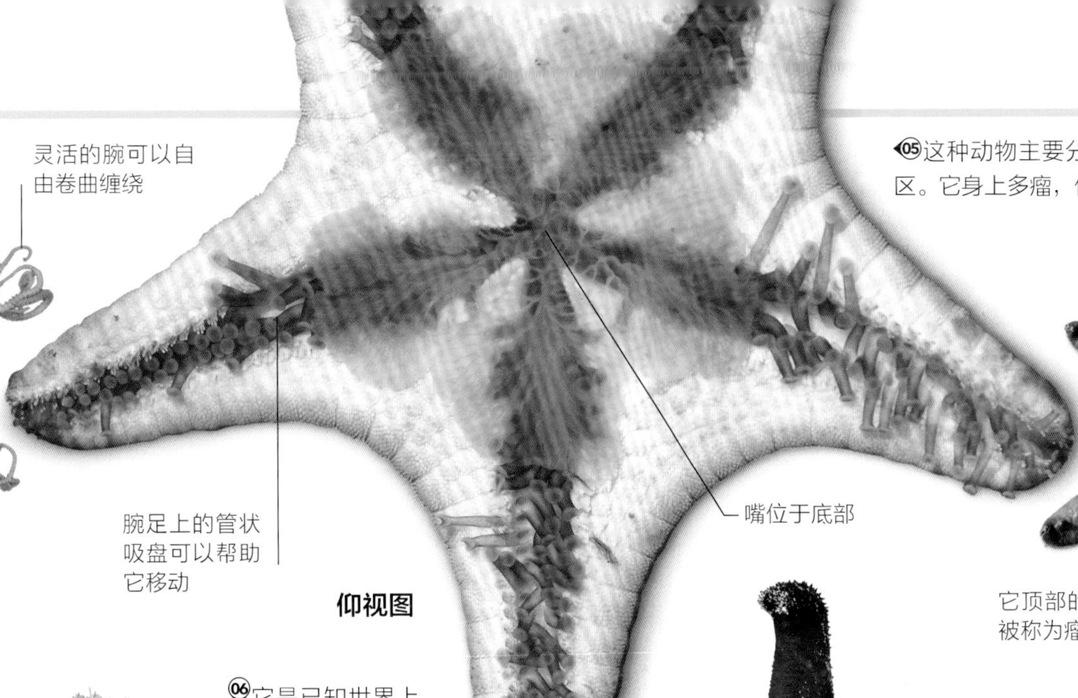

灵活的腕可以自由卷曲缠绕

⑤这种动物主要分布在印度洋—太平洋浅水潮汐地区。它身上多瘤，体表呈浅棕、深橙等多种颜色。

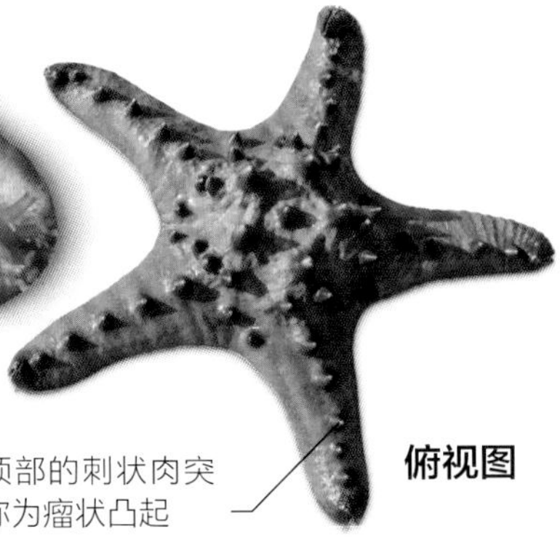

腕足上的管状吸盘可以帮助它移动

嘴位于底部

仰视图

它顶部的刺状肉突被称为瘤状凸起

俯视图

⑥它是已知世界上毒性最强的海胆。它的刺会使任何与它接触的动物丧命，因此这种动物几乎没有天敌。

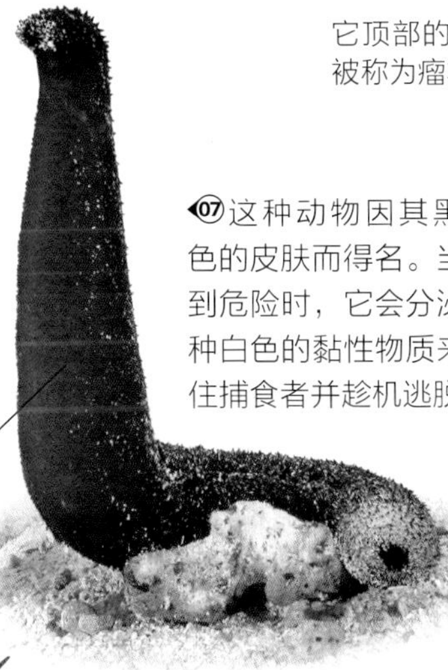

⑦这种动物因其黑褐色的皮肤而得名。当遇到危险时，它会分泌一种白色的黏性物质来缠住捕食者并趁机逃脱。

当它需要进食或清理自己时，花瓣状的组织就会伸出刺外

光滑柔软的皮肤使它可在狭窄的空间中滑动

自我测试

入门	棘冠海星 原瘤海星 南美刺参 长刺海胆
进阶	花海海胆 黑海参 紫伪翼手参 粒皮瘤海星
精通	**大篮海星 海羽星 网状沙钱**

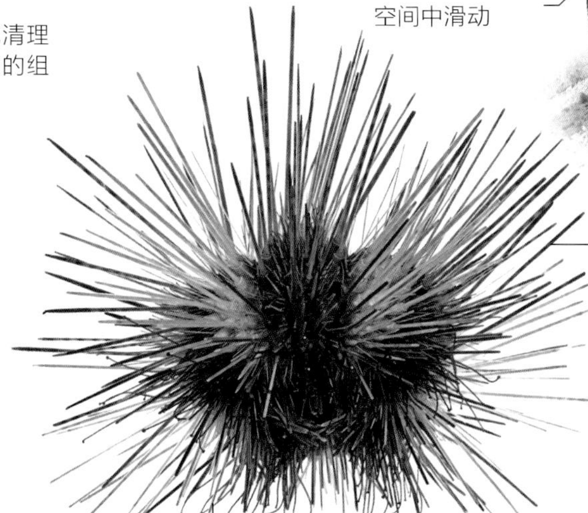

这种动物白天躲在底黑暗的裂缝里休息，晚上出来捕食珊瑚和藻类。如果受到威胁，它就会立刻竖长刺。

有毒的硬刺

⑨这种动物生活在拉丁美洲附近的海域内，以海底小动物为食，金棕色的身体上覆盖着暗棕色的斑点。

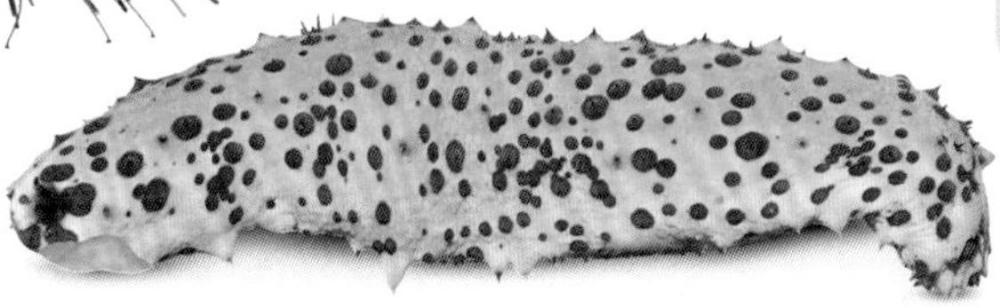

⑨这种动物生活在印度洋和太平洋的珊瑚礁中，体表布满尖刺，很容易识别。它们经常成群结队地啃食珊瑚礁群。

用于在海床上移动的管足

它最多能长出21条多刺的腕

五排像吸盘一样的管足能够牢牢抓住石头并使其移动

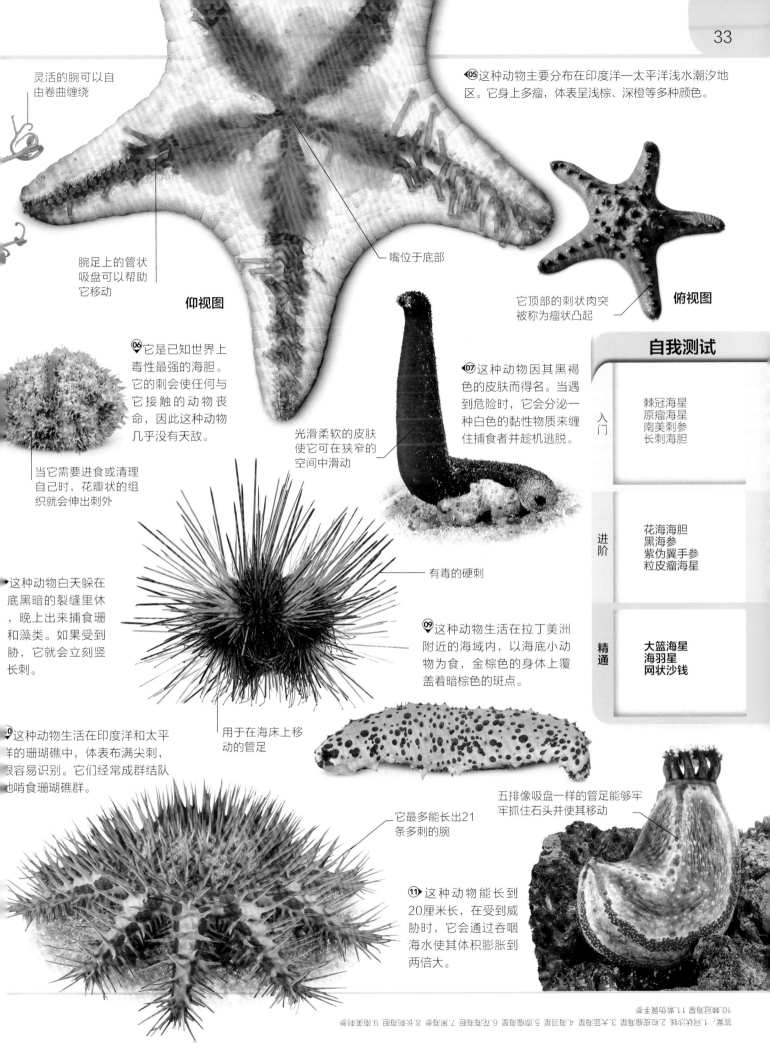

⑪这种动物能长到20厘米长，在受到威胁时，它会通过吞咽海水使其体积膨胀到两倍大。

甲壳类动物

地球上有约40 000种体表有硬壳、腿上有关节的甲壳动物。它们大多数生活在水下，但也有少数生活在黑暗潮湿的陆地环境中。图中的甲壳动物你认识几个呢？

⓿② 它是世界上最大的甲壳动物，生活在500米深的海底，双螯张开的跨度可达3.8米，体重可达20千克。

能够撬开软体动物外壳的双螯

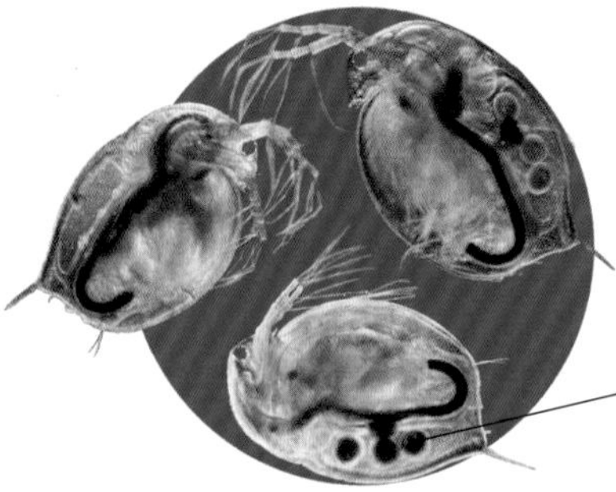

⓿① 这种动物只有几毫米长，是最小的甲壳动物之一。它的甲壳几乎是透明的，因此你可以看见它的内部结构。

它的育子囊可容纳20枚卵

身长可达15厘米

⓿③ 这种甲壳动物的背部有明显的条纹，以蠕虫和一些海洋碎屑为食。它一次可产下约80万枚卵。

长长的触须能帮助它感知周围环境

⓿④ 这种橙色的小甲壳动物会在海底给自己挖出洞穴。它常在夜间出来活动，捕食其他甲壳动物、软体动物、蠕虫和海星。

可以独立转动两只眼睛，能够全方位监测猎物的行动轨迹，以便对其进行精准打击

⓿⑤ 这种虾是进攻速度最快的甲壳动物，它的颚足能以80千米/小时的速度瞬间击碎螃蟹的壳。

像盔甲一样坚硬的外骨骼

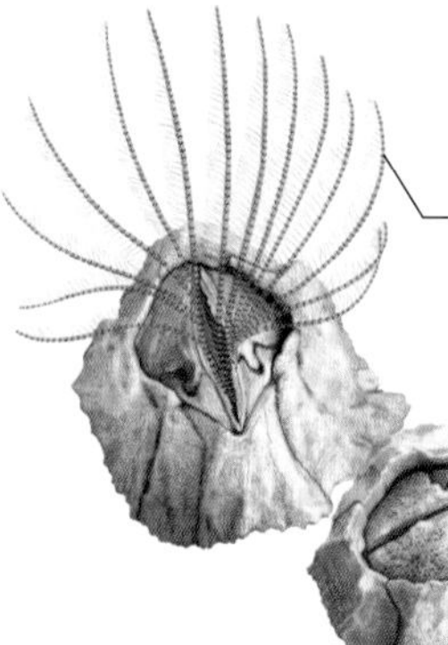

它用羽毛状的蔓肢从海水中寻找食物

⓿⑥ 这种动物是虾的近亲，体表的白色甲壳可以很好地保护其柔软的身体，它经常附着在礁石或船体上。

07 这种动物成群地随着洋流漂流，是蓝鲸最喜欢的食物。

它们的身体大部分是透明的，带着少许的鲜红色

08 这种甲壳动物潜伏在海底的裂缝中，用强有力的双螯捕捉猎物。它的寿命可达100年。

斑驳的橙白外壳使它拥有良好的伪装效果

蜘蛛腿般的蟹爪能帮助其在海底灵活行走

巨大的螯能钳碎贝类坚硬的壳

09 这种淡水甲壳动物仅生活在美国的佛罗里达州。它是一种杂食动物，以小鱼、小虾和藻类等为食。

10 这种甲壳动物原产于印度洋的一个岛屿。每年它们都会集体爬行9千米到海滩繁殖，数量有时多达1亿只，场面十分壮观。

随着身体的不断成长，它会蜕去原本的旧壳，长出柔软的新壳，以匹配长大的身体。新壳几天后就会变硬

这种动物能以15千米/小时的速度在沙滩上行。它非常善于伪装，其体色能与沙滩完美融合，让人难以发现它的身影。

用来捕捉猎物的白色双螯

受到刺激时，它会滚成一团

这种甲壳动物生活在潮湿、阴暗的环境常见于湿木头下，以死去的植物和腐烂动物尸体为食。

自我测试

入门	美洲螯龙虾 斑节对虾 佛罗里达蓝螯 巨螯蟹
进阶	南极磷虾 圣诞岛红蟹 雀尾螳螂虾 鼠妇
精通	**鬼蟹 藤壶 水蚤 挪威海螯虾**

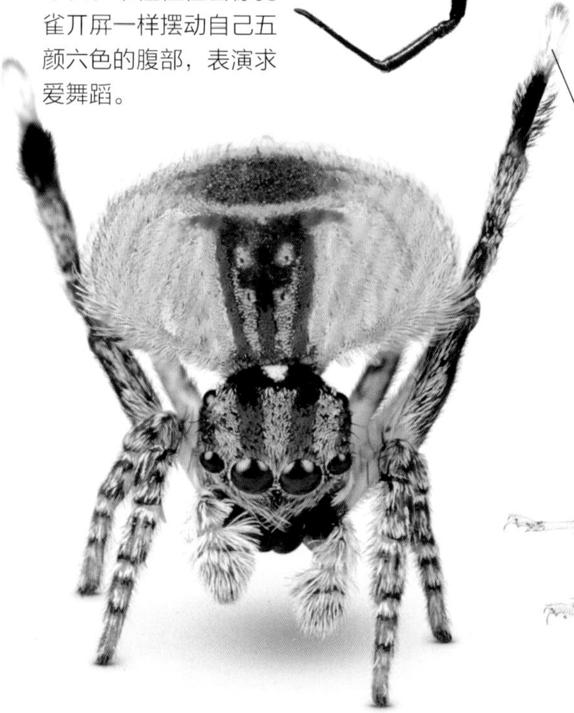

01 这种小蜘蛛仅有4毫米长。雄性往往会像孔雀开屏一样摆动自己五颜六色的腹部，表演求爱舞蹈。

02 这种蜘蛛有剧毒，其毒性是响尾蛇的15倍。雌性胃部的红色沙漏状斑记是它们的主要特征。

足尖毛簇呈白色

它抬起前腿来威慑敌人

愤怒时，它会展示红色的毒螯

03 这种生活在南美洲森林的蜘蛛十分好斗，且有剧毒，它习惯在夜间活动，寻找猎物。

04 这种动物生活在沙漠地区，浅黄褐色的体色是它绝佳的伪装。尾巴上的毒刺主要用于防御，也可用于攻击猎物。

它用两只小钳子来捕食昆虫和蜘蛛

蛛形动物

蛛形纲动物是一类独特的捕食者，它们的身体分为头胸部和腹部两个主要部分，大多数拥有八条腿和八只眼睛。它们有些通过织网来捕获猎物，有些可以分泌毒液毒死猎物，还有一些则用强壮的螯来抓住并撕碎猎物。

细长的足有助于在水面上行走

05 这种蜘蛛生活在欧洲的池塘和沼泽里，以捕食鱼类为生。它的腹部两侧有白色的条纹。

它的身体可以根据它所停留的花朵改变颜色

06 这种色彩鲜艳的蜘蛛能完美地隐藏在花朵上，伏击经过的猎物。它像螃蟹一样横着爬行，并以此命名。

腿上的毛能探测到猎物移动时产生的震动

07 这种蜘蛛重170克，身长30厘米，是世界上最大的蜘蛛，它用螯牙在亚马孙雨林里捕捉小鸟、青蛙和老鼠。

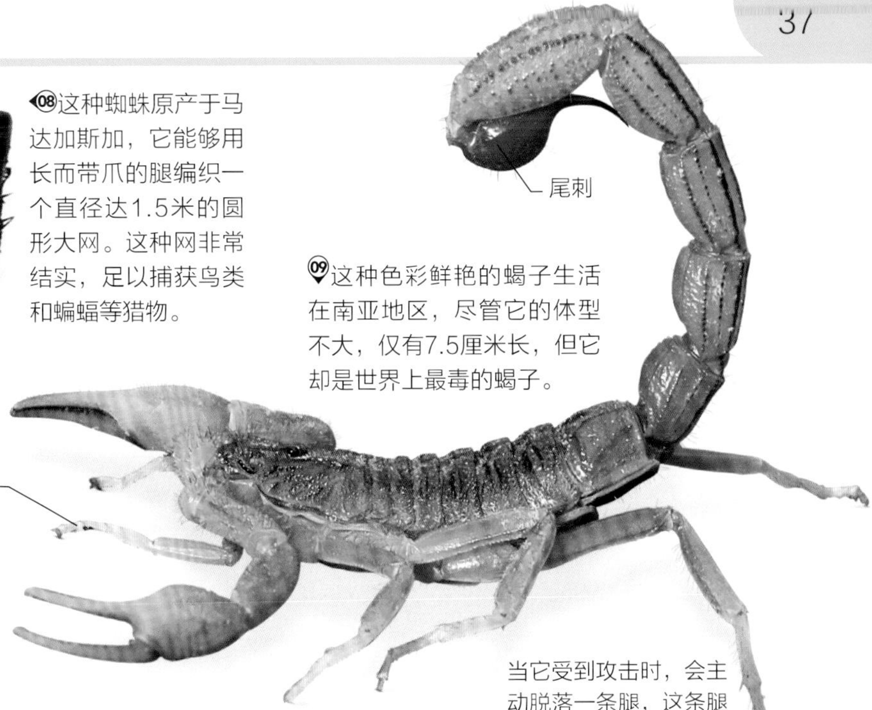

尾刺
足尖呈黄色

08 这种蜘蛛原产于马达加斯加，它能够用长而带爪的腿编织一个直径达1.5米的圆形大网。这种网非常结实，足以捕获鸟类和蝙蝠等猎物。

09 这种色彩鲜艳的蝎子生活在南亚地区，尽管它的体型不大，仅有7.5厘米长，但它却是世界上最毒的蝎子。

当它受到攻击时，会主动脱落一条腿，这条腿会继续抽搐，迷惑敌人

10 这种动物生活在世界各地潮湿的角落，身体坚硬而扁平，以哺乳动物（包括人类）的血液为食，会传播各种疾病。

腿上红黑相间的条纹

11 这种蜘蛛只有9毫米长，它不会结网，没有毒液，只通过分泌一种恶臭的液体来保护自己，它用钩形腿来捕获蚂蚁等猎物。

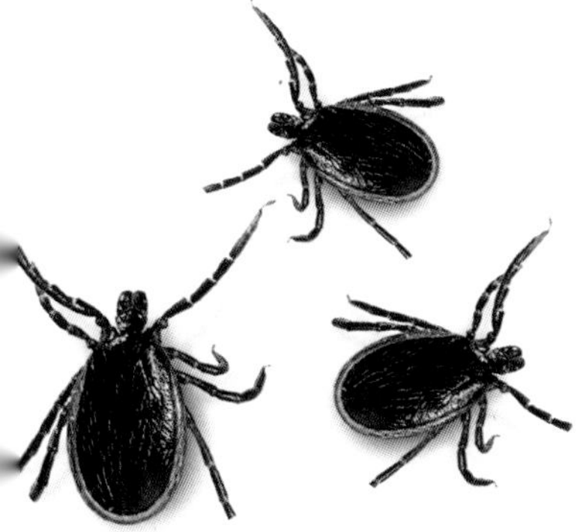

在夜间捕猎时，它会通过尾鞭感知周围的环境

12 这种动物生活在美洲地区，喜欢在夜间捕食。它用长长的前腿来寻找猎物，再用钳子一样的螯来捕获并杀死猎物。当它遇到危险时，尾鞭底部会喷出一种酸性液体来进行防御。

13 这种动物分布在亚洲地区，十分稀有。它在农田田埂上挖洞而居，并在洞穴周围结成大片丝网来捕获路过的猎物。

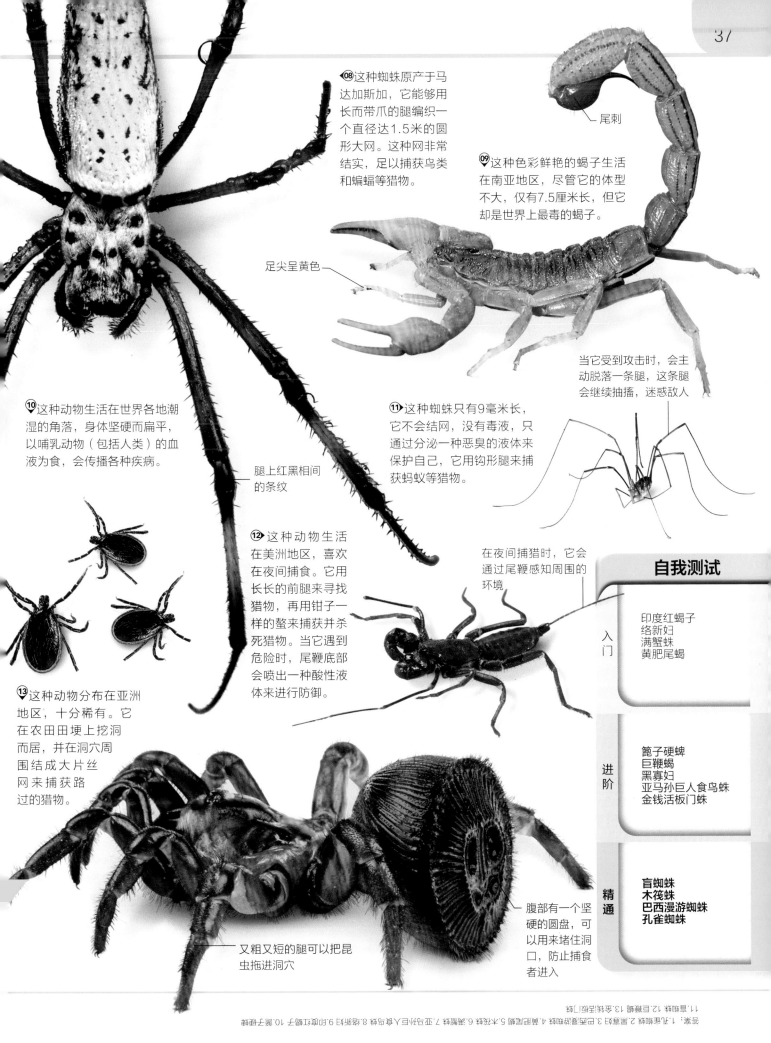

又粗又短的腿可以把昆虫拖进洞穴
腹部有一个坚硬的圆盘，可以用来堵住洞口，防止捕食者进入

自我测试

入门

印度红蝎子
络新妇
满蟹蛛
黄肥尾蝎

进阶

篦子硬蜱
巨鞭蝎
黑寡妇
亚马孙巨人食鸟蛛
金钱活板门蛛

精通

盲蜘蛛
木筏蛛
巴西漫游蜘蛛
孔雀蜘蛛

答案：1.孔雀蜘蛛 2.黑寡妇 3.巴西漫游蜘蛛 4.黄肥尾蝎 5.木筏蛛 6.满蟹蛛 7.亚马孙巨人食鸟蛛 8.络新妇 9.印度红蝎子 10.篦子硬蜱 11.盲蜘蛛 12.巨鞭蝎 13.金钱活板门蛛

昆虫的种类

昆虫的身体分为三个部分：头部、胸部和腹部。它们大都有6条腿和4个翅膀。地球上主要有30类昆虫，这里介绍了其中的6类。

鞘翅目昆虫
这类昆虫俗称“甲虫”，是世界上最大的昆虫类群，目前已知的甲虫种类超过30万种，约占所有动物物种数量的四分之一。

甲虫的后翅被厚而硬的角质化前翅保护着

半翅目昆虫
这类类昆虫主要包括蝉、椿象和蚜虫等，它们都有刺吸式口器以植物或其他动物的体内汁液为食。

鳞翅目昆虫
这类昆虫主要分为蝶类和蛾类，它们都是从毛虫蜕变而来的。五颜六色的翅膀使它们成为最易辨认的园林昆虫。

昆虫

昆虫虽然体型较小，但却是地球上个体数量最多的动物群体，地球的人口与昆虫的数量比为惊人的1：14亿！从炎热的沙漠到寒冷的南极，它们的踪迹几乎遍布世界的每一个角落。

甲虫炸弹

当受到威胁时，射炮步甲会从它腹部的后端向敌人喷射沸腾的有毒液体。

如何给花授粉

01. 当你去采集花蜜时，其实就是在帮助花朵授粉。因此，首先你要找一朵颜色鲜艳且富含花蜜和花粉的花。

02. 吸食花蜜时，一些花粉会附着在你的身体和腿上。为了采集足够的花蜜，你每天需要拜访数千朵花。

腿上的篮子用于存放收集来的花粉

03. 当你落在下一朵花上的时候，你身体和腿上的花粉就传播到了这里。这样，花粉就从一朵花传到了另一朵花，实现了授粉，花苞中的种子也开始孕育和生长。

直翅目昆虫

这类昆虫主要包括蟋蟀和蚱蜢，有些可以通过摩擦翅膀来发出独特的声音。

膜翅目昆虫

这类昆虫主要包括蚁类和蜂类，它们有纤细的“腰”，喜群居生活。

双翅目昆虫

这类昆虫最为典型的代表为苍蝇，它们几乎无处不在，是鸟类、鱼类和哺乳动物的重要食物来源。

难以置信

蜻蜓的复眼中包含30 000只小眼，这些眼睛可以感知环境中亮度和颜色的细微变化。

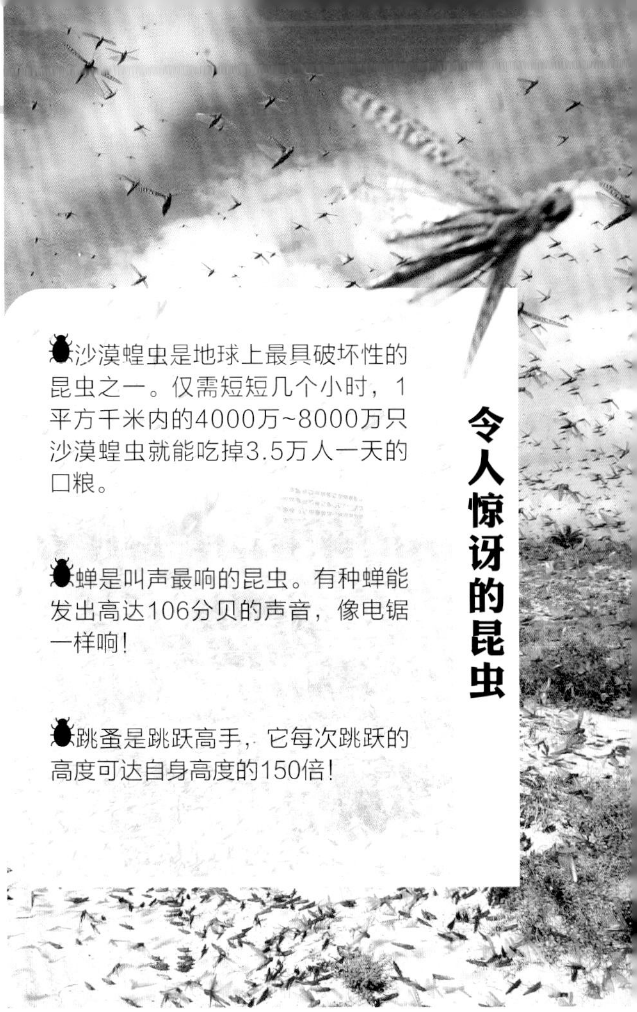

令人惊讶的昆虫

沙漠蝗虫是地球上最具破坏性的昆虫之一。仅需短短几个小时，1平方千米内的4000万~8000万只沙漠蝗虫就能吃掉3.5万人一天的口粮。

蝉是叫声最响的昆虫。有种蝉能发出高达106分贝的声音，像电锯一样响！

跳蚤是跳跃高手，它每次跳跃的高度可达自身高度的150倍！

奇妙的翅膀

捕食： 刺花螳螂用它彩色的翅膀模仿花朵来引诱猎物。

飞翔： 蜻蜓的翅膀能帮助它们灵活地飞翔。

华丽的翅膀： 马达加斯加金燕蛾的翅膀上覆盖着微小的鳞片，在阳光下闪烁着彩虹般的色彩。

防御： 郭公虫翅膀上有明亮的红色条纹，它以此来警告捕食者远离。

举重

巨人甲虫是世界上最大的昆虫之一，它重达50克，大约相当于一个高尔夫球的重量。它能举起比自身体重850倍的物体。

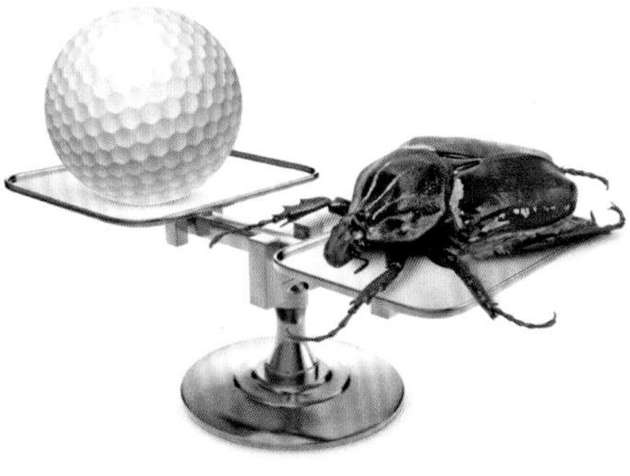

庞大的群体

白蚁是群居动物，一个蚁群中白蚁的数量可多达100万只。它们是建筑大师，可以用泥土建造出10米高的蚁巢，是成年人身高的5倍多。

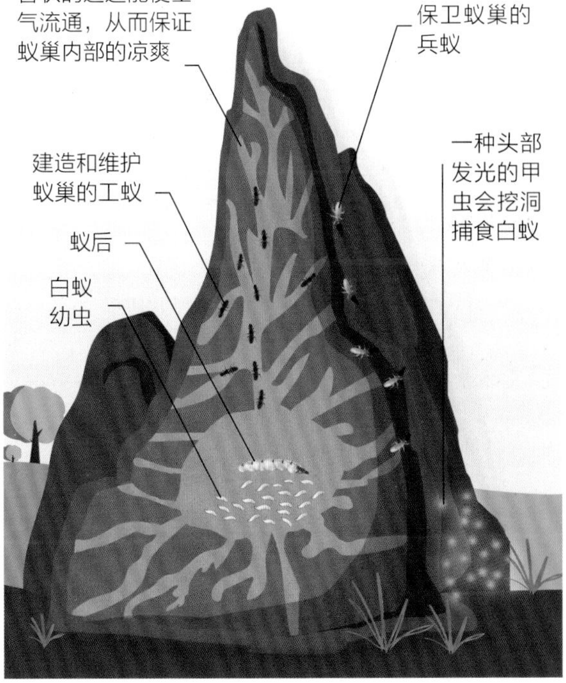
管状的通道能使空气流通，从而保证蚁巢内部的凉爽
保卫蚁巢的兵蚁
建造和维护蚁巢的工蚁
一种头部发光的甲虫会挖洞捕食白蚁
蚁后
白蚁幼虫

01 这种甲虫的角质化前翅（鞘翅）颜色由黄色渐变到绿色，闪烁着金属般的光泽。雄性用其巨大的颚求偶。

02 这种昆虫生活在印度和东南亚的森林里。尽管它的身体色彩斑斓，但它可以使用鞘翅反射的阳光来迷惑捕食者。

03 这种淡水甲虫分布在欧洲和北亚地区，因其擅长游泳而得名，经常在水下捕食小鱼和蝌蚪。

用来游泳的桨状腿

它的角状触须比身体还要长

05 这种昆虫生活在热带雨林中，黑橙相间的体表颜色为其提供了良好的伪装。它是一种害虫，喜蛀食树木枝干并在其中产卵。

长长的黑色触角

04 这种体表发亮的红色甲虫以啃食欧洲百合而闻名。当受到攻击时，它会发出尖鸣声来吓退捕食者。

粪球也被用来产卵

06 这种甲虫主要以动物粪便为食。它们是"勤劳的工人"，能团起一个超过自身体重50倍的粪球。

它的鞘翅为闪亮的灰绿色

07 这种昆虫生活在亚洲热带雨林中，以山脉命名。雄性有3个角，求偶时用来与竞争对手搏斗。

自我测试

七星瓢虫 黄金鬼锹形虫 蝼蛄 马加里斯长腹芫菁	入门
鹿角长牙天牛 水鳖虫 长颈鹿象鼻虫 百合负泥虫 虎甲虫	进阶
虎天牛 高加索南洋大兜虫 金步甲 射炮步甲 吉丁虫	精通

甲虫

世界上共有30多万种甲虫。大多数甲虫都有两对翅膀，其中一对用来飞行，另一对变硬形成外壳，被称为鞘翅，用于保护飞行的翅膀。从热带雨林到沙漠，这种顽强的动物几乎遍布地球各个角落。

⑧这种昆虫因其巨大的口器而得名，是世界上最大的甲虫之一，可以长到17厘米长。

⑨这种甲虫生活在草原上，以蚜虫为食。蚜虫也被称为蜜虫，它们寄生在植物上，吸食植物的汁液，而这种甲虫每天可以吃掉多达75只蚜虫，因此非常受农民和园丁们的欢迎。

⑩这种甲虫主要生活在林地中和草原上。遇到危险时，它会从尾部喷出一种遇空气便剧烈反应的毒性化学物质，以保护自己免受捕食者的伤害。

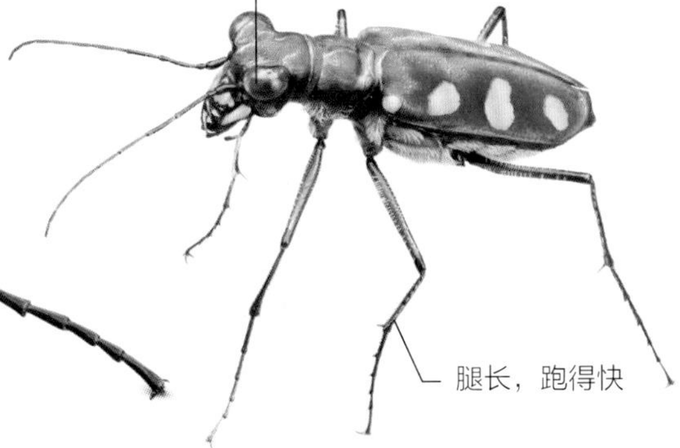

⑪这种昆虫是已知陆地上移动速度最快的甲虫，最快飞行速度可达2.5米/秒。追捕猎物时，它行动迅猛，用强有力的颚将猎物切开，这种行为很像老虎。

⑫这种金绿色的甲虫在欧洲随处可见。它不会飞，经常在夜间活动，以昆虫、蠕虫和蜗牛为食，能从腹部释放一种恶臭的物质来震慑捕食者。

⑬这种动物因其雄性的长脖颈而命名。雌性的颈部较短，它们用脖子把树叶卷成管状，然后在管状叶里产卵。

⑭这种昆虫是芫菁类中最长的昆虫。当它受到威胁时，会从关节处释放出一种油性的有毒物质，人类皮肤一旦触碰到这种物质，就会起水泡。

答案：1.黄金鬼锹形虫 2.吉丁虫 3.水龟虫 4.百合负泥虫 5.虎天牛 6.蜣螂 7.高加索南洋大兜虫 8.鹿角长牙天牛 9.七星瓢虫 10.射炮步甲 11.虎甲虫 12.金步甲 13.长颈鹿象鼻虫 14.马加里斯长腹芫菁

01 这种昆虫在休息时，其带花纹的灰色前翅能把它完美地隐匿于树皮之上。而红黑相间的闪亮后翅只有在它飞行时才能看到。

触角末端呈点豆状

阳光照射在翅膀上，使得它们闪闪发光

02 这种昆虫的后翅形状类似燕子的分叉尾巴，并因此得名。它遍布世界各地，是鳞翅目昆虫中的优势物种。

闪闪发光的蓝色鳞片装饰着翅膀

后翅上的"尾巴"

蝴蝶和飞蛾

蝴蝶和飞蛾看起来很相似，但它们也有细微的不同之处。所有的蝴蝶都在白天活动，但大多数飞蛾喜在夜间出没；蝴蝶的触角为棒状或锤状，而飞蛾的触角通常都是羽状或丝状的。

03 这种橘褐色的蝴蝶每年大约迁徙14 500千米，迁徙路程长度为所有蝴蝶之最。

后翅上的黑色斑点

04 这种飞蛾十分活跃，它的血液有毒，并且含有一种能够散发出恶臭的化学物质。翅膀上的红点起到震慑捕食者的作用。

独特的白色新月形斑点

05 这种蝴蝶生活在亚马孙热带雨林中，因其明亮的蓝色翅膀而得名，腹面上的条纹模糊了它的轮廓，帮助其躲避鸟类的捕杀。

07 这种昆虫的身体粗壮多毛，以其幼虫时期可吐出蚕丝而闻名，原产于中国，现在广泛分布于世界各地。

粉色的后翅

它的翅膀太小，无法飞行

身上的黑白格纹

这种蝴蝶生活在南美洲，翼长达20厘米，是世界上最大的蝴蝶之一。在树荫下栖息时，它会合上自己闪亮的蓝色翅膀，以躲避捕食者。

08 这种蛾子经常在花间徘徊，用它长长的嘴（管状口器）吸食花蜜，看起来非常像蜂鸟。

求偶时，巨大的羽毛状触角有助于雄性察觉到雌性发出的气味

每只翅膀上都有孔雀伪眼样的斑点

09 这种动物的翅膀十分华丽，雄性的嗅觉非常灵敏，可以闻到8千米外雌性的气味。

11 这种蝴蝶原产于中南美洲，因其后翅上的数字形图案而得名。一些人认为这种蝴蝶象征着好运。

10 这种昆虫分布在印度半岛。翅膀上的尾突为其提供了很好的伪装。鸟类在看到这种昆虫时，会将它们的尾突当作食物来啄食，这样它们的头和躯干就不会受到伤害。

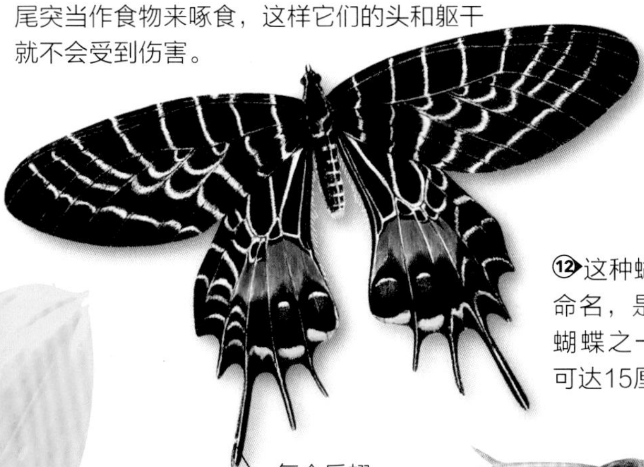

12 这种蝴蝶以发现它的城市命名，是澳大利亚最大的蝴蝶之一，它的翼展可达15厘米。

每个后翅上都有三条尾突

雄性比雌性的个头小，但颜色更鲜艳

透明的翅膀使其在飞行中很难被捕食者发现

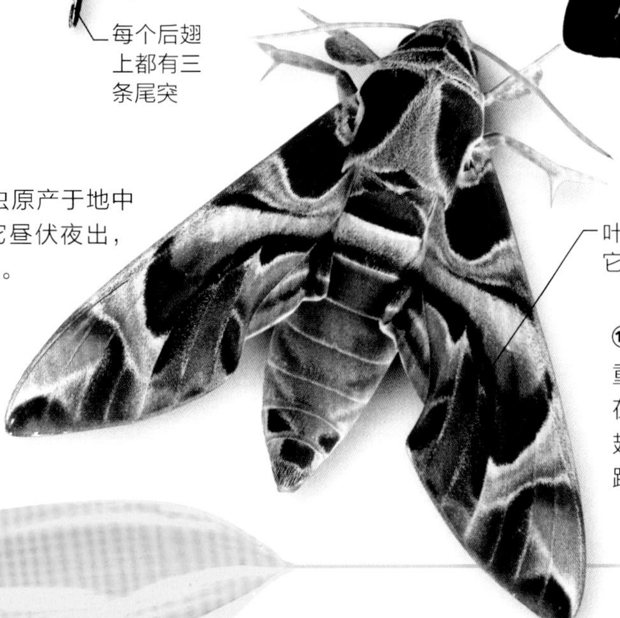

13 这种昆虫原产于地中海地区，它昼伏夜出，以花蜜为食。

叶绿色的体色能够帮它避开鸟类和蜥蜴

14 大多数蝴蝶的翅膀上都覆盖着重重叠叠的鳞粉，而这种蝴蝶则仅在翅膀边缘有少许鳞粉。这让它的翅膀几近透明，使得捕食者难以追踪和锁定它们。

自我测试

入门	蚕蛾 88多涡蛱蝶 蓝闪蝶 柳裳夜蛾
进阶	透翅蝶 蓝釉眼蝶 燕尾蝶 凯恩斯绿鸟翼凤蝶 皇帝蛾
精通	**黄圈红裙斑蛾 夹竹桃天蛾 多尾褐凤蝶 蜂鸟鹰蛾 小红蛱蝶**

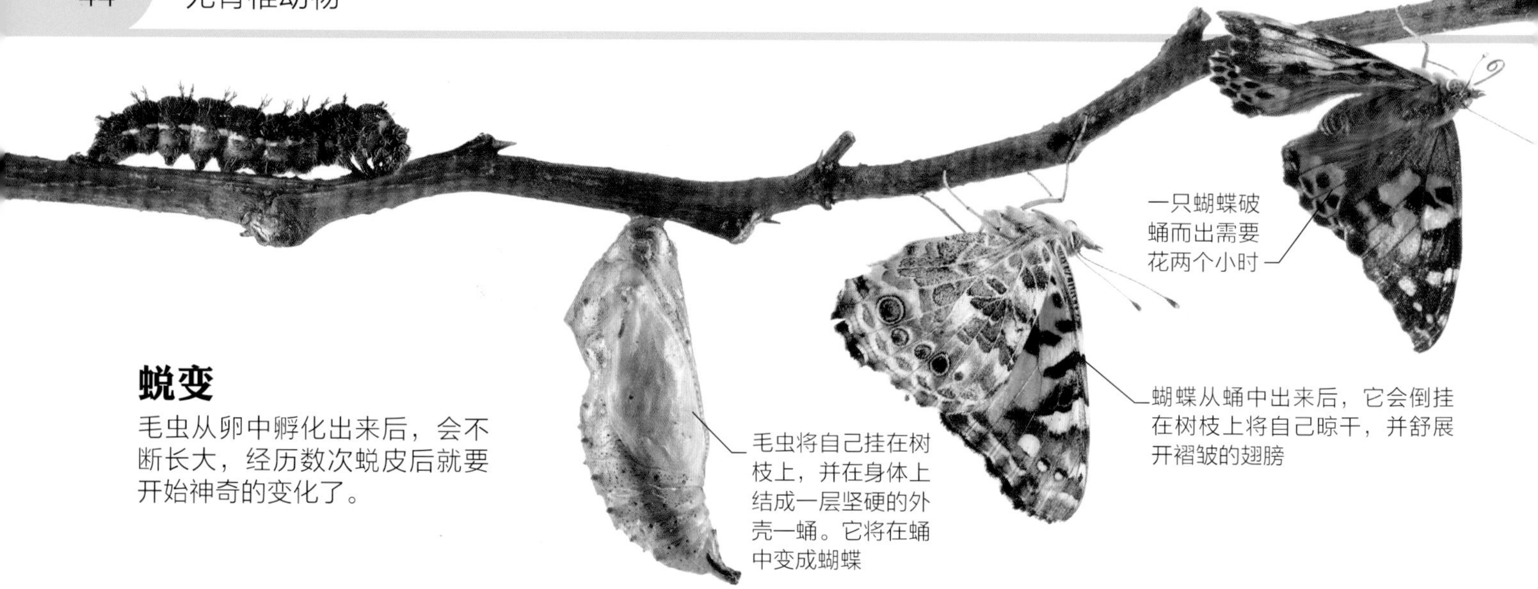
一只蝴蝶破蛹而出需要花两个小时
毛虫将自己挂在树枝上，并在身体上结成一层坚硬的外壳—蛹。它将在蛹中变成蝴蝶
蝴蝶从蛹中出来后，它会倒挂在树枝上将自己晾干，并舒展开褶皱的翅膀

蜕变

毛虫从卵中孵化出来后，会不断长大，经历数次蜕皮后就要开始神奇的变化了。

昆虫的生命周期

大多数昆虫通过产卵的方式繁殖，但却有两种不同的发育方式。一种是完全变态发育，它们的幼虫与成虫在外观上有较大的差别，如从毛虫到蝴蝶的变化；另一种是不完全变态发育，它们的幼虫与成虫差别不大，例如蜻蜓的幼虫会经过数次蜕皮，成为会飞的成虫。

难以置信

六星灯蛾的幼虫可以分泌一种液体来保护自己。这种液体可以把捕食者的颚和腿粘在一起。

如何成为一只成年蜻蜓

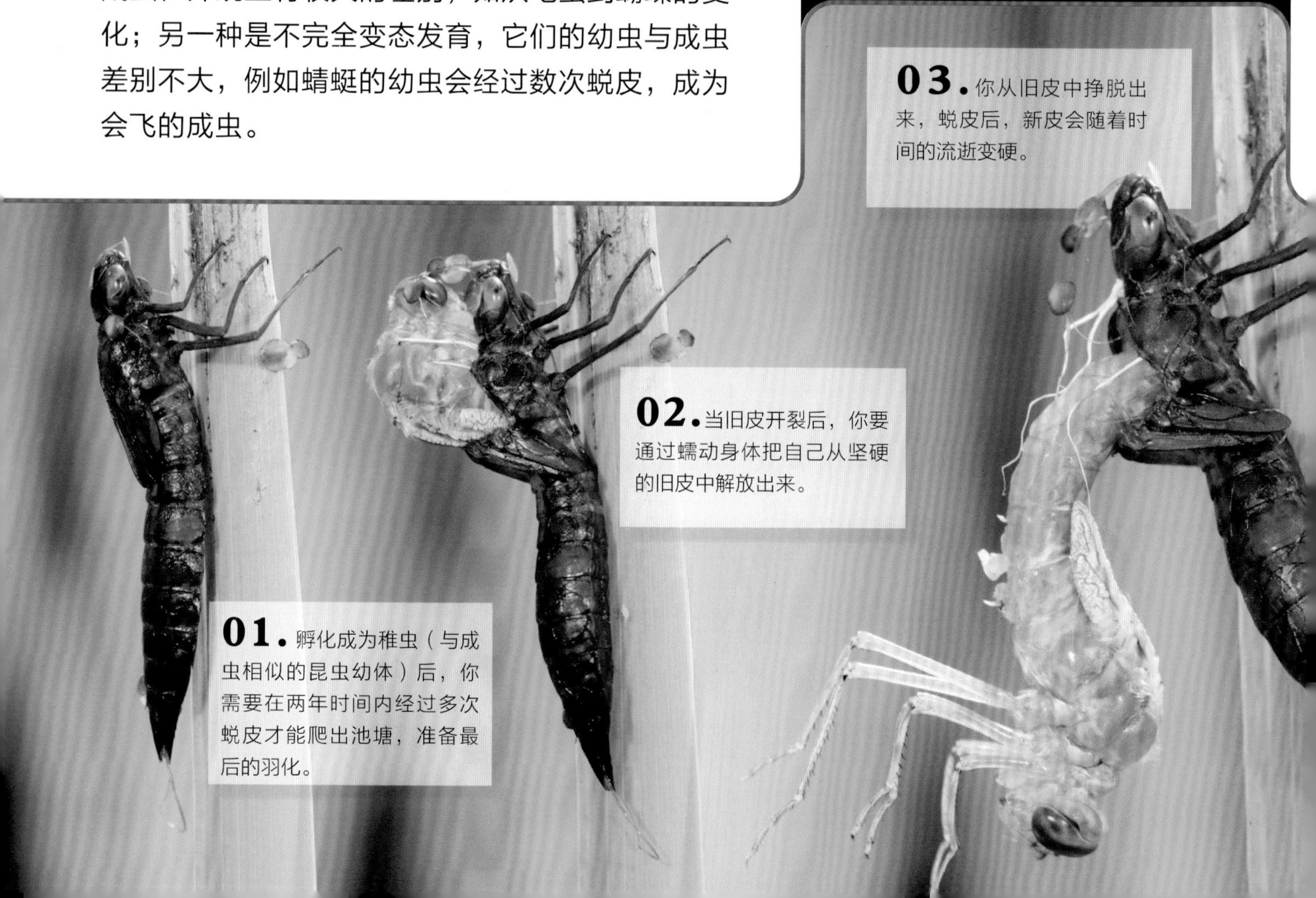

01. 孵化成为稚虫（与成虫相似的昆虫幼体）后，你需要在两年时间内经过多次蜕皮才能爬出池塘，准备最后的羽化。

02. 当旧皮开裂后，你要通过蠕动身体把自己从坚硬的旧皮中解放出来。

03. 你从旧皮中挣脱出来，蜕皮后，新皮会随着时间的流逝变硬。

长大成虫

与人类不同，一些昆虫的成年体通常与它们的幼体形态完全不同。看看下面的昆虫，以及它们从幼虫到成虫的神奇蜕变。

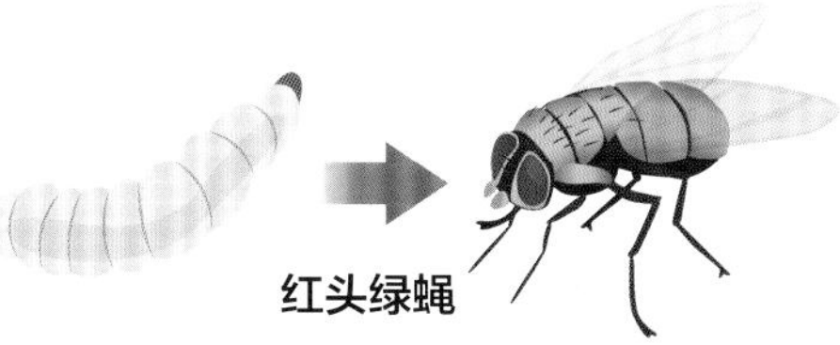
红头绿蝇

法兰绒飞蛾

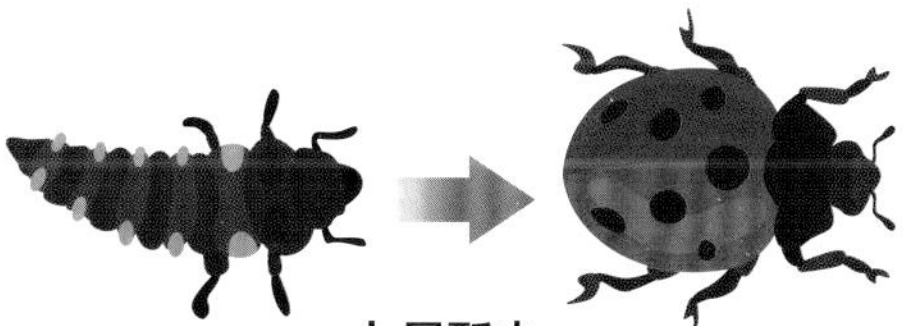
七星瓢虫

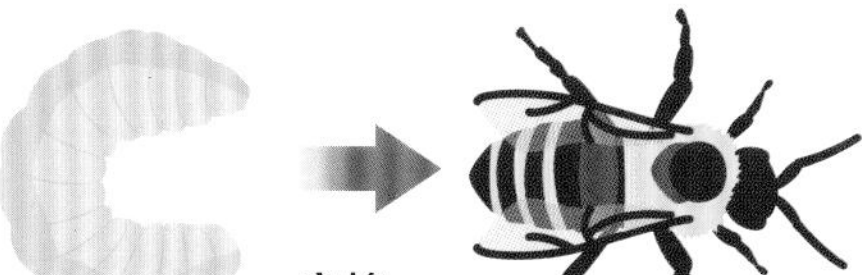
蜜蜂

统计数据

50年
白蚁蚁后可以活50年。

500枚
1只家蝇4天内能产下500枚卵。

1千米
1只蚕蛾结成茧需要用到1千米长的蚕丝。

蚁后的生活

白蚁蚁后每秒钟就能产一枚卵，它一年能产下3000万枚卵！

帝王蝶的迁徙

每年秋天，帝王蝶都会从美国北部和加拿大出发，开始长达4800千米的旅程，抵达墨西哥产卵。产卵后，这些蝴蝶不会再飞回北方，而是在这里等待死亡。

每年春天，这些蝴蝶的下一代会孵化出来并返回北方生活。

帝王蝶借助气流进行长途旅行。

这些刚出生的小蝴蝶从未离开过出生地，但它们却能依靠本能找到迁徙之路。

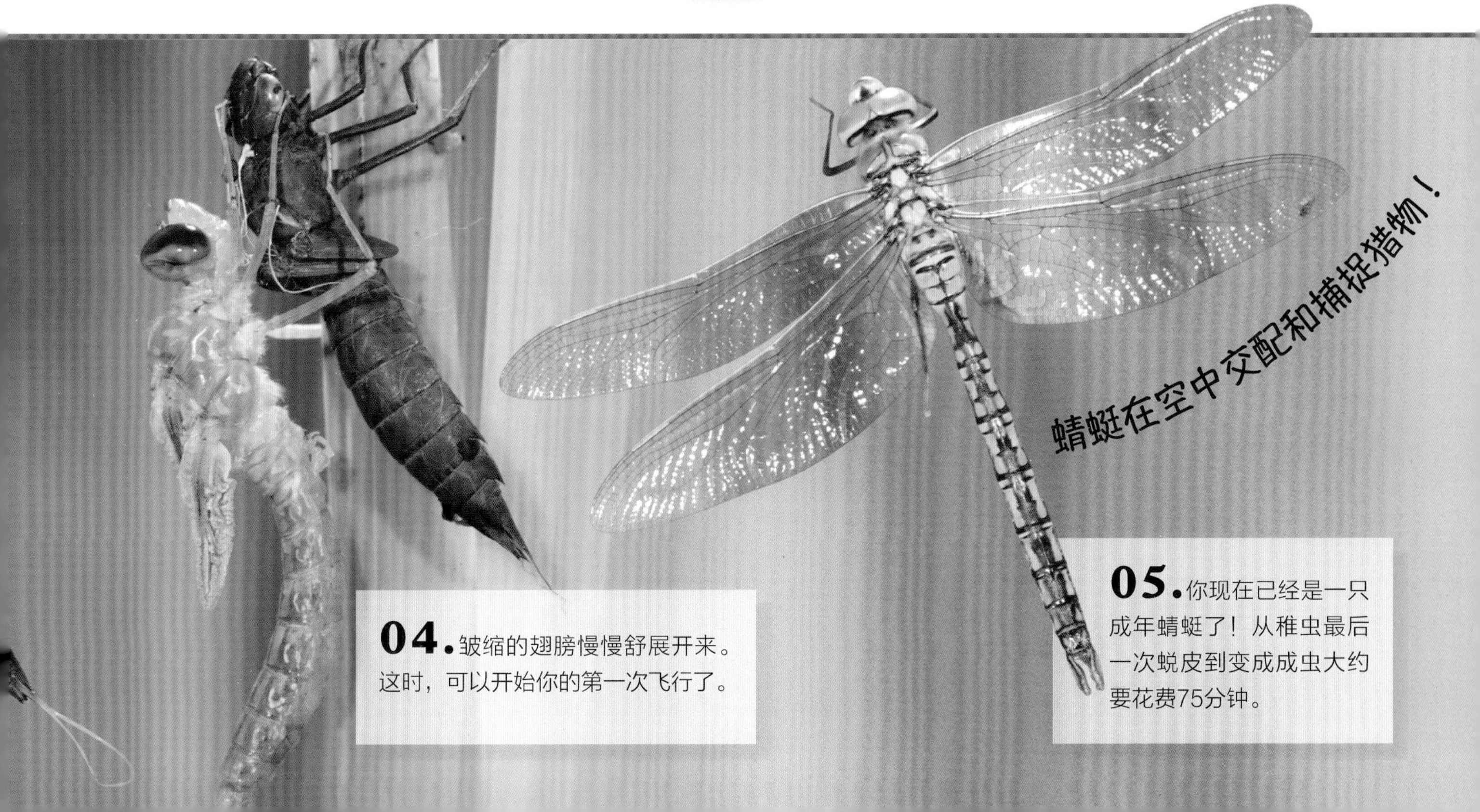

蜻蜓在空中交配和捕捉猎物！

04. 皱缩的翅膀慢慢舒展开来。这时，可以开始你的第一次飞行了。

05. 你现在已经是一只成年蜻蜓了！从稚虫最后一次蜕皮到变成成虫大约要花费75分钟。

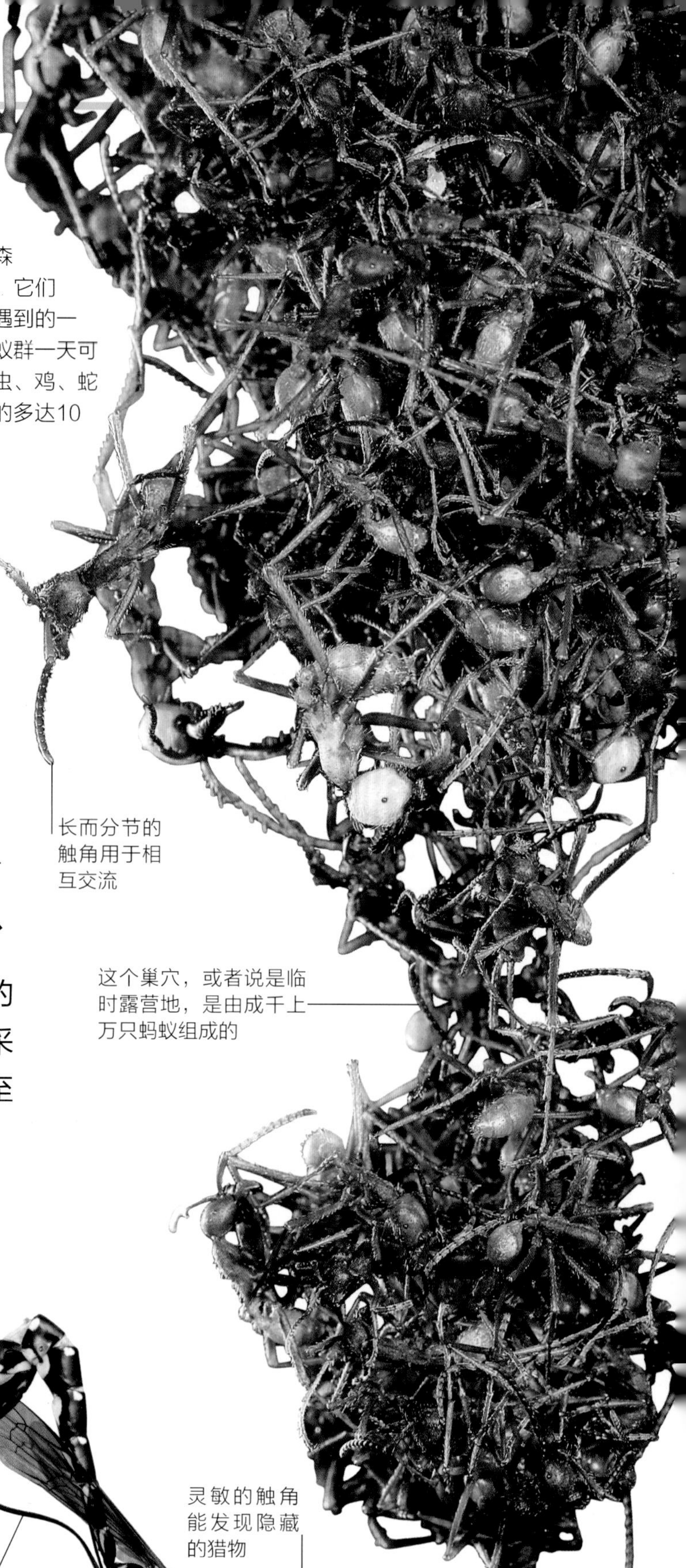

02 这种蚂蚁像职业军人般在森林中大批行进，它们会吃掉沿途所遇到的一切动物。一个蚁群一天可以杀死包括昆虫、鸡、蛇甚至鸟类在内的多达10万只动物。

用来寻找食物的长触角

01 这种昆虫的体型很小，只有2.5厘米长，但它却是世界上咬人最痛的昆虫之一。据被咬者描述，这种痛感就像被子弹击中。

03 这种昆虫分布在亚洲，其蜂后体长可达5厘米，是世界上最大的黄蜂之一。

长而分节的触角用于相互交流

有膜翅的昆虫

蜂和蚁都属于膜翅目昆虫，它们拥有着膜一般的透明翅膀。蜂以植物的花粉和花蜜为食，并在采食过程中帮助植物授粉，对维护生态平衡起着至关重要的作用。

这个巢穴，或者说是临时露营地，是由成千上万只蚂蚁组成的

04 这种黄蜂通过猛烈地拍打翅膀来表现得很具有攻击性，但它只将蜇人作为最后的手段，因为如果用了螫针，自己也会死亡。

用来在树干上钻孔的管状器官

身体上闪耀着蓝黑色的金属光泽

灵敏的触角能发现隐藏的猎物

05 这种动物将卵产在其他昆虫的体内，它的幼虫会通过吸取宿主体内的营养来满足自己生长发育的需要。当它完全长大后，它的宿主也会死亡。

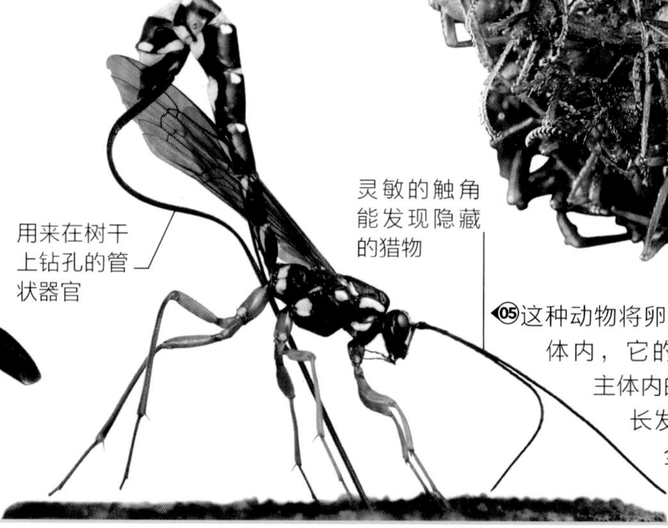

颜色鲜艳的外表是对捕食者的一种警告

长腿能帮助它在受到惊吓时迅速逃跑

07 这种动物十分常见，人们在野餐时经常被它们骚扰。它们以蝇类等有害昆虫为食，能有效地防治虫害。

06 这种动物体表覆盖着颜色鲜艳的绒毛。雌性（如图）没有翅膀，经常被误认成蚂蚁。

08 这种昆虫有一个扁平的、覆盖着盔甲的头。当遇到危险时，它会用头堵住巢穴的入口，并把触角和腿藏在头下来保护自己。

工蜂的尾部是白色的

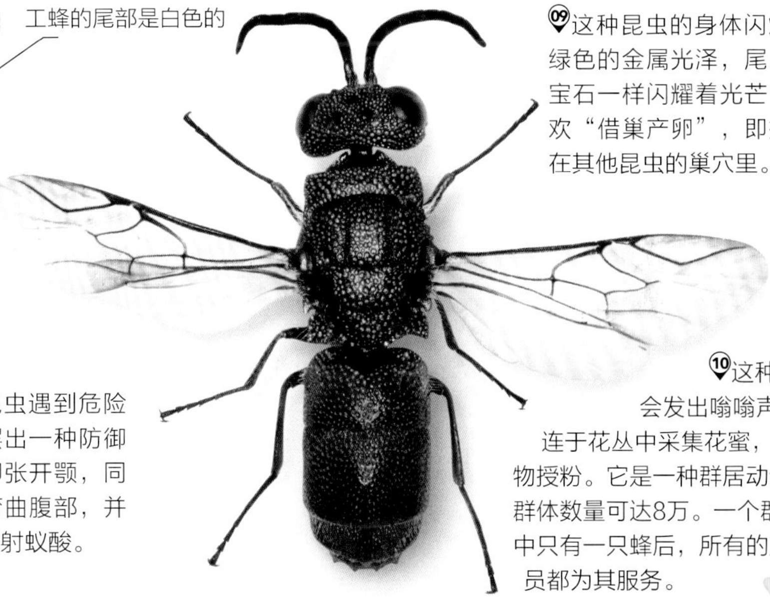

09 这种昆虫的身体闪烁着蓝绿色的金属光泽，尾巴像红宝石一样闪耀着光芒。它喜欢"借巢产卵"，即把卵产在其他昆虫的巢穴里。

11 这种昆虫遇到危险时，会摆出一种防御姿态，即张开颚，同时向下弯曲腹部，并向敌人喷射蚁酸。

10 这种昆虫会发出嗡嗡声，流连于花丛中采集花蜜，给植物授粉。它是一种群居动物，群体数量可达8万。一个群体中只有一只蜂后，所有的成员都为其服务。

12 这种蜜蜂会在花朵上咬洞来吸食花蜜，并由此得名"花蜜强盗"。其蜂后的尾部颜色独特，很容易被识别。

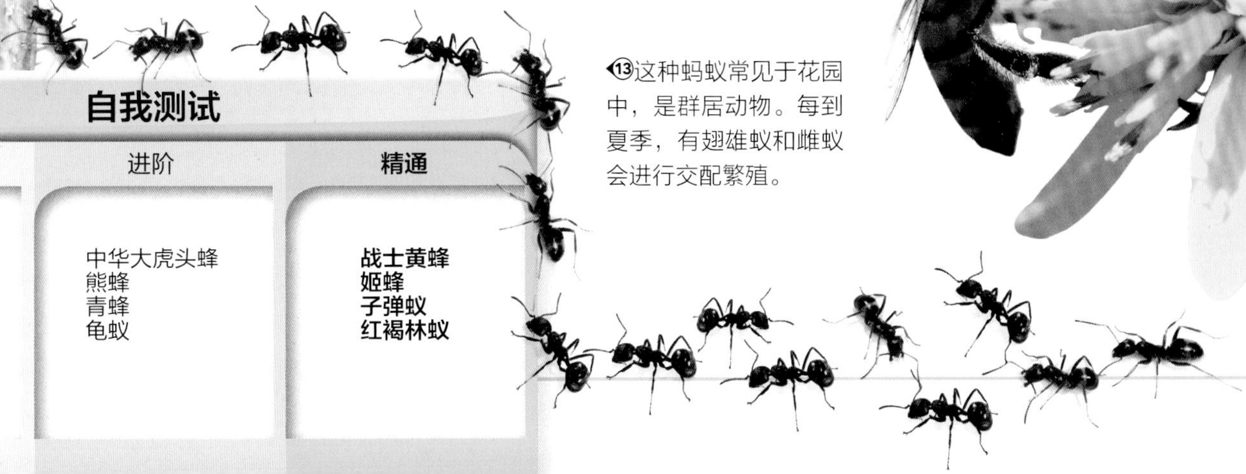

复眼是由许多六角形的小眼组成的

13 这种蚂蚁常见于花园中，是群居动物。每到夏季，有翅雄蚁和雌蚁会进行交配繁殖。

自我测试

入门	进阶	精通
西方蜜蜂	中华大虎头蜂	**战士黄蜂**
黑毛蚁	熊蜂	**姬蜂**
普通黄胡蜂	青蜂	**子弹蚁**
蚁蜂	龟蚁	**红褐林蚁**
行军蚁		

01这些色彩鲜艳的动物挤在树枝上躲避捕食者。它们的翅膀合上时像小树叶。

02这种昆虫生命中的大部分时间都作为若虫（不完全变态昆虫的幼虫）生活在地底，它作为成虫出现的时间很短，仅是为了繁殖。它以叫声响亮而闻名。

它的翅膀是透明的，结构精细但很脆弱

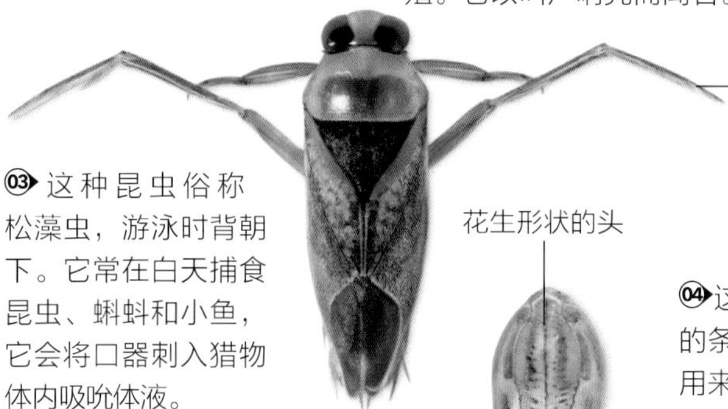
它的桨状长腿使其可以在水中游动

03这种昆虫俗称松藻虫，游泳时背朝下。它常在白天捕食昆虫、蝌蚪和小鱼，它会将口器刺入猎物体内吸吮体液。

04这种昆虫以其身上红黑相间的条纹命名。颜色鲜艳的外表用来警告捕食者远离它们。

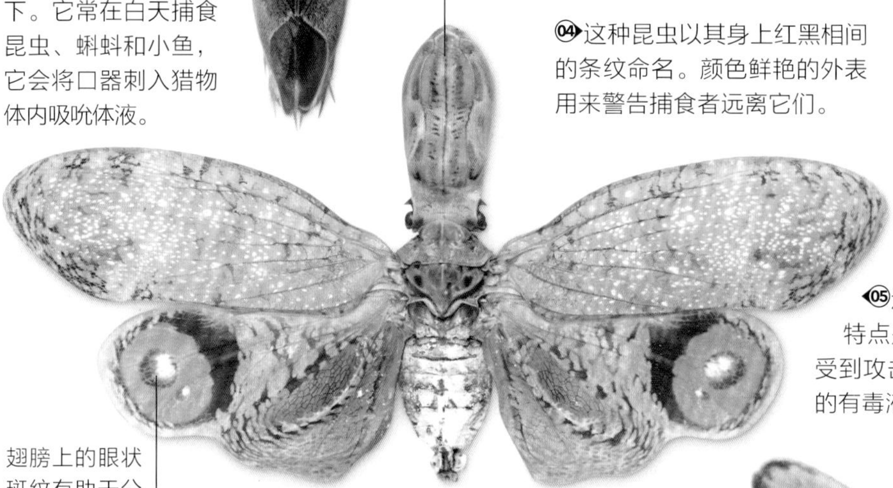
花生形状的头
翅膀上的眼状斑纹有助于分散捕食者的注意力

05这种昆虫原产于中南美洲，特点是有一个突出的圆柱形头。受到攻击时，它会喷射出一种难闻的有毒液体。

长长的腿有助于分散体重

06这种昆虫生活在湖泊或池塘中，能在水面上滑行。前腿短，可以用来抓住昆虫；中腿和后腿细长，分别用来划水和控制方向。

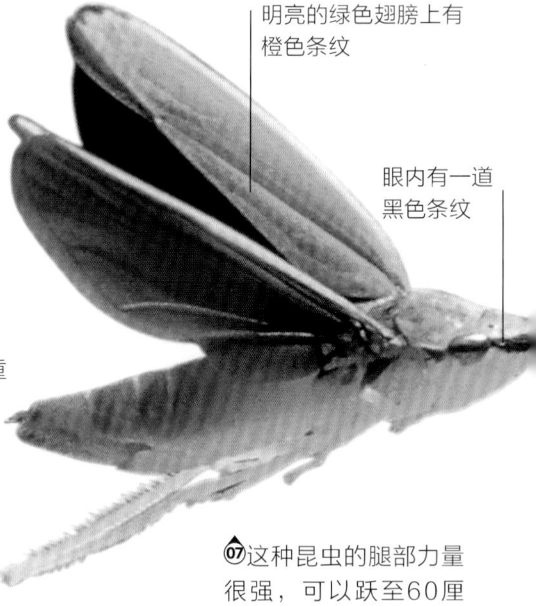
明亮的绿色翅膀上有橙色条纹
眼内有一道黑色条纹

07这种昆虫的腿部力量很强，可以跃至60厘米高，它以一种十分常见的花命名。

自我测试

入门	进阶	**精通**
条纹盾蝽 床虱 苹果黄蚜 杜鹃网蝽 温室白粉虱	水黾 仰泳蝽 猎蝽 提灯蜡蝉	**田鳖** **知了** **接吻虫** **蛾蜡蝉**

⑧ 这种椭圆形的小虫子以人血为食。它通常在夜间出来活动，藏在人们睡觉的地方，被它叮咬过的部位会奇痒难忍！

⑨ 这种昆虫是一种凶猛的捕食者，以各类昆虫为食。它将自己粗短、分节的喙刺入猎物体内，吸食其体液。

⑩ 这种昆虫的长度可达10厘米，是最大的半翅目昆虫。它一生都生活在水里，以小鱼、小虫为食。

⑪ 这种小型昆虫常见于各种花卉和农作物上，它以植物汁液为食，并释放黏性的蜜液危害植物。

翅膀上覆盖着白蜡粉

背部有吸管，用来呼吸

⑫ 这种昆虫是瓢虫最喜欢的食物。它以一种果树的叶子为食，是世界公认的害虫。

⑬ 这种昆虫生活在南美洲的热带地区，以人血为食，专门叮咬人的脸部，特别是眼睛、嘴唇附近。它的身上携带着寄生虫，在抓挠叮咬处后触摸眼、口等部位，可能会使人感染疾病。

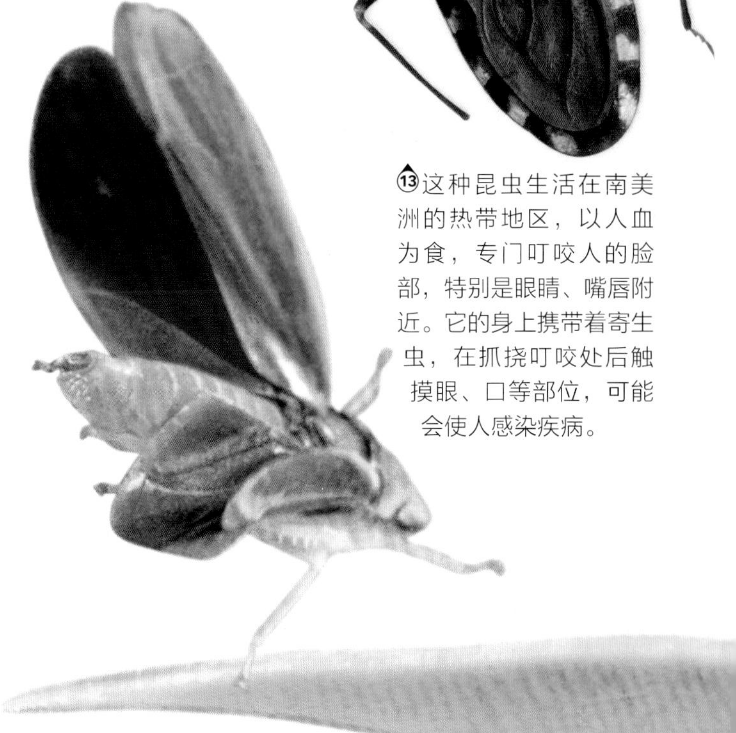

蝽

"蝽"俗称"臭大姐"，但它其实可以代指整个半翅目昆虫。这类昆虫的体型、大小和颜色各异，但进食的方式都是一样的，即用刺吸式口器吸取食物的汁液。一些直接以植物的含糖汁液为食，而另一些则是捕食者，它们会刺穿猎物吸食其体液。

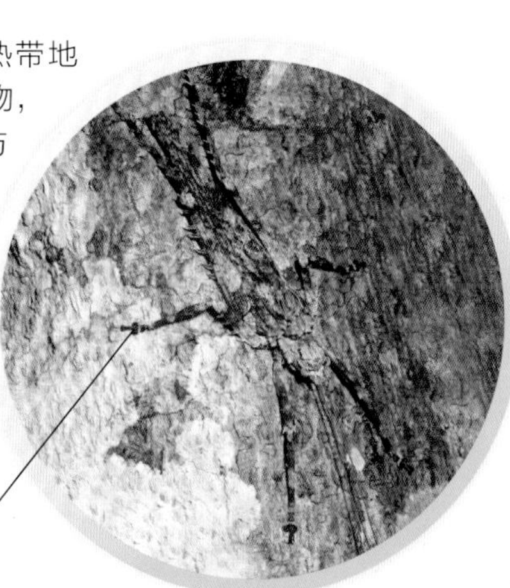

①这种昆虫生活在热带地区。它是一种树栖动物，棕绿色的身体能够与周围的环境完美融合并有效迷惑蝙蝠和鸟类等捕食者。

强有力的后腿有助于跳跃和攀爬

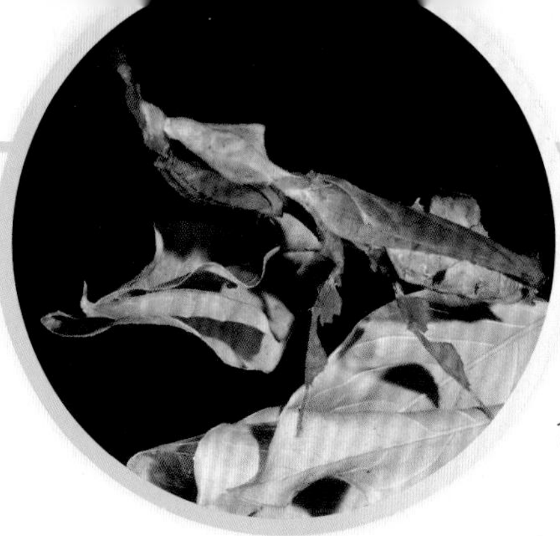

②这种非洲昆虫的外形看起来像一片枯叶。当它躺在森林的地面上时，路过的捕食者几乎发现不了它。

拟态和伪装

一些昆虫具有模仿周围环境的神奇能力，即使出现在天敌和猎物的视野中也不会被发现。

长后腿可以远距离跳跃

③这种昆虫生活在南美洲的热带雨林里，常栖息在树干和地衣上。它们用触角寻找树叶和草等食物。

④这种昆虫生活在美洲，以植物汁液为食。它们经常成群地挤在树枝上，看上去就像一根根植物的刺，这样便能成功地躲避鸟类等捕食者。

褐色的细长身体使它看起来像树枝

⑤这种昆虫生活在非洲，雌性可以长到33厘米长，其纤细的树枝状身体能够让它完美地伪装成树枝。

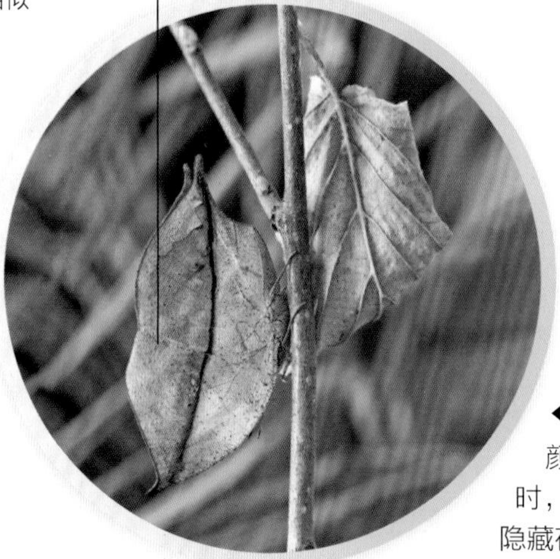

翅膀上的纹络与树叶的脉络相似

⑥这种动物生活在南亚地区，翅膀打开时，颜色绚丽，闪烁着美丽的光泽；翅膀合上时，仿佛是即将凋零的枯叶，使它能够完美地隐藏在树枝上。

答案：1.纺织娘 2.幽灵螳螂 3.地衣螽斯 4.角蝉 5.尖刺足刺竹节虫 6.枯叶蝶 7.红尾碧蝽 8.兰花螳螂 9.岩蜢 10.隐尾蠊 11.圆翼舟蛾 12.叶虫 13.男爵毛毛虫

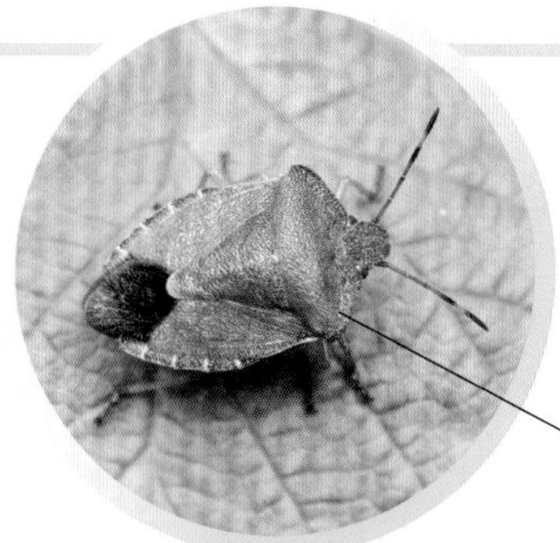

07 这种昆虫常见于欧洲，特殊的体色使其很容易隐藏在树叶间。受到威胁时，它会释放一种恶臭的液体。

身体较宽，体表粗糙

08 扁平的花瓣状附肢让这种昆虫看起来像一朵兰花。它藏在花朵旁，完美的伪装令前来觅食的昆虫毫无察觉，等昆虫靠近时，它便迅速将其捕获。

09 这种昆虫生活在非洲南部岩石众多的沙漠中，它通过融入周围的环境来躲避捕食者。

10 这种昆虫身体扁平呈棕色，背部有隆起，以地面上的干树叶为食。它能够很好地隐藏在这些树叶之中，躲避捕食者。

翅膀尖端的浅色斑块

毛茸茸的头

11 休息时，这种昆虫的翅膀紧贴身体，看起来像一段桦树的断枝。

细而多毛的刺掩盖了它的轮廓

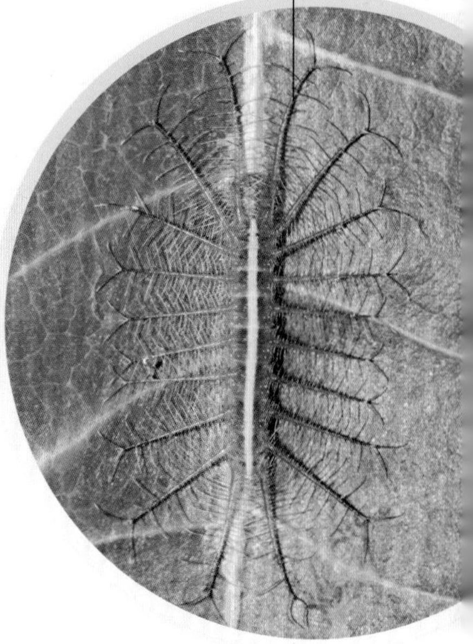

13 这种昆虫生活在果树的树叶上，身体中央有一条白色的条纹，刚好与果树叶子的脉络相吻合，鸟类几乎无法发现它。

12 这种动物生活在热带地区，与竹节虫有很近的亲缘关系，它看起来就像是一整片脉络清晰的绿树叶。

自我测试

入门	进阶	精通
尖刺足刺竹节虫 叶虫 兰花螳螂 枯叶蝶	地衣螽斯 角蝉 红尾碧蝽 岩蝗 隐尾蠊	**男爵毛毛虫 圆掌舟蛾 纺织娘 幽灵螳螂**

3 鲨鱼

旋转的鱼群

在太平洋的雷维利亚希赫多群岛附近，一些较小的鱼类，如鲱鱼，会出于生存本能聚集在一起，形成一个庞大而密集的球形鱼群。这种防御策略能够有效迷惑敌人，使得捕食者很难捕食个体鱼类。

鱼的分类

无颌鱼
这类鱼没有颌骨，嘴部肌肉发达，是最早出现的鱼类。无颌鱼由七鳃鳗（如图所示）和盲鳗两类组成，共有约120种。

硬骨鱼
这类鱼的体内长有硬骨。世界上共有28 000多种形态各异的硬骨鱼。

软骨鱼
这类鱼长有坚韧、灵活的软骨组织。鲨鱼、鳐鱼和银鲛都是软骨鱼。

鱼是什么?

鱼是一种生活在水下的变温动物，大多数长有鳍和鳞片，用鳃呼吸。

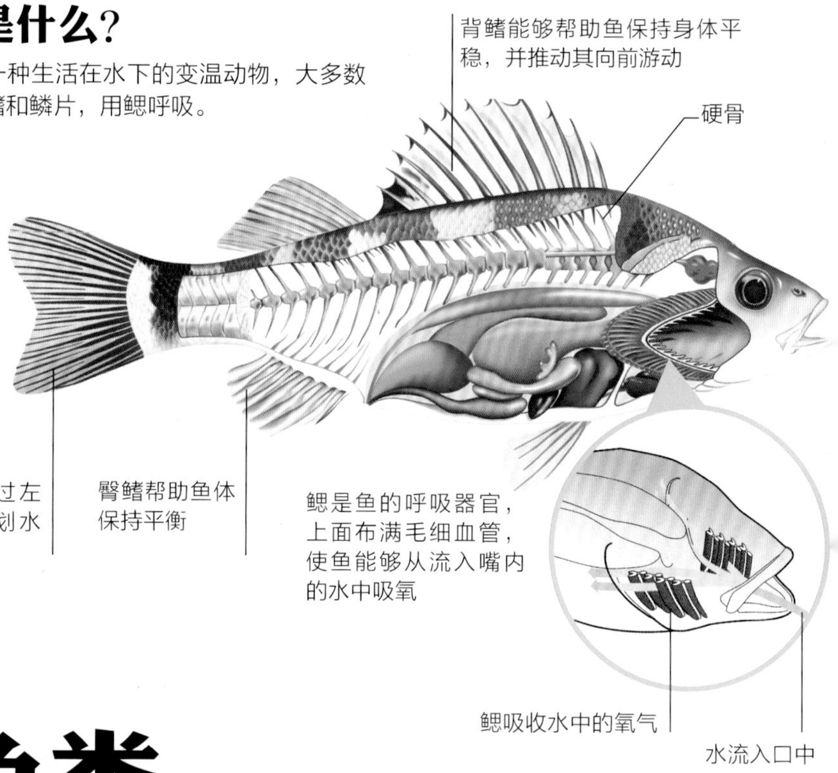
背鳍能够帮助鱼保持身体平稳，并推动其向前游动
硬骨
尾鳍通过左右摇摆划水前进
臀鳍帮助鱼体保持平衡
鳃是鱼的呼吸器官，上面布满毛细血管，使鱼能够从流入嘴内的水中吸氧
鳃吸收水中的氧气
水流入口中

鱼类

大约5亿年前，第一批有内骨骼的动物——鱼出现了。经过漫长的演变与发展，其种类已占据脊椎动物的大半。虽然鱼类的大小各异，但它们都拥有流线型的身体和强壮的肌肉，可以在水中自如穿梭。

难以置信

盲鳗受到威胁时，它身体两侧的毛孔会分泌出黏液，使其变得很滑，难以被捕捉。

统计数据

1亿
鲱鱼喜欢成群游动，有时数量可达1亿条，这种鱼群被称为巨型鱼群。

900万
雌鳕鱼一年能产下900万枚卵。

300颗
经常换牙的大白鲨可同时拥有300颗牙齿，在其嘴中排成7排。

如何像河豚一样求偶

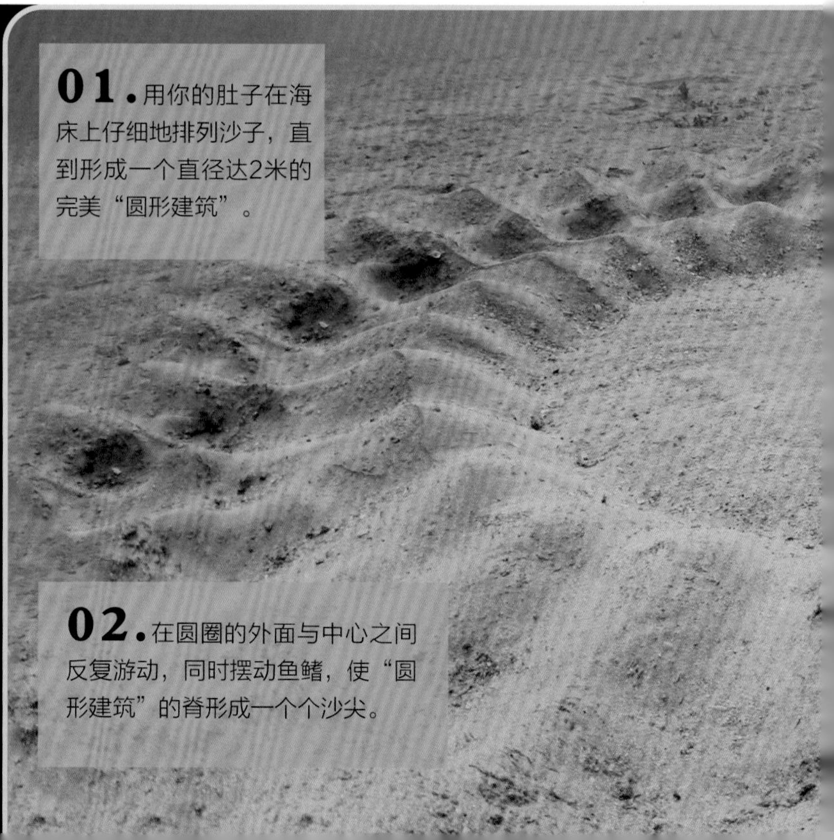

01. 用你的肚子在海床上仔细地排列沙子，直到形成一个直径达2米的完美“圆形建筑”。

02. 在圆圈的外面与中心之间反复游动，同时摆动鱼鳍，使“圆形建筑”的脊形成一个个沙尖。

游动方式

所有鱼都通过弯曲、摆动和伸展附着在脊椎上的肌肉在水中游动，但具体的游动方式因物种而异。

摆动明显的尾鳍

体侧肌肉共同带动身体和尾鳍

这种鱼依靠身体左右摆动进行波浪式运动，进而推动它前进

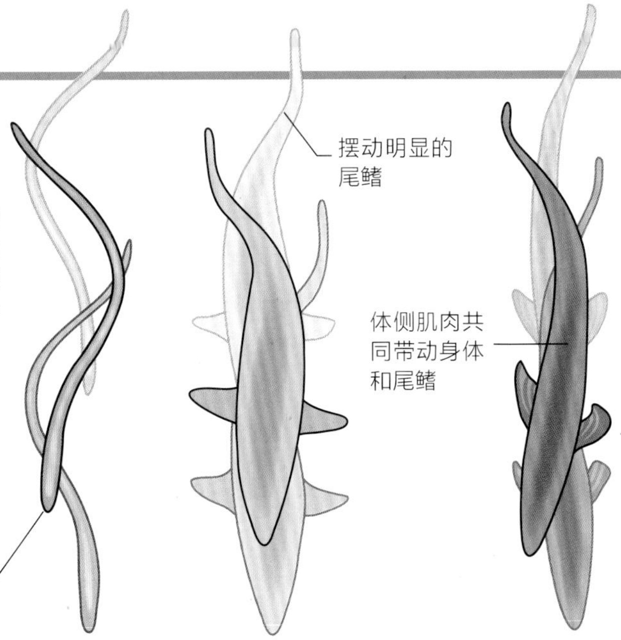

身体：鳗鱼等身体细长的鱼类像蛇一样通过摆动身体来游动。

尾巴：金枪鱼依靠快速摆动尾鳍来高速游动。

身体和尾巴：鲑鱼能够让身体和尾鳍协同运动，实现快速转弯。

生育的故事

护卵：虾虎鱼鱼把卵产在软珊瑚或海绵上。在卵孵化之前，它都和卵待在一起，并时刻保持警惕。

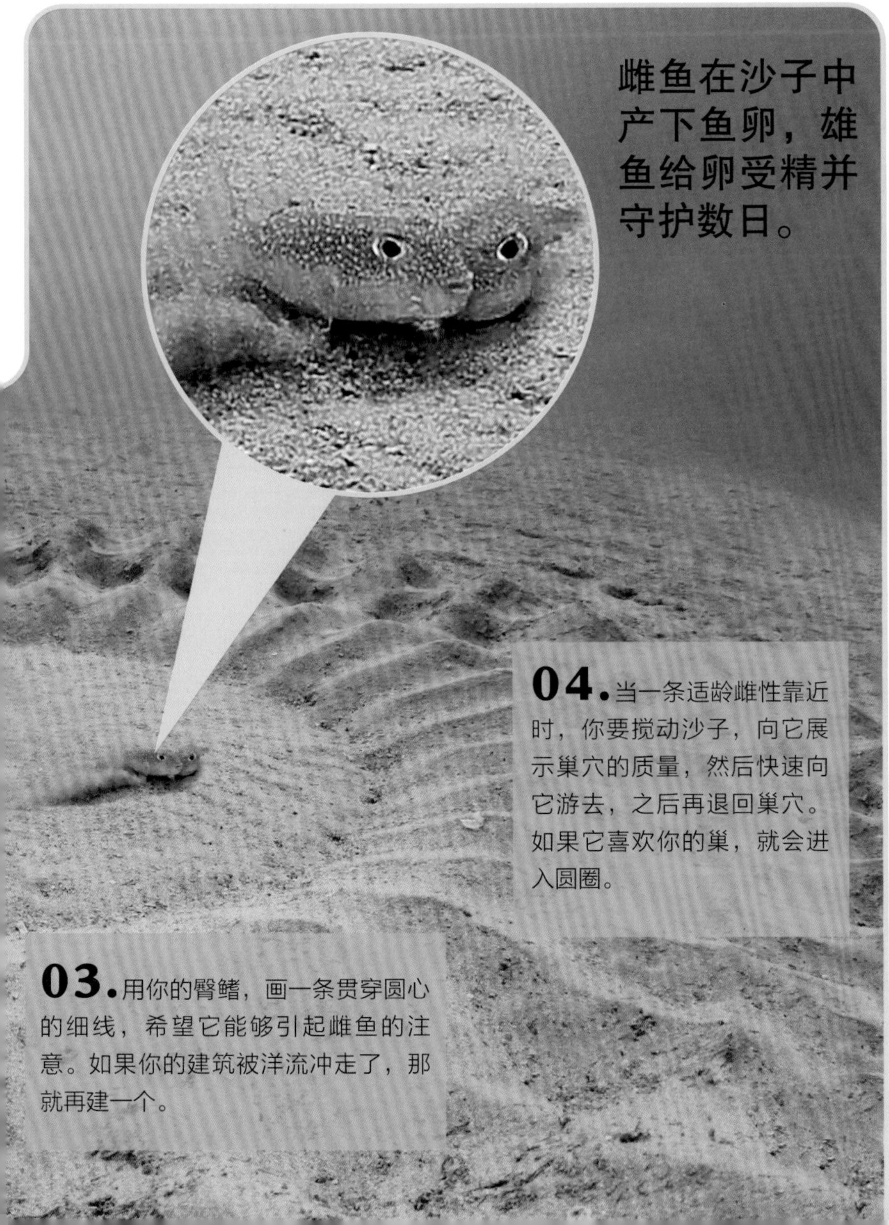

口孵：雄性黄头后颌䲁为保护受精卵，会把它们放在嘴里孵化。因此在这些卵孵化之前，它不能吃任何东西。

卵鞘：猫鲨用长卷须将卵固定在植物上，这些卵有着坚韧如皮革的外壳。

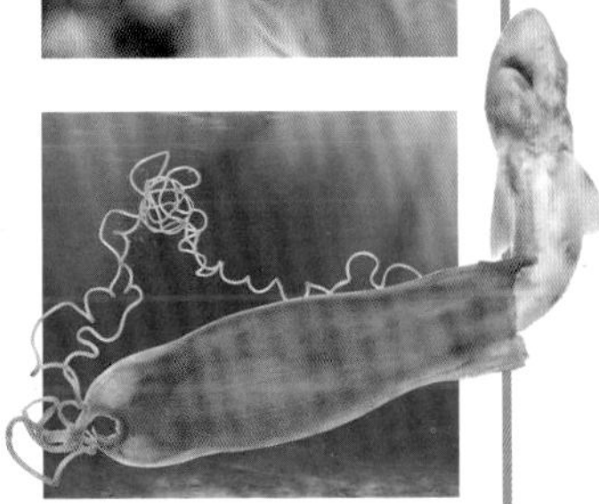

卵胎生：一些鱼类的卵会在母体内发育，鱼妈妈生出来的是小鱼而不是卵，如柠檬鲨。这种生殖方式被称为卵胎生。柠檬幼鲨出生后便迅速游离自己的母亲，以免被吃掉。

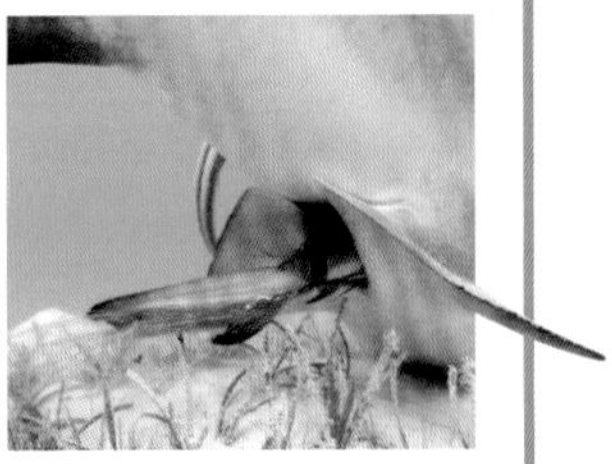

育子囊：雄海马把卵放在腹部的育子囊里，直到小海马发育成形，才会被释放到海水中。

雌鱼在沙子中产下鱼卵，雄鱼给卵受精并守护数日。

04.当一条适龄雌性靠近时，你要搅动沙子，向它展示巢穴的质量，然后快速向它游去，之后再退回巢穴。如果它喜欢你的巢，就会进入圆圈。

03.用你的臀鳍，画一条贯穿圆心的细线，希望它能够引起雌鱼的注意。如果你的建筑被洋流冲走了，那就再建一个。

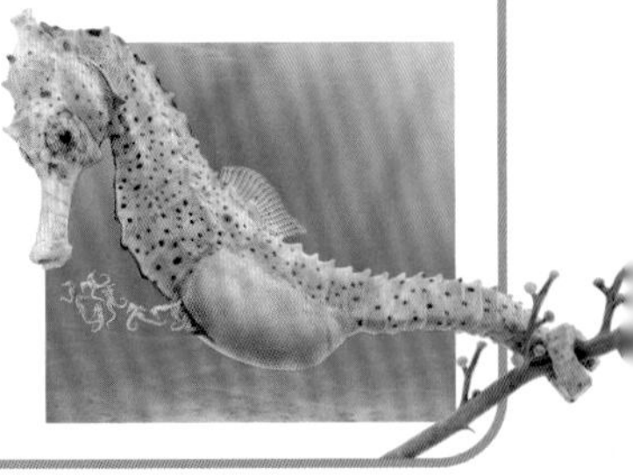

毒液战术

⚠ 一只河豚身上的毒素能杀死30个人，目前还没有相应的解药。

⚠ 狮子鱼的背部长有毒棘，会使人过敏。

⚠ 受到威胁时，石狗公鱼（如图）会将背鳍上的刺刺入敌人体内，并注入致命毒液。

01 这种鱼生活在浅海处的珊瑚礁中，在阳光的照射下，背部的亮色斑点能够很好地隐匿它的身形。它的尾部有刺，但仅用于防御。

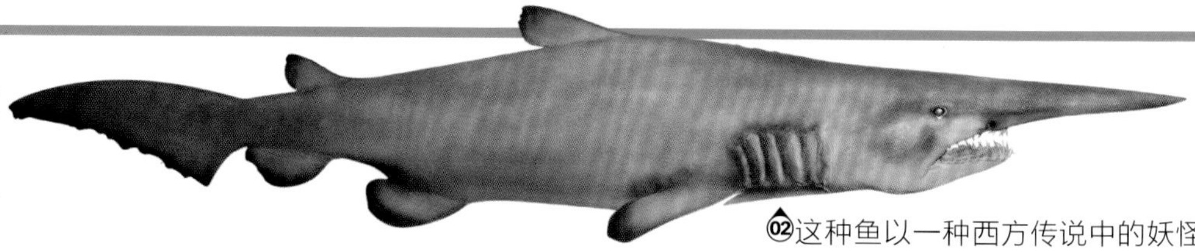

02 这种鱼以一种西方传说中的妖怪命名它生活在很深的海域内，十分罕见，以突出的长吻闻名。为捕获猎物，它可以自己的下颚伸长7.5厘米。

03 这种腹部呈白色的鱼是海洋中的顶级掠食者。它的感官十分灵敏，有大约300颗锋利的排成锯齿状的牙齿。

04 这种鱼体长20米，是世界上最大的鱼类。但它主要以微小的浮游生物为食，并不是凶狠的捕食者。

鲨鱼和鳐鱼

鲨鱼和鳐鱼都属于软骨鱼，它们的内骨骼由类似支撑我们外耳郭的软组织组成。虽然鲨鱼和鳐鱼彼此之间的亲缘关系很近，但它们的外表却差别很大。鳐鱼的身体扁平，并且有长尾，而鲨鱼的体型普遍较大。

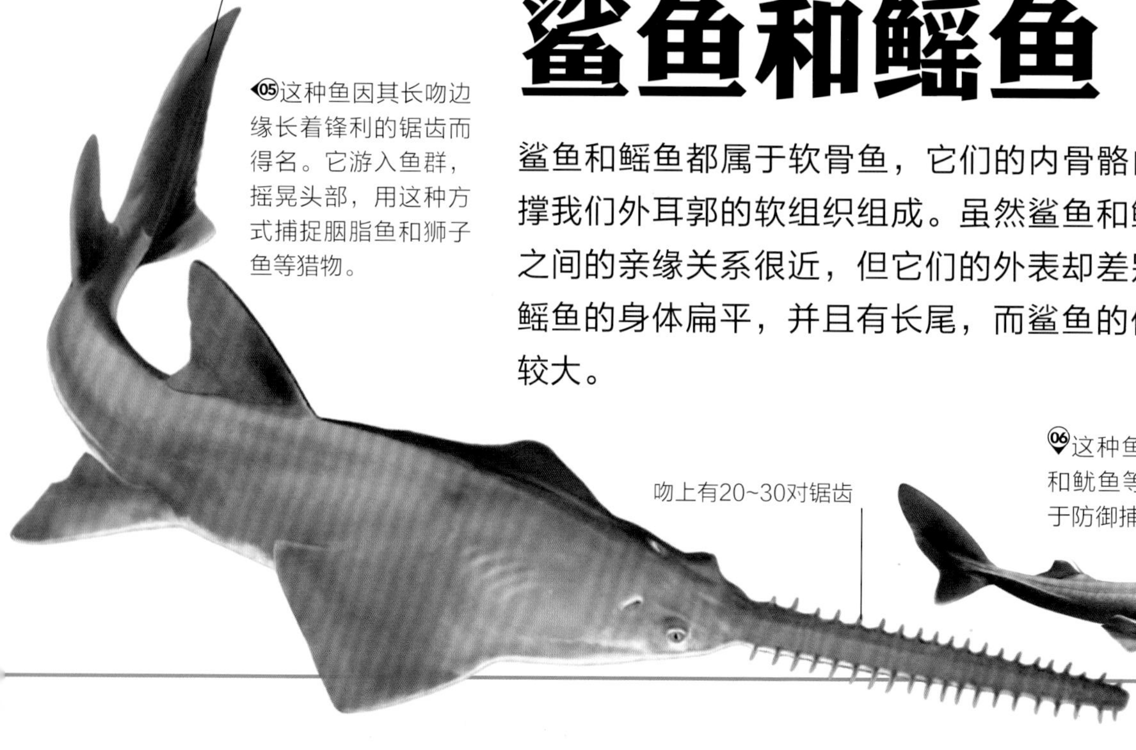

05 这种鱼因其长吻边缘长着锋利的锯齿而得名。它游入鱼群，摇晃头部，用这种方式捕捉胭脂鱼和狮子鱼等猎物。

06 这种鱼是群居动物，它以水母、螃蟹和鱿鱼等动物为食，背鳍上有鳍棘，用于防御捕食者。

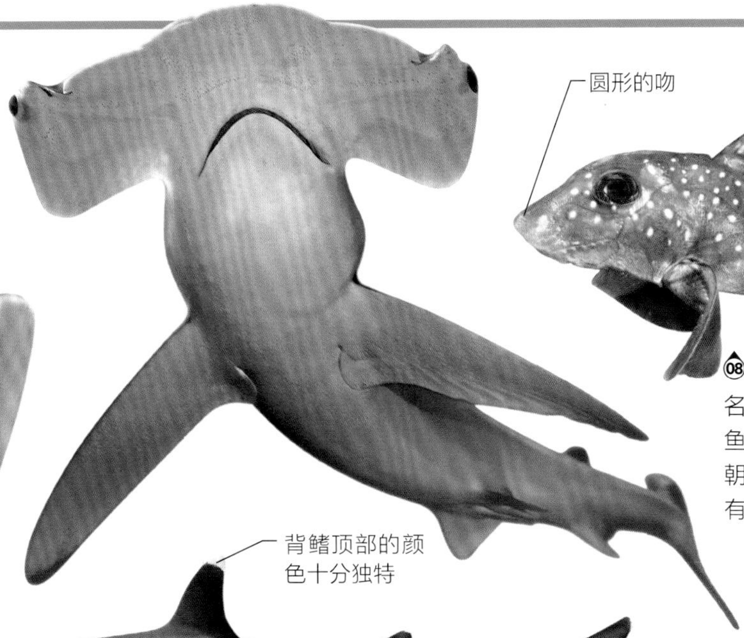

07 这种鱼的眼睛位于其T形头的两侧，因此它的视野极其开阔。

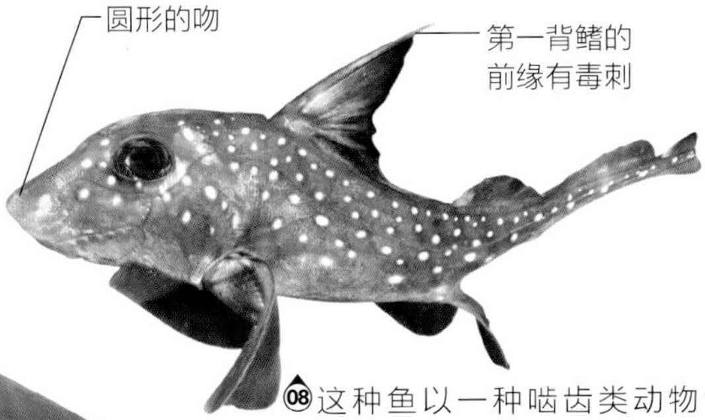

圆形的吻

第一背鳍的前缘有毒刺

眼睛很小，没有眼睑

08 这种鱼以一种啮齿类动物命名。它是一种鲛鱼，与鲨鱼和鳐鱼有很近的亲缘关系。它的身体朝着尾端逐渐变细，胸鳍很长，有助于它沿着海床寻找猎物。

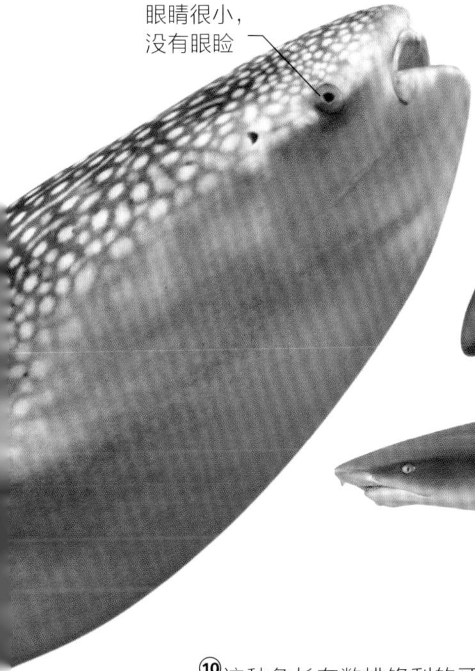

背鳍顶部的颜色十分独特

09 这种鱼晚上集体在珊瑚礁附近捕猎，白天在海床或海底洞穴中休息。

10 这种鱼长有数排锋利的牙齿，非常凶猛。

幼鲨身上的条纹图案很清晰，但会随着年龄的增加而褪色

的吻很宽，发
攻击前会用它
戳刺猎物

鞭子一样的尾巴

自我测试

入门	大白鲨 鲸鲨 双髻鲨 巨蝠鲼
进阶	蓝斑条尾魟 虎鲨 白顶礁鲨 赤魟
精通	科氏兔银鲛 哥布林鲨 栉齿锯鳐 白斑角鲨

11 这种鱼的尾巴末端长着一根长达35厘米的毒刺。发动攻击时，它会将毒刺留在敌人的体内。

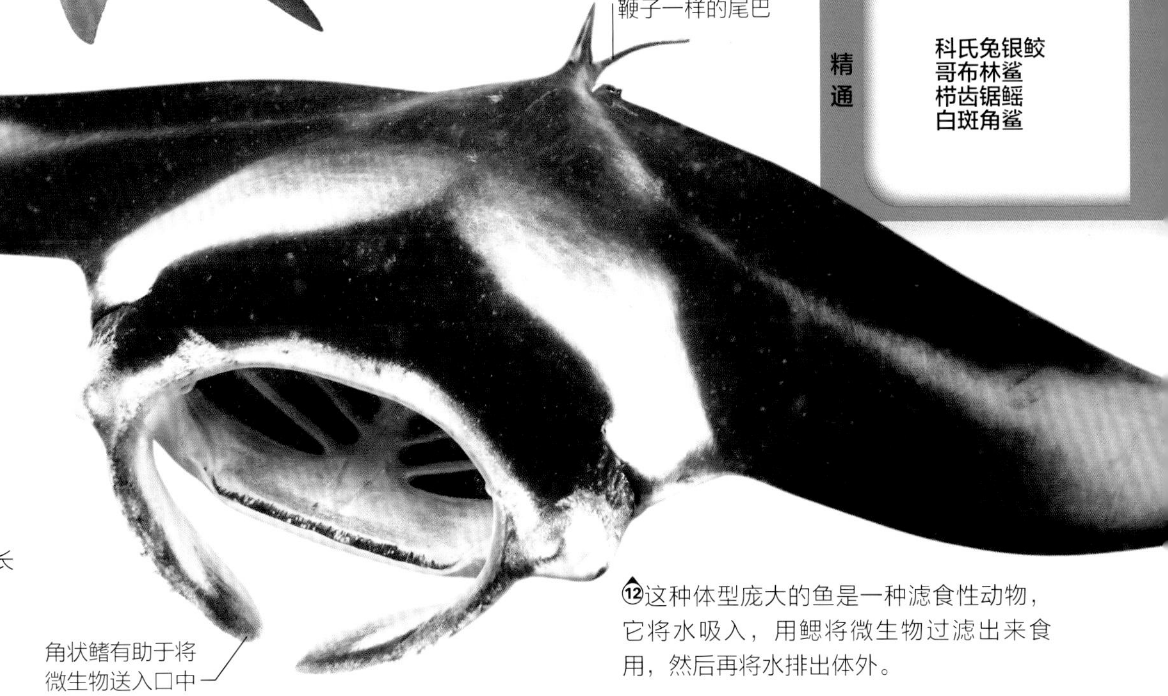

角状鳍有助于将微生物送入口中

12 这种体型庞大的鱼是一种滤食性动物，它将水吸入，用鳃将微生物过滤出来食用，然后再将水排出体外。

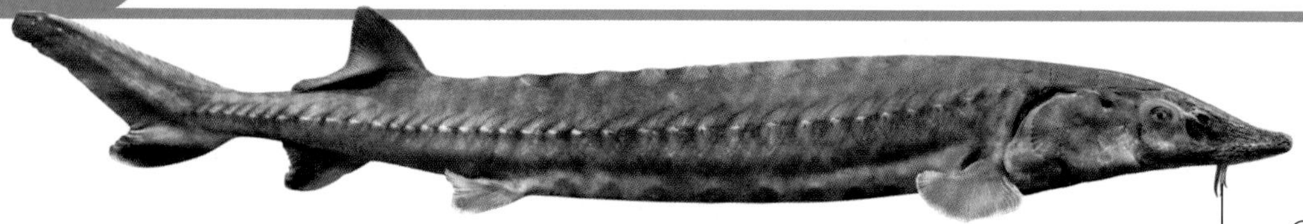

01 这种尖脸鱼可以长到6米长，寿命可达100多年，它一生大部分时间都生活在咸水中，但会洄游到淡水河流中产卵。

灵敏的触须有助于发现猎物

02 这种鱼在法国、比利时、英国和爱尔兰附近的大西洋水域中均有发现。它身体扁平，白天藏在沙子里几乎一动不动，很难被发现。到了晚上，它会离开藏身处，去捕食蠕虫、虾等猎物。

明亮的橙色斑点

硬骨鱼

从体型巨大的翻车鱼到短小的海马，硬骨鱼的形态千差万别。它们的骨骼都由硬骨构成，大多长有鱼鳔。世界上至少有32 000种硬骨鱼。从浅池塘、河流到广阔的海洋，它们生活在各种各样的水域中。

帆状背鳍可以在高速游动时折叠

03 这种鱼身上有类似于豹纹的斑点图案，捕猎时也如豹子一样凶猛。它常藏在珊瑚礁里，当猎物游过时，便迅速冲出，用自己锋利的牙齿抓住猎物。

又长又尖的吻

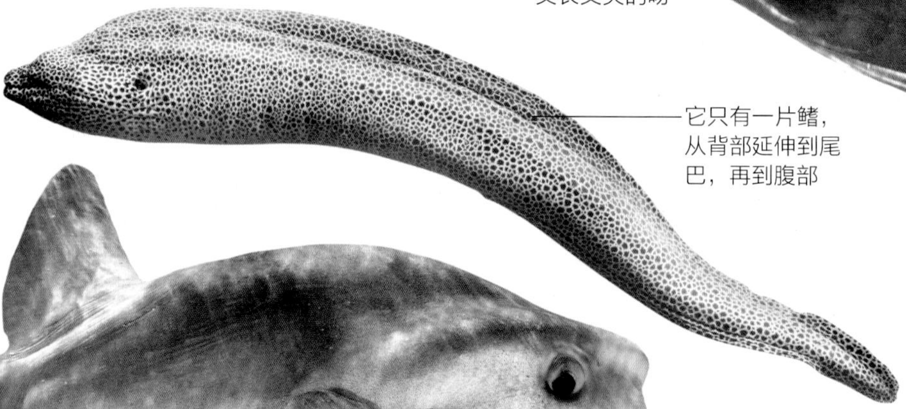

它只有一片鳍，从背部延伸到尾巴，再到腹部

它没有尾巴，取而代之的是一片舵形褶边

身上的粗纹

04 这种鱼体型很小，大约2厘米长。它将自己的尾巴紧紧地缠绕在珊瑚上，以免被冲走，明亮的体表颜色使它能够在珊瑚礁中很好地隐藏自己。

06 它是世界上最重的硬骨鱼，体重可达2吨，几乎和成年犀牛一样重！它喜欢上浮侧翻，"躺"在水面上晒太阳。

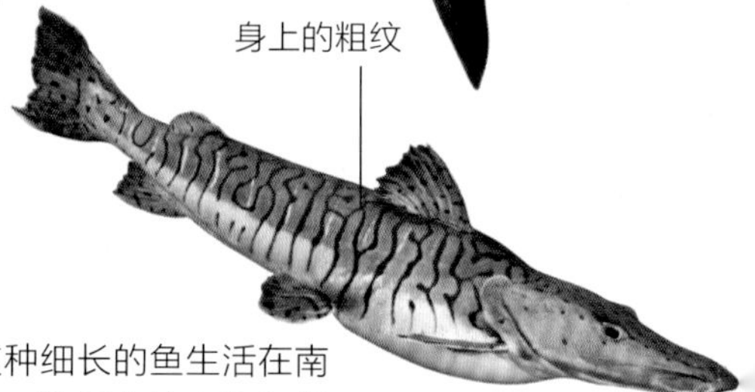

07 这种细长的鱼生活在南美洲，以河底较小的鱼类为食，长长的触须有助于它在黑暗中发现猎物。

身体上方有鬃状的红色背鳍，头部的鳍呈冠状

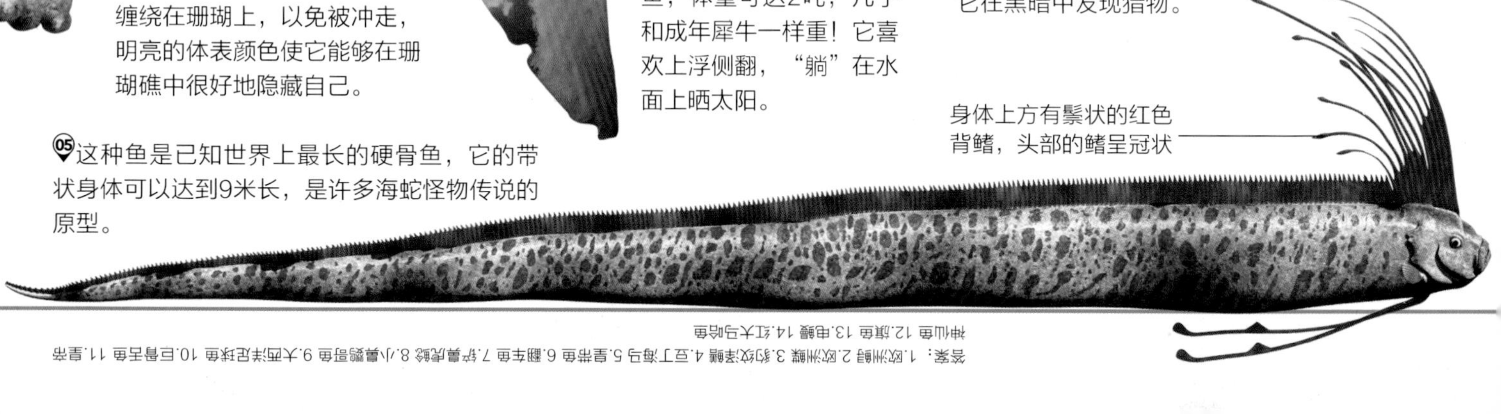

05 这种鱼是已知世界上最长的硬骨鱼，它的带状身体可以达到9米长，是许多海蛇怪物传说的原型。

⑧这种鱼经常以40条左右的数目成群出现。它们体表颜色鲜艳，有喙状嘴，以珊瑚礁上的藻类为食。

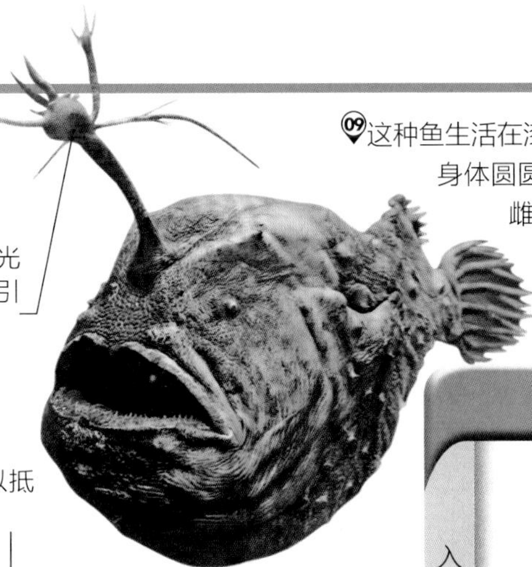
雌鱼用头上发光的“诱饵”来引诱猎物靠近

⑨这种鱼生活在漆黑的海洋深处，身体圆圆的，像个足球，雌性的身型要比雄性大得多。

柔韧、厚实的鳞片可以抵御捕食者的攻击
体重可达200千克

⑩这种淡水鱼生活在南美洲热带雨林水域。由于那里天气酷热，河水流速缓慢，水中氧气含量较低，因此它需要不时浮上水面获取氧气。

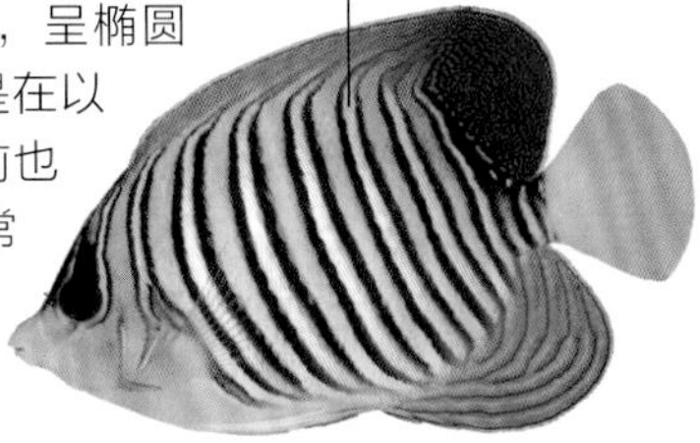
扁平且布满条纹的身体

⑪这种鱼的身体扁平，呈椭圆形，颜色鲜艳，即便是在以美丽著称的珊瑚礁面前也依旧光彩夺目。它经常隐藏在珊瑚礁的缝隙之中。

追逐猎物时，这种鱼可以改变身体的颜色

⑫这种鱼的游泳速度可达110千米/小时。捕食时，它会先将小鱼驱赶到一起，形成一个密集的球状鱼群，之后用吻部猛烈地击打这个“球”，再迅速吃掉被击晕或受伤的鱼。

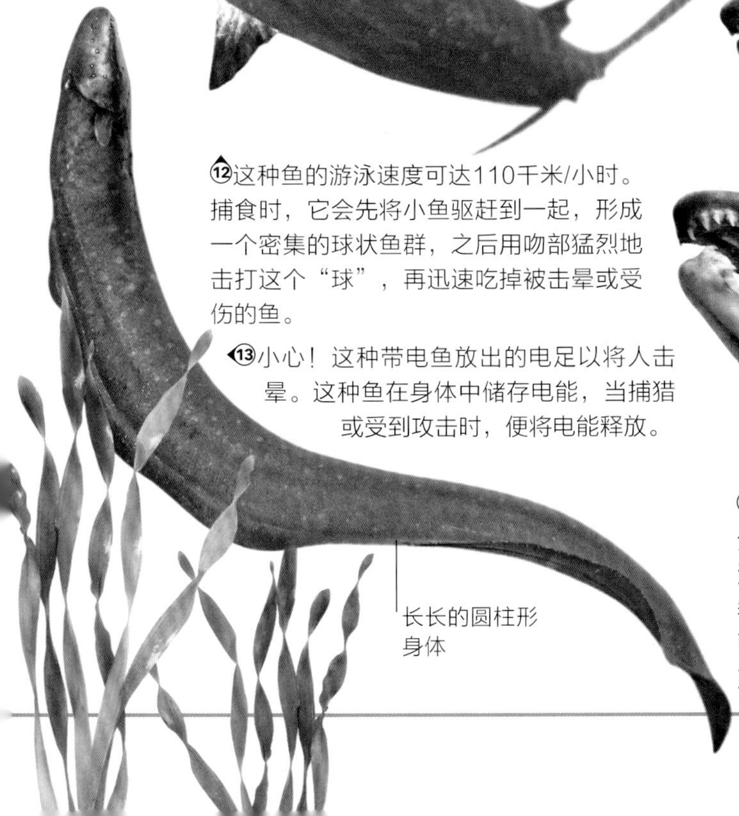
长长的圆柱形身体

⑬小心！这种带电鱼放出的电足以将人击晕。这种鱼在身体中储存电能，当捕猎或受到攻击时，便将电能释放。

到了繁殖季节身体会变为红色

⑭这种鱼大部分时间生活在海洋里，到了繁殖季节，它会逆流而上到淡水河中产卵。

自我测试

入门	翻车鱼 豆丁海马 皇帝神仙鱼 红大马哈鱼 旗鱼
进阶	欧洲鲽 豹纹泽鳝 铲鼻虎鲶 小鼻鹦哥鱼 电鳗
精通	**大西洋足球鱼** **巨骨舌鱼** **欧洲鲟** **皇带鱼**

自我测试

入门
- 黑鳍礁鲨
- 麒麟鱼
- 公子小丑鱼
- 橙纹炮弹鱼
- 刺海马

进阶
- 医生鱼
- 钻嘴鱼
- 狮子鱼
- 黄鳍喙鲈

精通
- 皇家丝鲈
- 石狗公鱼
- 爪哇裸胸鳝

01 这种鱼可以长到4.5米长。它在珊瑚礁底部附近捕猎，寻找小鱼和乌贼，然后将它们吸进嘴里，整个吞下。

胸鳍的边缘为黄色

02 这种小鱼皮肤上的黏液能够防止它被海葵触手螫伤，因此它们可以生活在海葵的带刺触手之间。

03 这种鱼有海草状的胡须和粗糙发亮的橙色鳞片，这使它能够完美地隐藏在珊瑚礁中。它是世界上毒性最强的鱼之一，其毒刺可以抵御任何潜在的捕食者。

04 珊瑚礁洞穴和岩石裂缝给这种3米长的鱼提供了完美的藏身之处。它在那里等待，一旦嗅到有猎物游过的气味便迅速冲出，用锋利而弯曲的牙齿将其捕捉。

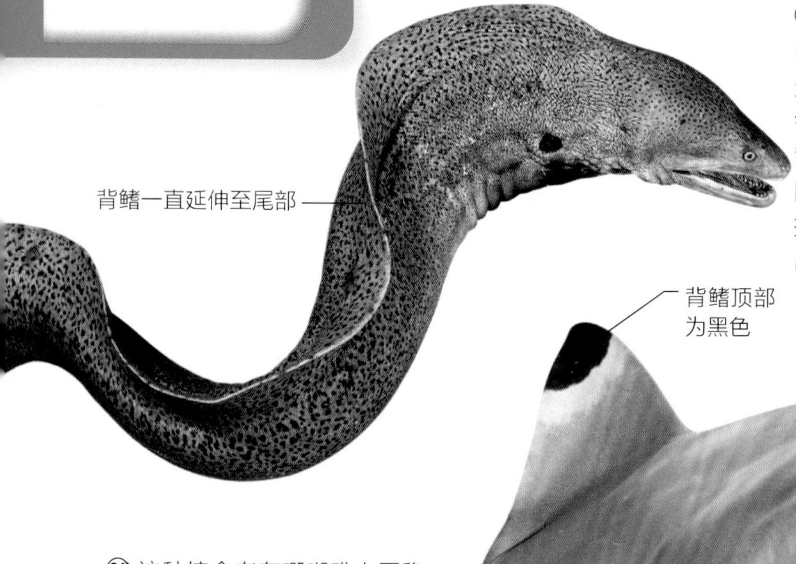
背鳍一直延伸至尾部

05 强壮的牙齿使得这种鱼能够咬碎贝类和海胆的坚硬外壳。遇到危险时，它就会迅速钻入珊瑚礁洞，并竖起背鳍将自己紧紧地固定在洞中，这样捕食者便无法把它拉出来。

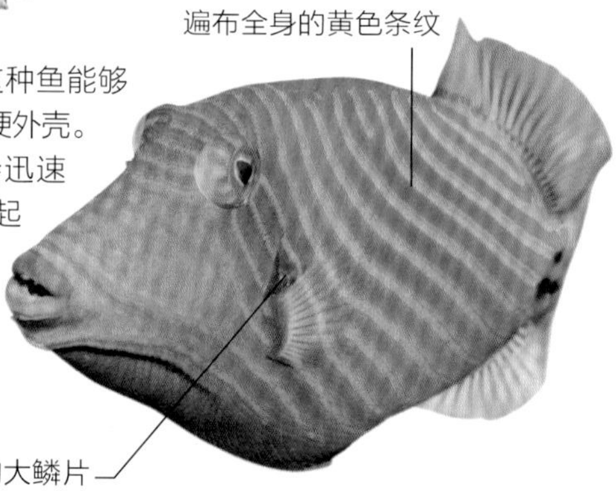
遍布全身的黄色条纹
背鳍根部上方的大鳞片振动会产生声音

背鳍顶部为黑色

06 这种掠食者在珊瑚礁上平稳地游弋，猎食小鱼、螃蟹和章鱼。它可以长到1.6米长，是珊瑚礁上体型最大的掠食者。

珊瑚鱼

珊瑚是由无数的低级腔肠动物珊瑚虫堆积而成的。珊瑚虫死亡时，它坚硬的骨骼会保留下来，新的珊瑚虫会在上面生长，随着时间的推移，就形成了珊瑚礁。珊瑚礁为成千上万的海洋动物提供食物和庇护所，是各种色彩斑斓的海洋生物的家园。

引人注目的紫色头部和前身

08 微小的浮游生物和贝类是这种鱼的主要食物，有时它也吃大鱼身上的寄生虫。它身体的前半部呈紫色，后半部呈金色，看起来高贵又绚丽。

07 身上的条纹和长刺旨在警告捕食者，这种鱼吃起来不安全。而它本身也是捕食者，它会悄悄溜到小鱼后面，然后把它们整个吞下去。

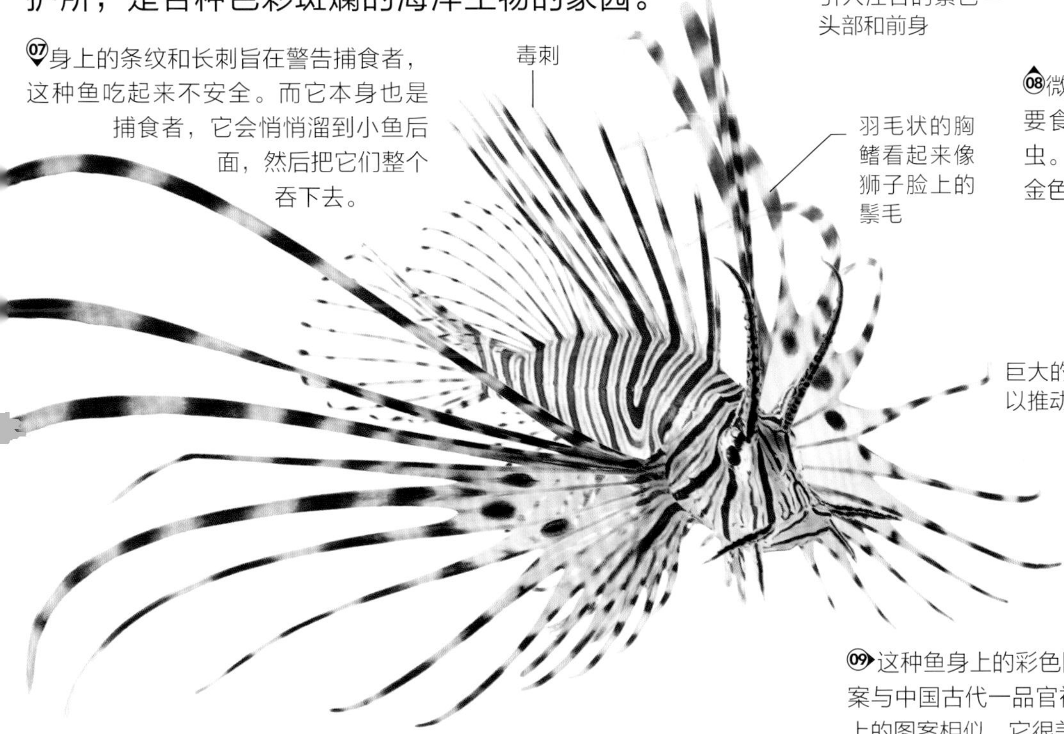

毒刺
羽毛状的胸鳍看起来像狮子脸上的鬃毛

巨大的尾鳍左右摆动以推动它前进

09 这种鱼身上的彩色图案与中国古代一品官袍上的图案相似。它很美丽，但又十分危险，它的身上覆盖着小刺，一旦有敌人接近它，它便刺伤敌人并向其注入毒素。

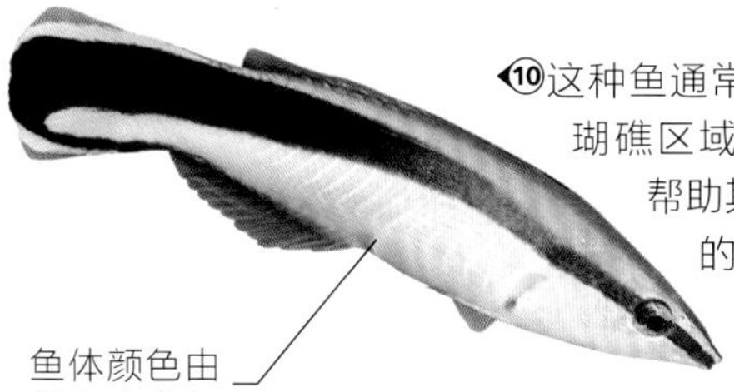

鱼体颜色由黄色向蓝色渐变

10 这种鱼通常几条为一组在一片珊瑚礁区域做清洁工作，它们会帮助其他大型鱼类清除身上的寄生虫。

11 它用身上坚硬的、盔甲般的尖刺来保护自己。因体型较小，为了防止漂走，它会用尾巴缠住珊瑚或海藻来固定自己。

明黄身体上的白色条纹
背鳍上的假眼斑点
明亮的颜色在夜间休息时会褪去，以躲避捕食者

12 这种带条纹的鱼用它的喙状吻来啄食珊瑚礁洞中的蠕虫和螃蟹等小型无脊椎动物。

答案：1.黄鳍喙鲈 2.公子小丑鱼 3.石狗公鱼 4.爪哇裸胸鳝 5.橙纹炮弹鱼 6.黑鳍礁鲨 7.狮子鱼 8.皇家丝鲈 9.麒麟鱼 10.医生鱼 11.刺海马 12.钻嘴鱼

01 当受到捕食者的威胁时，这种鱼会跃出水面，跳到空中。它身体两侧像翅膀一样的胸鳍能使它在空中滑翔50米。

02 这种鱼仅有一片鳍——沿着鱼的背部，绕过尾巴，一直延伸到腹部。它通过左右摆动自己长长的、蛇一样的身体来游动。

04 这种鱼的胸鳍上长有3根游离的鳍条，它们与主胸鳍分开，用于搜寻藏在沙子或泥里的小猎物。

改良后的鳍看起来像手指

03 这种身长约5厘米的小鱼身体垂直地立在水中，利用背上小小的背鳍慢速移动。它卷曲的尾巴可以抓住珊瑚和植物，以防被水流冲走。

深棕色的身体上有许多暗色斑点

颌部巨大，有锋利的牙齿

鱼身和鱼鳍

柔韧的脊骨以及附着其上的强健肌肉使鱼能够灵活摆动身体和尾鳍，从而产生向前的推力；其他鳍则起到控制方向和保持身体平稳的作用，使它们可以在水中自在地游来游去。

05 这种鱼喜欢生活在浅海海底。它的头宽而略平，身体逐渐变细，利用强壮的胸鳍在海底游动。当它在海底静止不动等待猎物时，几乎与周围环境融为一体，伪装得十分出色。

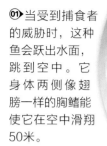

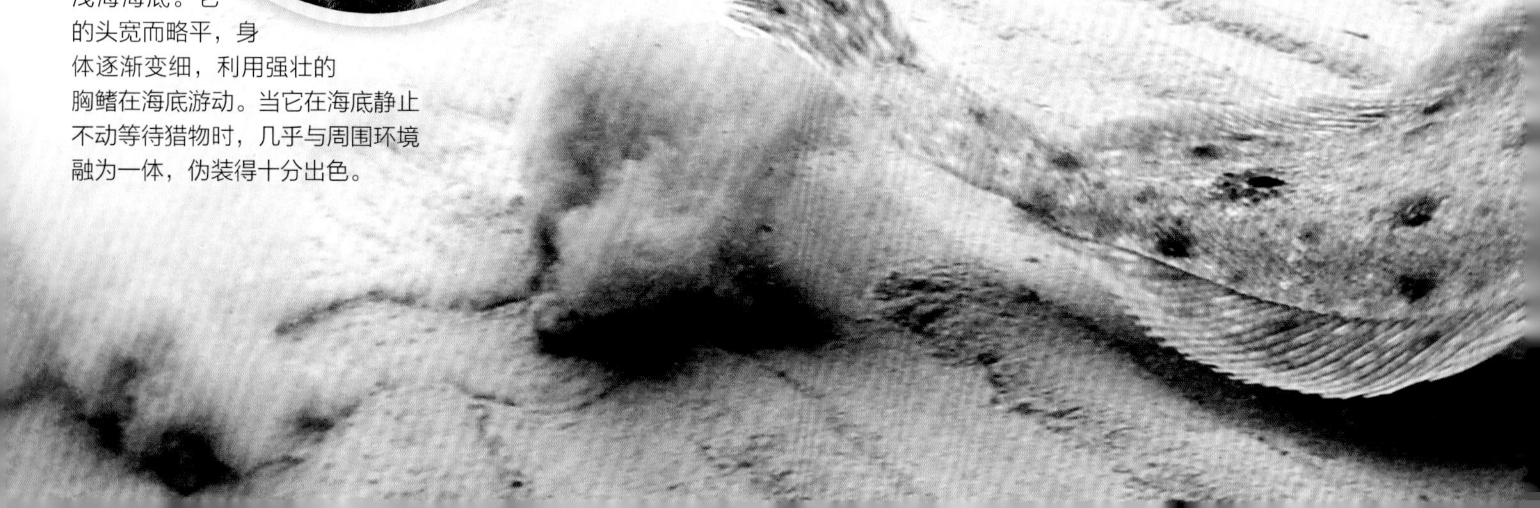

自我测试

入门

虹鳟
粒突箱鲀
欧洲鳗鲡
小海马

进阶

大西洋飞鱼
斑点鹰魟
红娘鱼

精通

弹涂鱼
浅水琵琶鱼
南方鲆

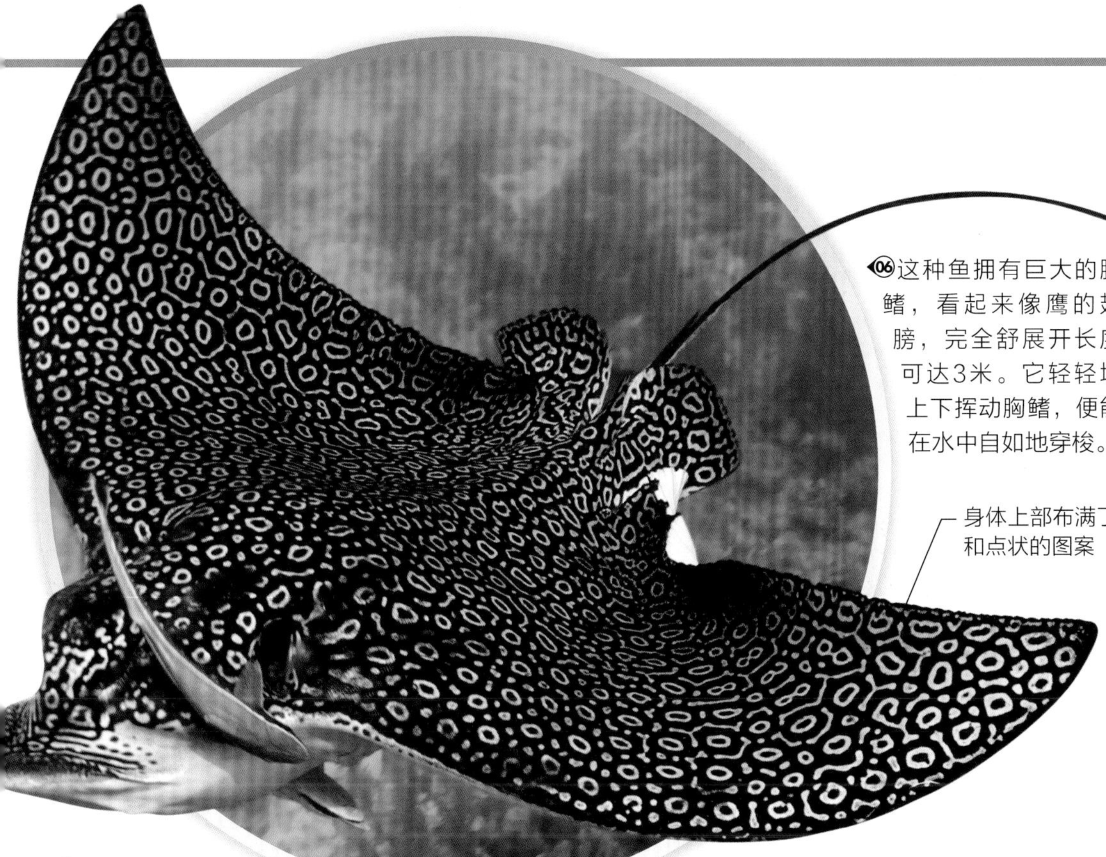

06 这种鱼拥有巨大的胸鳍，看起来像鹰的翅膀，完全舒展开长度可达3米。它轻轻地上下挥动胸鳍，便能在水中自如地穿梭。

身体上部布满了环状和点状的图案

07 这种鱼身强体壮且线条流畅，通过摆动身体和尾巴游动。它经常进行距离不等的迁移，与汹涌的海浪和湍急河流搏斗。

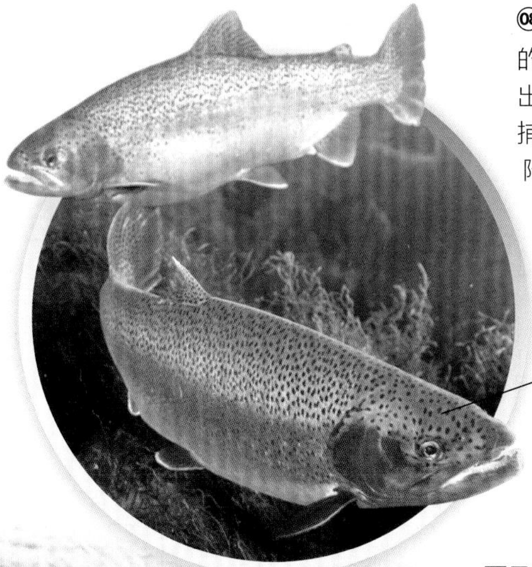

体色混杂，有黑色斑点

08 这种鱼拥有强壮如手臂的胸鳍，能够帮助它跳出水面，到岸边的泥里捕食蠕虫和昆虫。在陆地上时，它可以从储存在鳃袋里的水中获取氧气。

长在头顶上的两只眼睛可以独立转动

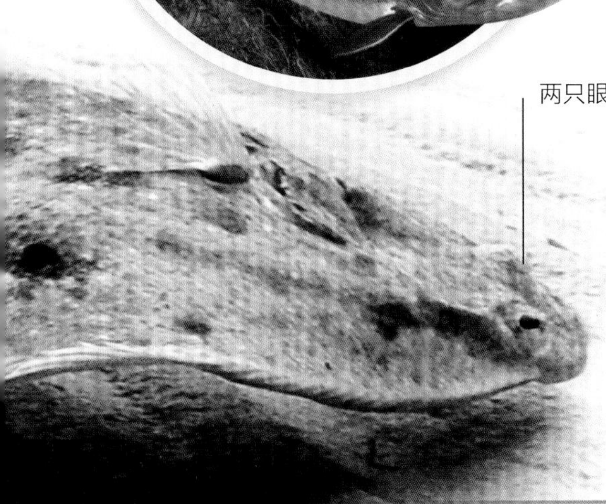

两只眼睛长在身体的同一侧

10 这种鱼生活在深海底，身体扁平，呈椭圆形，两眼均位于身体的同一侧。它游泳时，身体呈波浪式上下摆动，从而推动自己前进。

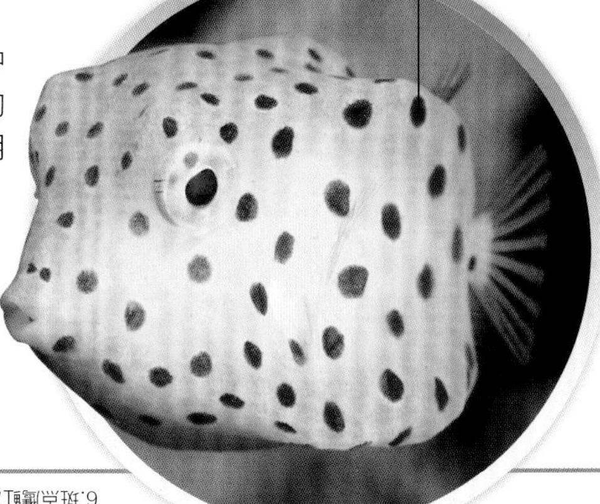

幼鱼体表有黑点

09 坚实的立方体形的身体使这种鱼游得很慢，遇到危险时，它的体表会分泌出一种致命的毒素用来抵御敌人。

答案：1.大西洋飞鱼 2.欧洲鳗鲡 3.小海马 4.红娘鱼 5.浅水琵琶鱼 6.斑点鹰魟 7.虹鳟 8.弹涂鱼 9.粒突箱鲀 10.南方鲆

4 两栖动物

等待孵化

两栖动物的卵在发育过程中必须保持湿润。图上的这些斑点蝾螈已经发育出了眼睛、尾巴和鳃，很快就要孵化。

两栖动物

两栖动物的幼体生活在水中，用鳃呼吸，经过变态发育，成年体可以生活在陆地上，用肺呼吸。它们的皮肤大都也可以用来辅助呼吸，但必须一直保持湿润，所以大多数两栖动物都生活在潮湿的地方。

如何像青蛙一样游泳

01. 用你的前腿和脚掌调控身体的方向。

脚趾上的吸盘有助于上岸时抓牢地面

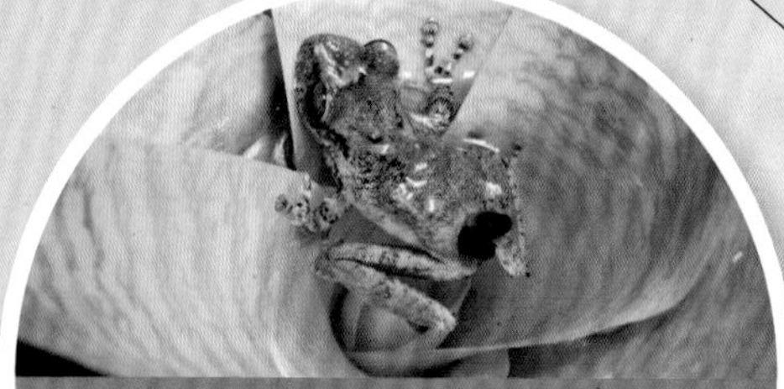

小水池

生活在热带雨林中的某些青蛙会把受精卵背在背上，把它们移动到由叶子形成的小水池中。

02. 尽可能地伸展身体，然后将前腿划向身体两侧。

青蛙不能生活在咸水中。

两栖动物的种类

无尾目

这是最大的两栖动物类群，主要包括蛙和蟾蜍。这些动物的前腿较短，后腿长而有力。

有尾目

这类动物主要包括大鲵和蝾螈，它们的身体与蜥蜴类似，有着长长的尾巴和大小基本相同的四肢。

无足目

这些形似蠕虫且无肢的两栖动物很少见。它们主要生活在潮湿的地下或水中。

成年体

受精卵

鳃是从水中吸收氧气的器官

四肢的幼体

有鳃芽的幼体

两肢的幼体

蝾螈的生命周期

蝾螈的身体在一生中经历了明显的变化。它的生命从一颗受精卵开始，在19~50天内会孵化成幼体，并慢慢长出鳃，最终在2~5个月后变为成体。

脚趾间的蹼为青蛙在水中前进提供动力

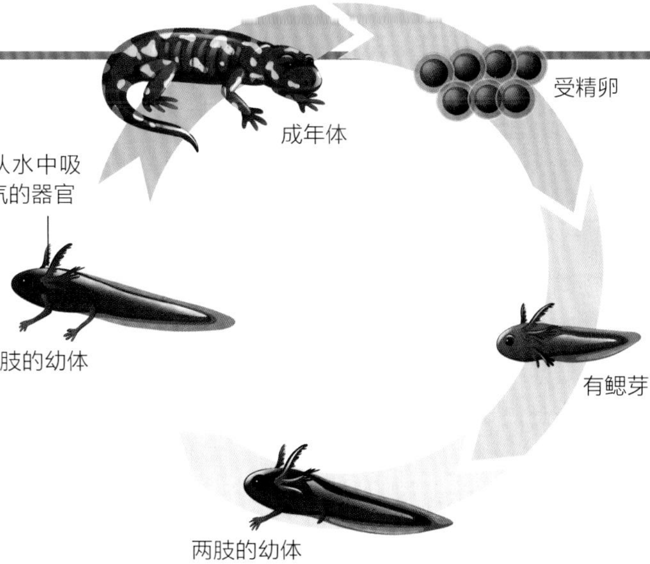

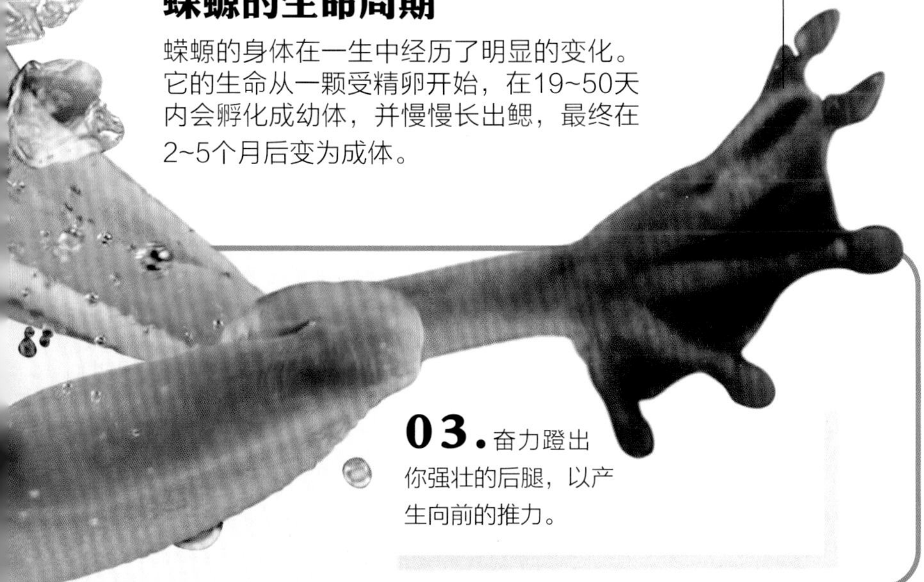

03. 奋力蹬出

你强壮的后腿，以产生向前的推力。

难以置信

生活在南美洲的奇异多指节蟾的蝌蚪是成年蛙的3倍大，体长可达25厘米，但随着年龄的增长，身体会收缩。

鸣叫

雄性蛙类和蟾蜍用叫声来吸引雌性，它们的叫声越大，就越有可能找到配偶。每种蛙类和蟾蜍都有自己独特的叫声。

鸣叫时声囊膨胀

致命防御

⚠ 黄金箭毒蛙是地球上毒性最强的动物之一，它把毒液储存在颜色鲜艳的皮肤里用于防卫。

⚠ 幽灵箭毒蛙的体型很小，只能长到4厘米长，但其携带的毒素足以杀死一个成年人。

⚠ 黄头箭毒蛙（如下图）的体表有毒。仅仅触摸一下它的皮肤就足以让你感到强烈的不适。

数据统计

60天

当达尔文蛙的卵孵化成蝌蚪后，雄蛙会将蝌蚪放在声囊内发育60天，等到变态完成后再将小蛙从嘴中吐出。

24千米/小时

安第斯蝾螈的最高爬行速度可达24千米/小时，是世界上爬行速度最快的两栖动物。

3千克

一只成年非洲巨蛙的体重可达3千克。

最大和最小

1.8米

1.8米

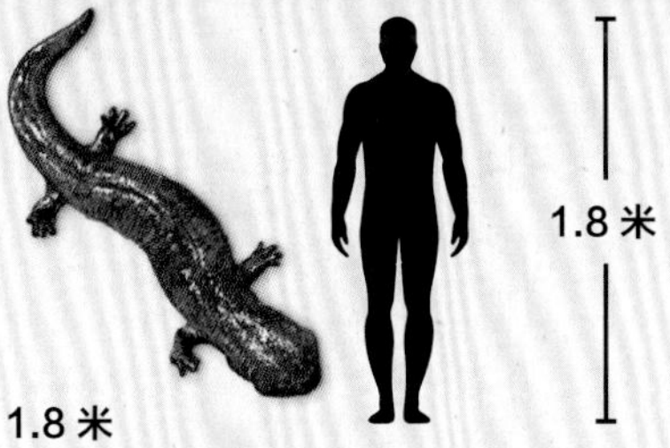

最大的两栖动物是娃娃鱼，它生活在中国中部的河流中。

硬币直径18毫米

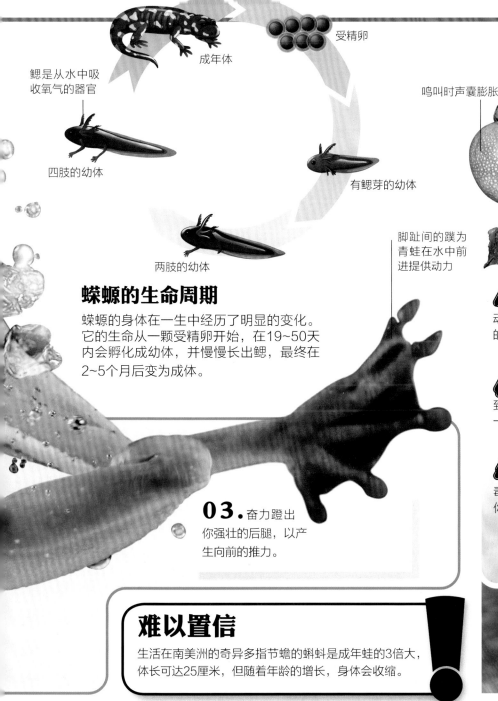

最小的两栖动物是巴布亚新几内亚的阿马乌童蛙。如图所示，这种蛙体长7毫米，不到这枚10美分硬币直径的一半。

蛙和蟾蜍

蛙和蟾蜍是最大的两栖类动物群，物种数量约为5900种。它们的嘴巴很宽，眼睛凸出，后腿强壮适于游泳和跳跃。大多数蛙的皮肤光滑且有光泽，而蟾蜍的皮肤有好多疙瘩且不平整，这两种动物的体形和生活习性类似。

腹部皮肤为明亮的橙色

01 这种色彩斑斓的蛙可以展开蹼足在南美洲热带雨林的树梢间滑翔。

银色的眼睛上有黑色的斑点

02 这种蛙主要在夜间活动，透明的皮肤使其血管和内脏清晰可见。

母亲背上的小蛙

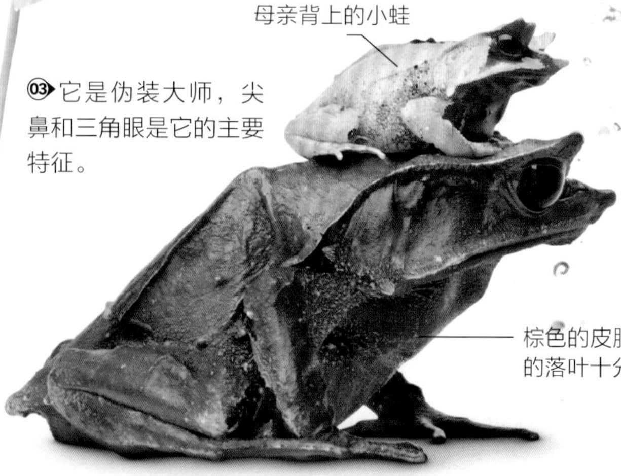

03 它是伪装大师，尖鼻和三角眼是它的主要特征。

粗糙的皮肤

棕色的皮肤与森林地面上的落叶十分相似

04 这种蛙的身体上布满了花纹，眼睛上方有厚厚的皮肤褶皱。遇到危险时，它就会膨胀并发出尖锐的叫声。

05 人们最初为了消灭害虫将这种蟾蜍引入澳大利亚的甘蔗农场，但它的繁殖速度非常快，导致现在它本身成了一种害虫。

巨大的嘴巴能够捕捉老鼠、小鸟和其他蛙类

一串硕大的黄色受精卵

06 这些欧洲蟾蜍对卵的保护非常用心，雄性蟾蜍会把卵背在背上，直到幼体孵化出来。

答案：1.角蟾科的蟾蜍 2.魔眼蛙玻璃蛙 3.三角枯叶蛙 4.钟角蛙 5.甘蔗蟾蜍 6.产婆蟾 7.有眼树蛙 8.蔓越莓 9.欧洲绿蟾蜍 10.红腹蟾长耙蛙 11.暴躁雨蛙 12.欧洲林蛙

雌蛙将蝌蚪背在背上，在树林中的小水洼之间穿梭

⑦这种小型蛙颜色鲜艳，有剧毒，一只蛙的毒液足以杀死10个成年人。

脚趾上的吸盘能帮助它抓牢树枝

皮肤表面多块状隆起

⑧静止不动时，这只蛙完美地融入了它的栖息地——越南绿植丛生的洞穴和山间溪流。

脚趾上有吸盘，用来抓紧岩石

鲜艳的颜色用来警告捕食者这种动物有毒

⑩这种蛙从背部看平平无奇，但腹部却十分亮眼，有火红色的条纹。

⑨这种蟾蜍分布于欧洲，它皮肤粗糙，表面长满了疣，体色为橄榄绿色、灰色或棕色。

它的舌头又长又黏，用于捕捉移动中的猎物

眼睛为铜色

身体两侧有深棕色的条纹

⑪这种来自马达加斯加的蛙有剧毒。雌性是鲜红色的，雄性是橙色或黄色的。

皮肤上的斑点图案让它能够隐藏在水中或水边

⑫这种蛙有着光滑的皮肤和适合跳跃的长腿，在欧洲各地的花园、池塘、小溪和河流中都能找到。

自我测试

入门	进阶	精通
番茄蛙 草莓箭毒蛙 苔藓蛙 钟角蛙	魔鬼玻璃蛙 三角枯叶蛙 欧洲蟾蜍 欧洲林蛙	**金眼树蛙 甘蔗蟾蜍 红腹玲蟾 产婆蟾**

蝾螈和大鲵

蝾螈和大鲵都是能够通过皮肤呼吸的两栖动物。有些蝾螈甚至没有肺，只能通过皮肤呼吸。大多数蝾螈生活在陆地上，只有在繁殖时才会回到水中，而大鲵待在水中的时间比较长。

明亮的橙黄色下腹

01 这种蝾螈的足迹遍布整个欧洲，常见于阿尔卑斯山脉。它能够在极寒的条件下生存。

扁平的尾巴上有蓝色的斑纹

02 这种生活在热带地区的树生动物是一位不寻常的猎手，它的舌头修长，顶端富有黏性，能够迅速捕获猎物。

帮助它游泳的蹼足

背部的橙色凸起下藏着毒腺

03 这种蝾螈生活在亚洲的部分地区，以一种大型爬行动物命名。它的皮肤粗糙，脊柱上方有一条明显的橙色脊棱。

薄而皱的皮肤有助于它吸收氧气

05 这种鲵体型庞大，体长可达1.4米，是世界上第二大的两栖动物。它新陈代谢缓慢，可以几个星期不吃东西。

04 这种巨大的鳗鱼状动物有着异常细小的腿。它的两排牙齿特别锋利，咬合力超强，十分凶狠。

腿上有两趾

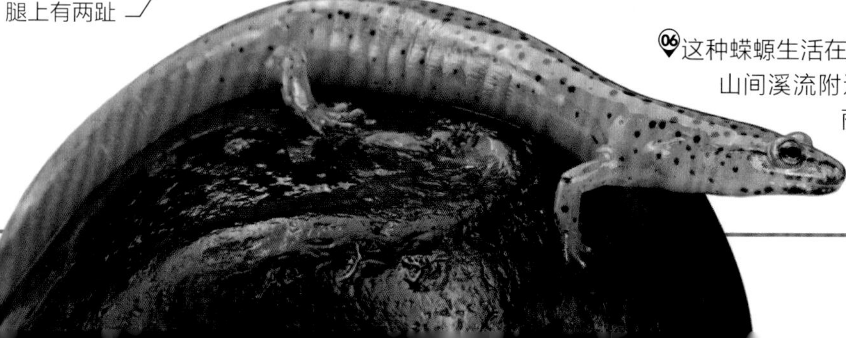

06 这种蝾螈生活在美国东部的山间溪流附近，体表艳丽、富有光泽，以其他蝾螈为食。

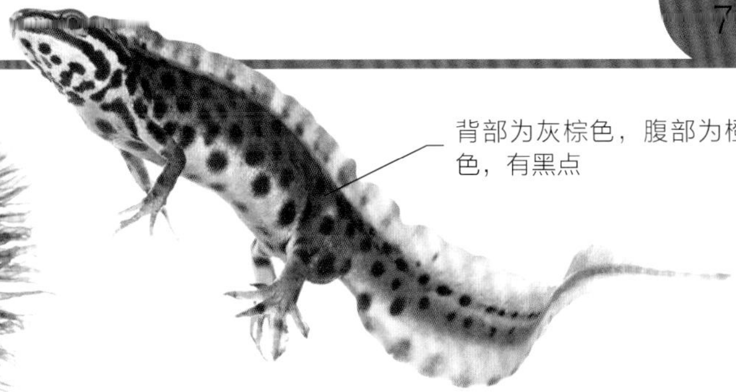

⑦在繁殖季节，这种蝾螈的雄性的背部会长出一条光滑的冠。

⑧这种蝾螈生活在北美洲的一个国家，是唯一一种成年后仍然保持水栖幼体形态的两栖动物。

自我测试

入门	蓝点钝口螈 墨西哥钝口螈 红蝾螈 阿尔卑斯蝾螈
进阶	红背蝾螈 二趾两栖鲵 虎纹钝口螈 日本大鲵
精通	鳄鱼蝾 欧洲滑螈 萨氏游舌螈 理纹欧螈

⑨这种生活在森林中的蝾螈没有肺，完全通过皮肤呼吸。雄性用它们的粪便来标记领地并吸引雌性。

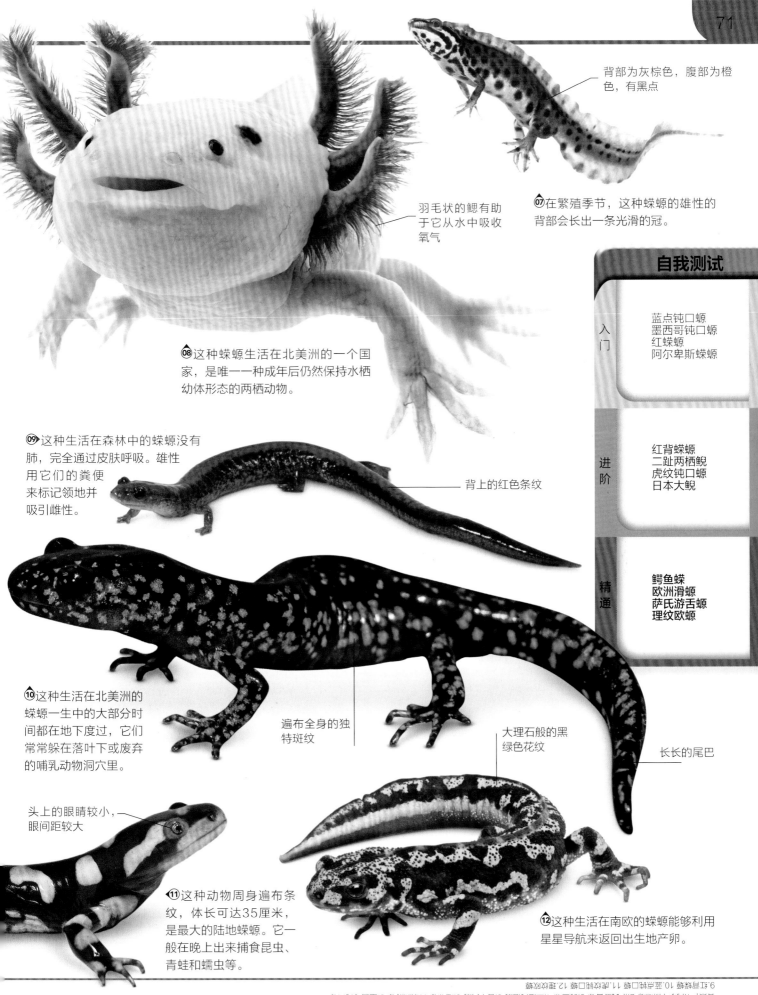

⑩这种生活在北美洲的蝾螈一生中的大部分时间都在地下度过，它们常常躲在落叶下或废弃的哺乳动物洞穴里。

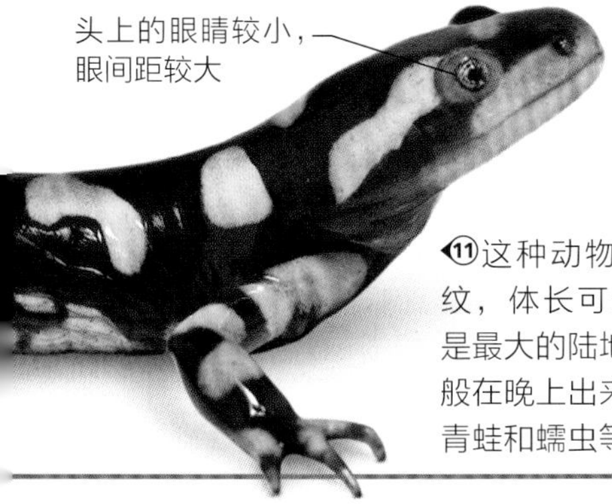

⑪这种动物周身遍布条纹，体长可达35厘米，是最大的陆地蝾螈。它一般在晚上出来捕食昆虫、青蛙和蠕虫等。

⑫这种生活在南欧的蝾螈能够利用星星导航来返回出生地产卵。

答案：1.阿尔卑斯蝾螈 2.萨氏游舌螈 3.鳄鱼蝾 4.二趾两栖鲵 5.日本大鲵 6.红蝾螈 7.欧洲滑螈 8.墨西哥钝口螈 9.红背蝾螈 10.蓝点钝口螈 11.虎纹钝口螈 12.理纹欧螈

01 这种蛙生活在水资源稀缺的非洲地区，它的蝌蚪是在水坑里长大的。雄蛙守护着蝌蚪，如果水坑开始干涸，它会从一个充满水的地方挖一条通道，把水引入水坑中。

蝌蚪们的身体总是会露出水面变干，雄蛙正在一个满水坑处挖掘水道

02 这种蛙在交配时会分泌出一片湿润的泡沫，雌蛙会在其中产卵。泡沫干燥后会形成一个硬壳，用来保护卵和孵化后的蝌蚪。

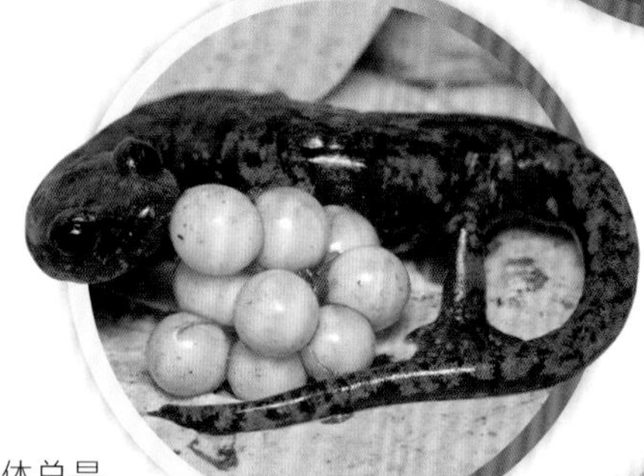

03 与大多数在水中产卵的蝾螈不同，这种蝾螈在陆地上黑暗、凉爽且潮湿的地方产卵。雌性会把自己的身体紧紧地缠绕在卵上，直到它们孵化。

新生命

两栖动物通常将卵产在水里或潮湿的地方。许多两栖动物产卵后直接离开，但有些会小心翼翼地照看它们的幼崽。你能说出这些以不同方式养育后代的两栖动物的名字吗？

05 潮湿的印度丛林是这种蛙的栖息地，它们的卵直接发育成幼蛙，无须经历蝌蚪阶段。

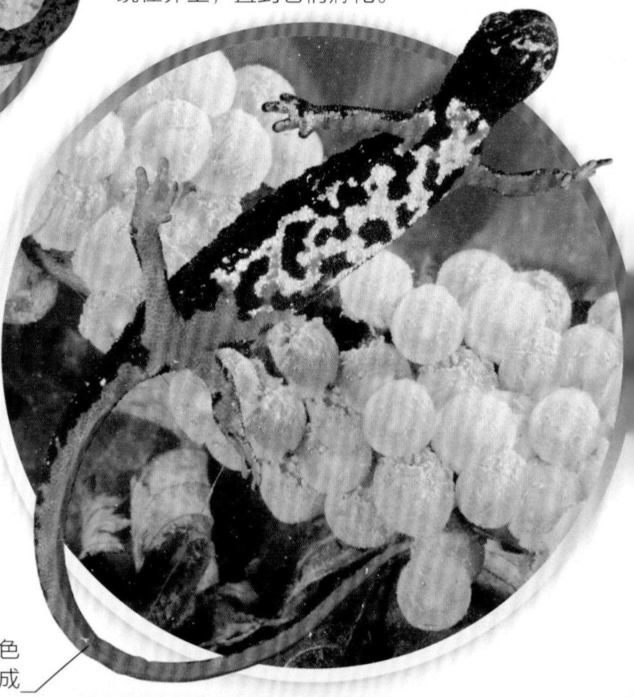

尾部下方的鲜红色与背部的暗色形成了对比

04 这种两栖动物的雌性成群结队地在一个地方产卵，它们的卵附着在水中的岩石、树枝或树叶表面，形成一个巨大的卵团。

柔软、湿润的苔藓托着蛙卵

答案：1.生活在水坑里2.泡沫巢蛙3.巨山溪鲵4.圆掌蟾蜍5.印度丛林蛙6.欧洲林蛙7.欧洲林蛙8.角蟾蛙9.红腹蝾螈10.无蹼树蛙

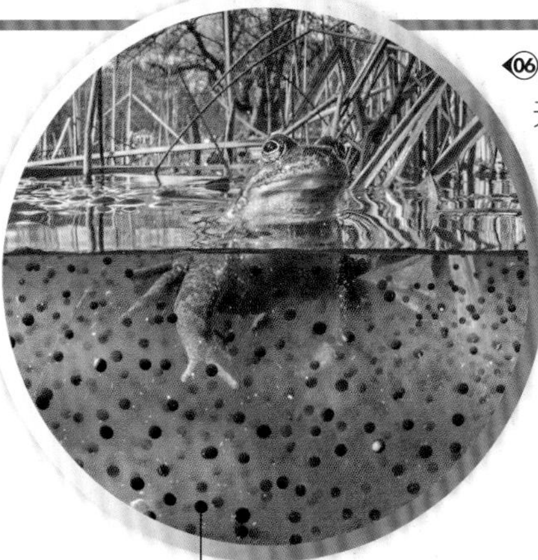

◀06 这种蛙为人们所熟知，一到春天，欧洲和亚洲的池塘里满是这种蛙产下的果冻状卵。它的卵成活率较低，只有五分之一最终能变成青蛙。

每一枚黑色卵的外围都包裹着一层可漂浮在水里的胶状物

07▶雌蟾蜍一次会产下两串细长的卵，雄蟾蜍在雌蟾蜍产卵的同时使卵受精，这些卵将在两到三个星期后孵化。

08▶这种蛙生活在热带雨林的树冠层。它的卵是在雌蛙背上的育子囊里发育的。雌蛙会一直背着卵，直到它们变成幼蛙孵化出来，因此这种蛙没有蝌蚪阶段。

随着卵的成长，育子囊开始膨胀

◀09 这种蛙把卵产在池塘或水坑上方的叶子上，孵化出来的蝌蚪会直接掉入水中。如果卵在孵化的过程中受到干扰或威胁，里面的蝌蚪可以提前孵化来逃脱危险。

雌蛙一次能产下约40枚卵

新孵化出来的幼崽

10▶这种细长的两栖动物的幼崽孵化后，会以母体的表皮为食。母体的皮肤会再长出来，并接着喂养幼崽，直到它们成年。

自我测试

入门	进阶	精通
红眼树蛙 非洲牛蛙 欧洲林蛙	欧洲蟾蜍 环管蚓 眼镜蝾螈 泡巢蛙	**印度林蛙 角囊蛙 巨山穴蝾螈**

5 爬行动物

隐身的毒蛇

这些加蓬蝰蛇鳞片上的图案使它们能够与雨林地面上的枯叶融为一体。在这张图片里，至少有7条蛇，它们白色的头部侧面有黑色的小斑点，可以借此来找到它们。

爬行动物

冷血、鳞皮的爬行动物已经存在了数亿年，它们甚至比恐龙出现得还早！它们当中少数为胎生，大多数都以卵生繁殖。除了极度寒冷的地区，爬行动物在世界各地的陆地和水中都有分布。

爬行动物的种类

蜥蜴与蛇
这是最大的爬行动物类。它包括无腿的蛇、蠕虫状的蚓蜥和有四肢的蜥蜴。

陆龟和海龟
这类爬行动物都有坚硬的保护壳。海龟生活在水里，陆龟生活在陆地上。

鳄
这一类群是强大的掠食者，颌部长且强壮，长满了锋利的牙齿。

喙头类
这个类群中的大多数成员与恐龙出现在同一时代。如今仅存新西兰喙头蜥一个物种。

如何像变色龙一样捕猎

01. 用你独特的“Y”形足在树枝上保持平衡。

02. 在等待猎物出现时，尽量保持不动；如果你需要移动，一定要缓慢，这样猎物就不会注意到你。

03. 一旦你有所发现，就立刻伸出舌头去捕捉它。黏稠的唾液会帮助你抓住猎物。

变色龙舌头的移动速度是跑车的一倍。

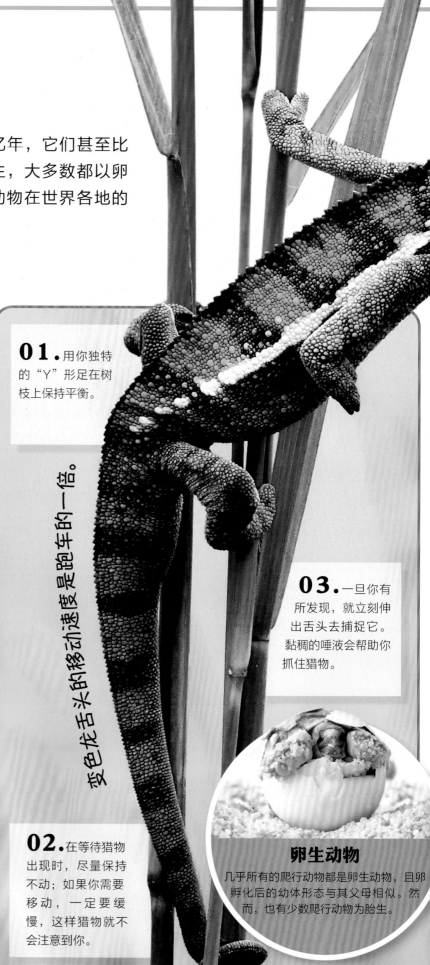

卵生动物
几乎所有的爬行动物都是卵生动物，且卵孵化后的幼体形态与其父母相似。然而，也有少数爬行动物为胎生。

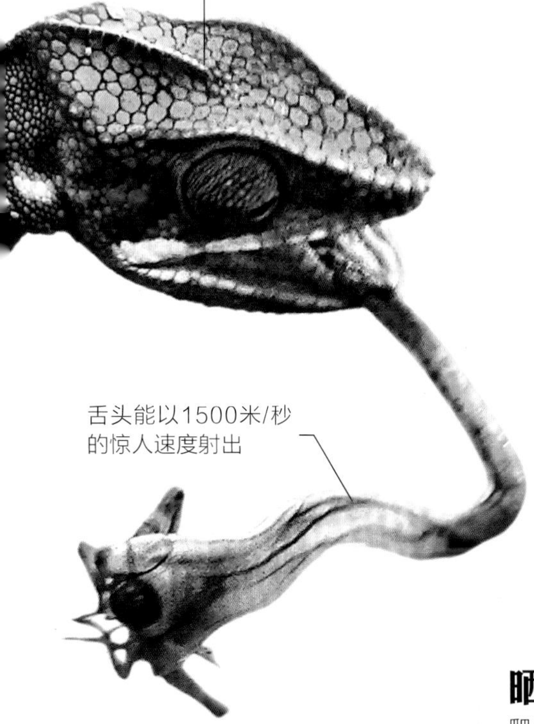
头部尽量保持静止，以避免被猎物发现
舌头能以1500米/秒的惊人速度射出

04. 缩回舌头，把猎物拉进嘴里。你每天需要捕捉20只昆虫以满足身体所需。

长在身上的避难所

陆龟的爬行速度很慢，因此，它们随身带着一个“避难所”，如果遇到危险，它们就会躲进壳里。

头、四肢和尾巴都可以安全地藏在壳里

最大与最小的爬行动物

咸水鳄是最大的爬行动物，它生活在大洋洲和亚洲。

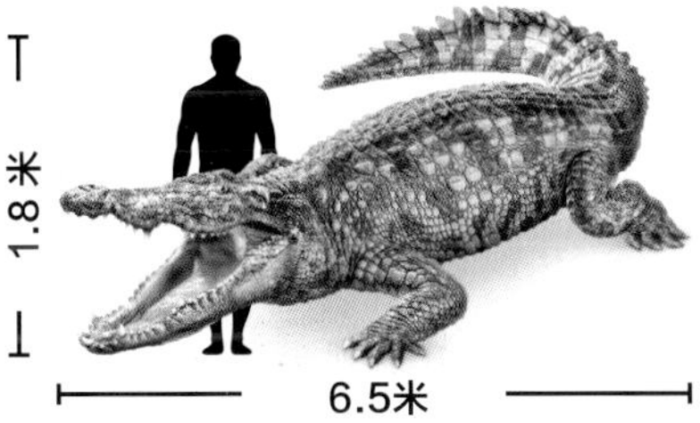
1.8米
6.5米

马达加斯加变色龙是最小的爬行动物，它仅有葵花子那么大。

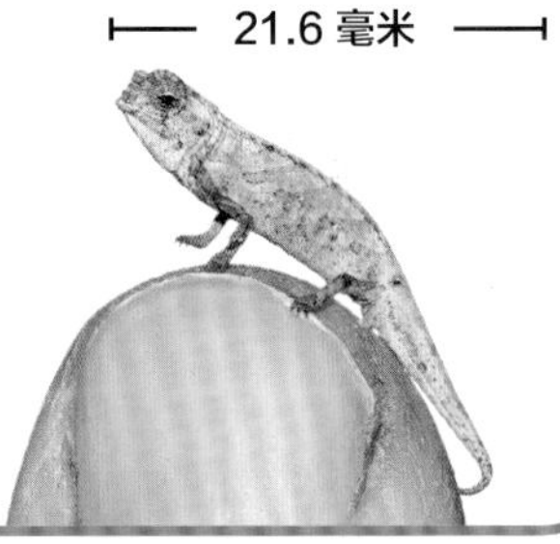
21.6 毫米

晒太阳

爬行动物是冷血动物，体内没有调节体温的机制，这意味着它们的体温会随着外界温度的变化而变化。因此，为了保暖，它们经常在温暖的岩石上晒太阳。

鳞片从太阳光中吸取热量

统计数据

3000颗
伴随着旧牙齿的脱落，鳄鱼的一生一共会长出3000颗牙齿。

35千米/小时
咸水鳄在陆地上的最高速度可达35千米/小时。

10.4米
最长的蟒蛇长约10.4米。

3米
有一种眼镜蛇能将毒液喷射出3米远的距离。

逃跑

有些蜥蜴会在逃跑时折断自己的尾巴，来分散捕食者的注意力。不过不用担心，大约60天后它们便会再长出一条新尾巴。

即使已经与身体分离，尾巴的末端仍会继续摆动一段时间

难以置信

壁虎可以在天花板上行走，因为它们的脚垫上有许多极细的刚毛，这让它们的脚底黏性十足，可以附着在任何物体的表面。

一排独特的刺突沿着壳的中线分布

蠕虫般的组织生长在它的下颚内，是捕鱼的诱饵

02 这种龟常藏在北美洲池塘或溪流底部的泥沙中，等待猎物游过。

01 这种动物喜欢趴在浮木上晒太阳，它的壳上有黄色的线，这些线交织在一起，形成一个凌乱的网状图案。

03 这种爬行动物的壳甲光滑坚硬，没有其他同类壳甲上的盾片和凸起。

管状吻便于露出水面呼吸

04 这种爬行动物生活在南美洲的湖泊或河川中。它的外形酷似一片枯叶，壳甲经常被藻类覆盖，这给了它双重伪装。

自我测试

亚达伯拉象龟 绿海龟 棱皮龟 饼干龟	入门
大鳄龟 蛇颈龟 伪地图龟 大头龟	进阶
中华鳖 印度星龟 红耳龟 枯叶龟	精通

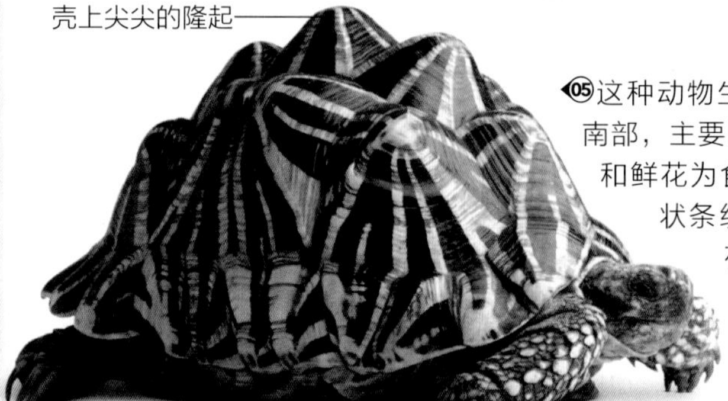

壳上尖尖的隆起

05 这种动物生活在亚洲南部，主要以植物的茎叶、瓜果和鲜花为食。壳上美丽的放射状条纹图案可帮助它隐藏在草丛中。

三角形的头看起来像漂浮在水中的树叶或树皮

06 这种龟原产于北美洲，经常被当作宠物饲养，现已分布在世界各地的池塘、湖泊和河流中。

眼睛后方的红色斑块

⑦这种海龟因其身上的脂肪为绿色而得名，而其外壳为灰色、黑色或花斑。除了上岸产卵，它一生都在海洋中度过。

扁而轻的外壳使它比大多数龟类移动得更快

⑧这种非洲爬行动物的外壳扁平且具有弹性，它们可以挤进狭窄的石缝中躲藏起来。

⑨这种亚洲龟的头非常大，甚至都无法缩进壳里。它还有一条长长的尾巴。

⑩这种生活在澳大利亚的爬行动物的脖子有壳的一半长，因此它的头不能缩回壳内，只能把头侧放在背甲和腹甲之间。

海龟和陆龟

这类爬行动物的背上都有一个保护壳，它们都通过卵生繁殖，有些海龟几乎一生都待在水里，只在产卵的时候登岸。你能区分出下面的陆龟和海龟吗?

蹼足和爪

背部覆有革质皮肤，而不是角质盾片

⑫这种巨大的动物身长可达2.2米，每年在海洋中游动的距离可达16 000千米。水母是它最喜欢的食物之一。

⑪这种巨大的爬行动物以塞舌尔群岛中的一个岛屿命名。它身长约1.1米，体重可达250千克。

壳上的环纹能显示出它的年龄

答案：1.伪地图龟 2.大鳄龟 3.中华鳖 4.枯叶龟 5.印度星龟 6.红耳龟 7.绿海龟 8.饼干龟 9.大头龟 10.蛇颈龟 11. 亚达伯拉象龟 12.棱皮龟

攀爬时，长长的尾巴有助于抓牢树枝

两只眼睛可以独立旋转

在求偶季节，雄性身上的颜色会变得更加鲜艳

02 这种蜥蜴生活在加拉帕戈斯群岛的岩石海岸上，以海藻为食，有时也潜入海底觅食。

01 这种蜥蜴生活在马达加斯加茂密的雨林中，以其变色的能力而闻名。

锋利的爪子能帮助它抓住被海藻覆盖的岩石

蜥蜴

世界上有5500多种蜥蜴，它们是爬行动物中最庞大的群体，从小壁虎到科摩多巨蜥，蜥蜴的体型差异极大。除南极大陆以外，这些有鳞的冷血动物在其他每一块大陆上都有分布。

横穿眼部的黑色条纹

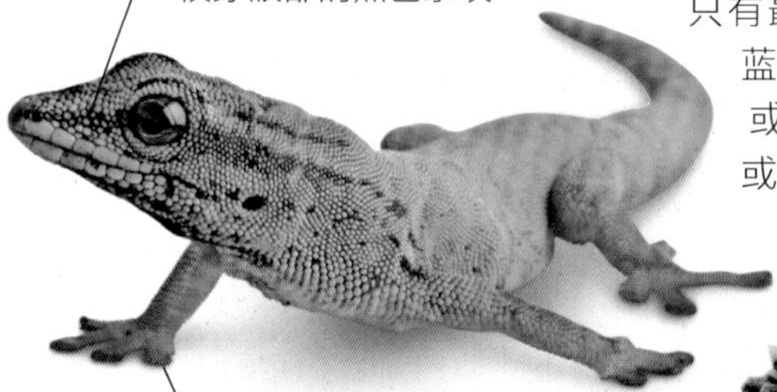

03 在这种体型较小的动物中，只有最强壮的雄性是亮蓝色的，雌性和年幼或虚弱的雄性是绿色或棕色的。

脚底的黏性脚垫可以帮助它在光滑的物体表面行走

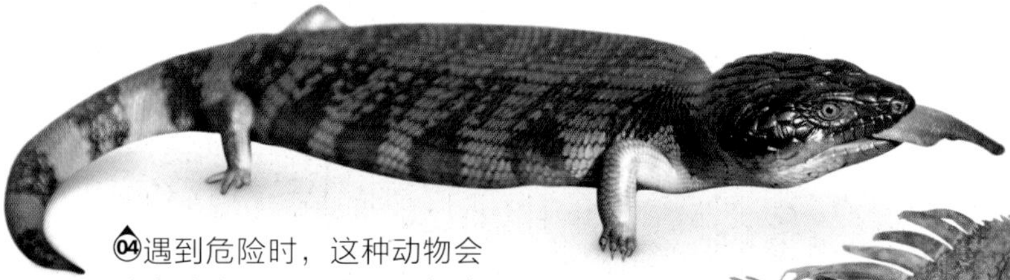

04 遇到危险时，这种动物会使身体膨胀，让自己看起来更大，同时还会伸出舌头并发出嘶嘶声恐吓对方。

尖刺

颈部的皮肤褶皱有助于调节体温

05 这种蜥蜴在南美洲的树上很常见。它的牙齿非常锋利，以水果和树叶为食。

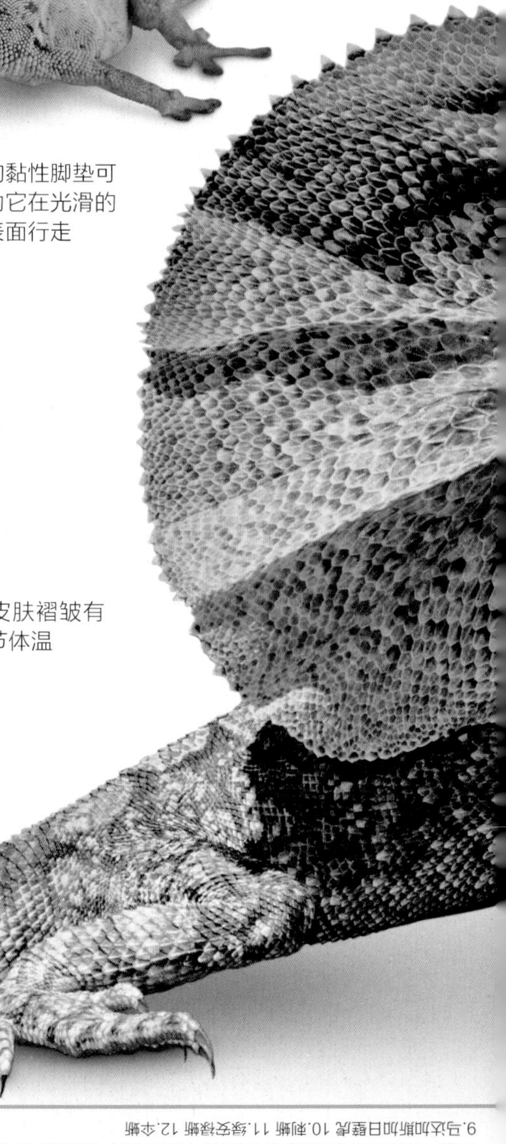

尾巴占据了体长的三分之一

⑦这种火红色的动物十分害羞，大部分时间都躲在洞穴里。

受到捕食者攻击时，它的尾巴会脱落

⑥它是地球上现存最大的蜥蜴，只生活在印度尼西亚的几个小岛上。水手们曾经将它误认成神话中的野兽。

分叉的舌头可以探测到5千米外的气味

皮肤上的鳞片小而坚硬，像一层盔甲

⑧这种有毒的北美蜥蜴可以将猎物一口毙命，它一生大部分时间都在地洞里度过。

脚上的利爪有助于挖洞

⑨这种蜥蜴生活在马达加斯加岛的热带雨林里，喜食花蜜。

用于攀抓的大且强壮的脚垫

行走时，尾巴会竖起

⑩这种蜥蜴生活在澳大利亚中部干燥的沙漠地区，体型较小，周身遍布尖刺。

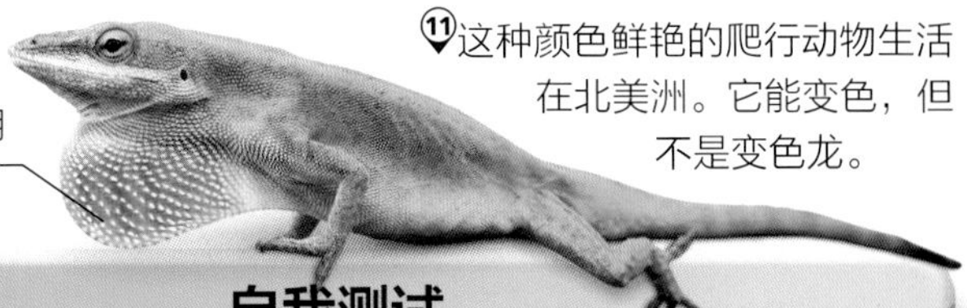

⑪这种颜色鲜艳的爬行动物生活在北美洲。它能变色，但不是变色龙。

粉红色的喉囊是用来吸引配偶的

当它的嘴大张着时，颈部的扇形皮膜也会张开

⑫如果张开宽大的颈圈无法赶走捕食者，这种蜥蜴就会用两条后腿站起来逃跑。

自我测试

入门	进阶	**精通**
豹变色龙	海鬣蜥	**马达加斯加日壁虎**
绿鬣蜥	伞蜥	**绿安禄蜥**
蓝舌石龙子	刺蜥	**火焰石龙子**
电蓝壁虎	科摩多巨蜥	**吉拉毒蜥**

①这种色彩鲜艳的动物生活在热带雨林的树上。它的身体修长、肌肉发达，能够轻松地捕猎壁虎和石龙子等猎物。

强壮的颌部肌肉

棕色皮肤有助于它在泥地中伪装

②这种蛇主要分布在亚洲，身长可达10米，它因身上纵横交错的网状花纹而得名。

③这种毒蛇遍布非洲。当受到威胁时，它会鼓起身体，发出响亮的“咝咝”声。

粗壮的身躯上布满了“V”形图案

④这种生活在南美洲的蛇重达70多千克，是世界上最重的蛇。捕食时，它会将猎物缠绕起来，将其勒死。

⑤这种澳大利亚黑头蛇长2.5米左右，它的一口毒液足以杀死100个人。

“S”形姿势表明它此刻已进入防御状态，随时准备进攻

当它受到威胁时，颈部的外皮就会张开

⑥这种亚洲毒蛇的毒液足以杀死人类，它主要以各种鼠类为食。

⑦这种动物的身体上有黑色的环状和点状斑纹，它的鳞片在阳光的照射下闪烁着彩虹般的光泽。

背部的暗色圆斑和“眼斑”

自我测试

入门	进阶	精通
印度眼镜蛇 黄唇海蛇 藤蛇 鼓腹咝蝰	西部菱斑响尾蛇 巨蟒 彩虹蟒 中美珊瑚蛇	**树蝰 内陆太攀蛇 绿树蟒 网纹蟒**

⓼这种有剧毒的中美洲蛇身上环绕着红色、黑色和黄色的条纹。它的头较圆，呈黑色，看起来与尾巴十分相似。

蛇类

蛇类没有腿，依靠扭动身体来爬行。所有的蛇都是食肉动物，它们利用强大的嗅觉来发现昆虫和兔子等猎物的踪迹，有些用毒液杀死猎物，有些则会用身体缠绕猎物将其勒死，不需要咀嚼就可以把猎物整个吞下去。

⓽这种身披红色鳞片的蛇体型较小，但有剧毒。它栖息在非洲热带雨林茂密的灌木丛中，以小型哺乳动物、鸟类、青蛙和爬行动物为食。

⓾这种海蛇长着一条桨状的尾巴，非常擅长游泳。它主要捕食鳗鱼和体型较小的鱼类。

⑪这种攻击性十足的毒蛇在遇到危险时尾部会发出咔嗒咔嗒的响声，用以警告入侵者。

⑫这种细长的蛇生活在南美洲热带雨林的树上，看起来很像一株植物。它在那里伏击猎物，等待目标出现，一口使其毙命！

答案：1.绿树蟒 2.网纹蟒 3.鼓腹咝蝰 4.巨蚺 5.内陆太攀蛇 6.印度眼镜蛇 7.彩虹蟒 8.中美珊瑚蛇 9.树蝰 10.黄唇海蛇 11.西部菱斑响尾蛇 12.藤蛇

鳞片

爬行动物的皮肤坚硬，表面有甲或名为鳞片的小硬板，可以防止其体内的水分流失，避免其受到寄生虫的伤害。

01 这种特殊的角状尖刺鳞片遍布某种蜥蜴的全身，使它的身体变得粗糙而尖硬。这些尖刺与棕色斑点为其提供了良好的伪装。受到威胁时，它会鼓起自己带刺的身体。

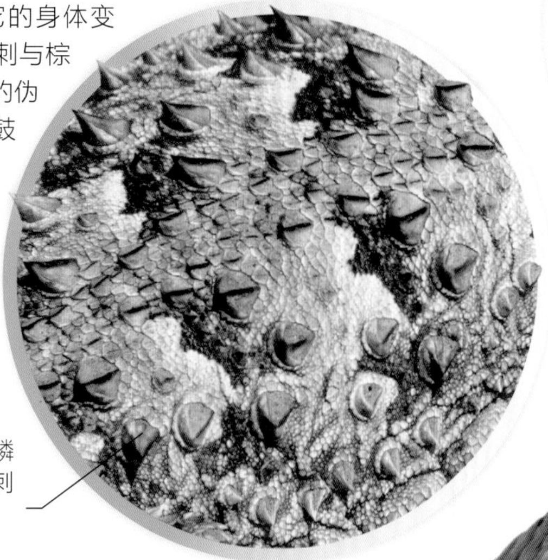

小而光滑的鳞片填补了尖刺之间的空隙

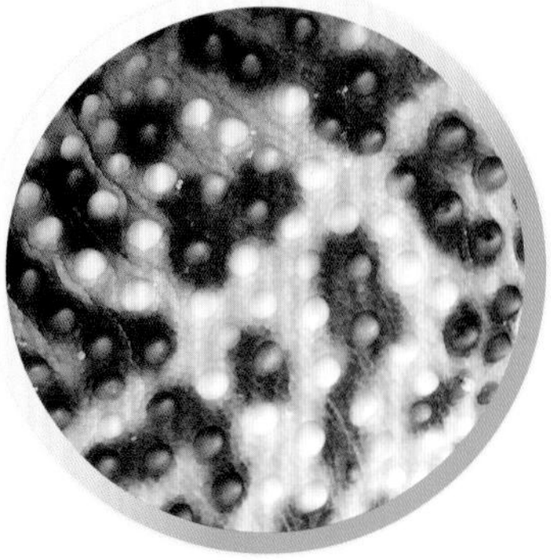

02 这种细小的鳞片均匀地覆盖在某种小型蜥蜴的身上，看起来像某种大型猫科动物皮毛上的斑点。

这种鳞片平坦又光滑

03 这种平坦、光滑的鳞片保护着某种爬行动物的皮肤。它们的身体长而纤细，背上有成排的暗色斑点。

每个外壳上的图案都是独一无二的

04 这种外壳属于一种北美动物，它的顶部呈深绿色，底部是鲜红色的且带有艺术性十足的旋涡状图案。

答案：1.海岸角蜥 2.豹纹壁虎 3.滑鳞蛇 4.锦龟 5.闪鳞蛇 6.射纹龟 7.沼泽鳄 8.宝石变色龙 9.莫哈维响尾蛇 10.睫角棕榈蝮 11.毛鳞树蝮

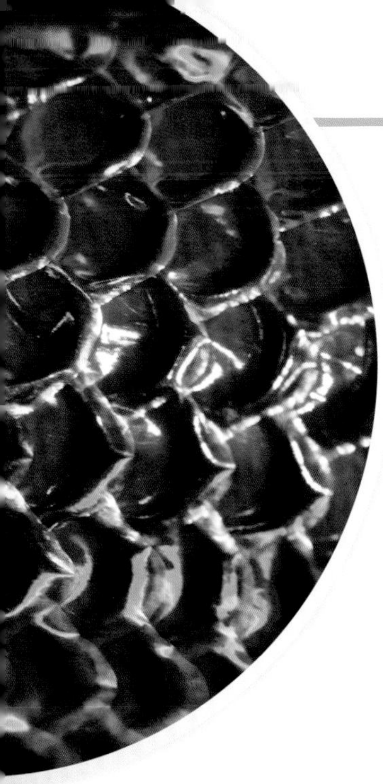

⑤在昏暗的光线下，这条蛇看起来是棕色或黑色的；而在明亮的光线下，它的鳞片就会闪烁出彩虹般的色彩。

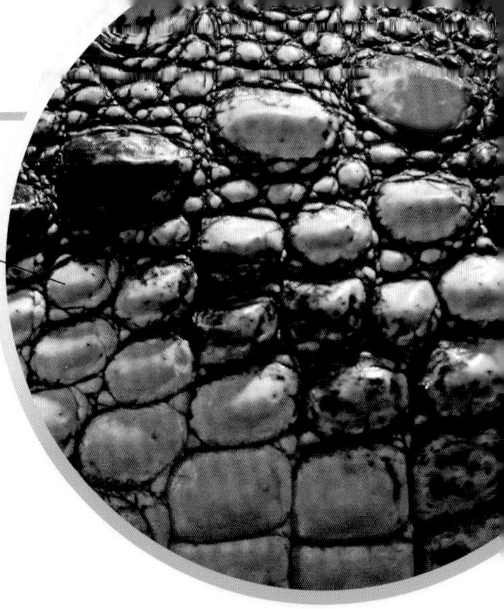

皮肤上覆盖着坚硬的防水鳞片

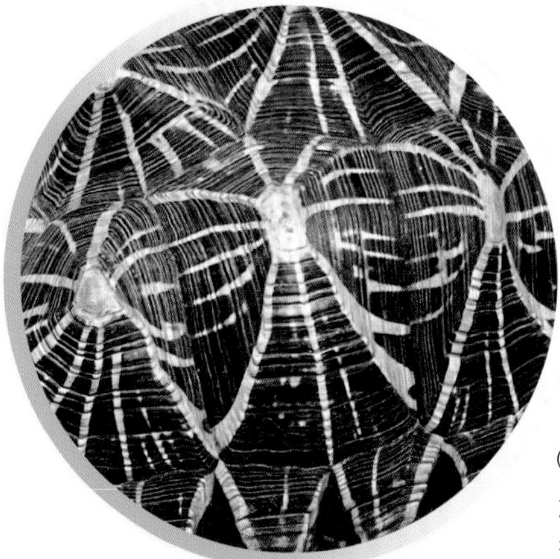

⑥这种被称为盾片的骨板上有着星形的图案，它们相互融合，在某种非洲爬行动物的背部形成一个坚硬的外壳。

⑦这种像铠甲一样的鳞片覆盖在某种淡水掠食者的身体上，其腹部的鳞片比背部和尾部的更光滑、更细小，形状也更加规则。

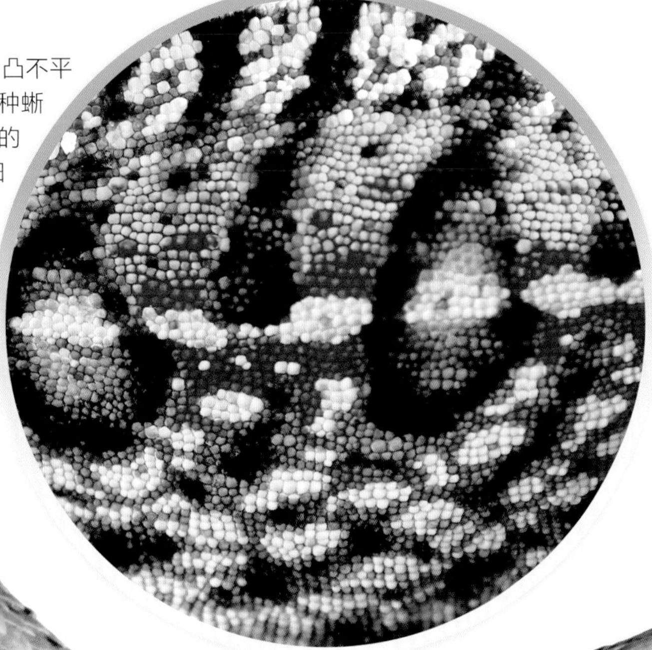

⑧这种细小且凹凸不平的鳞片覆盖在某种蜥蜴的身上。它的皮下有特殊的细胞，当它受到刺激或需要隐藏时，可以改变皮肤颜色。

⑨这种动物的尾巴末端有一圈中空的鳞片，它们互相碰撞，发出咔嗒咔嗒的声音来警告捕食者不要靠近。

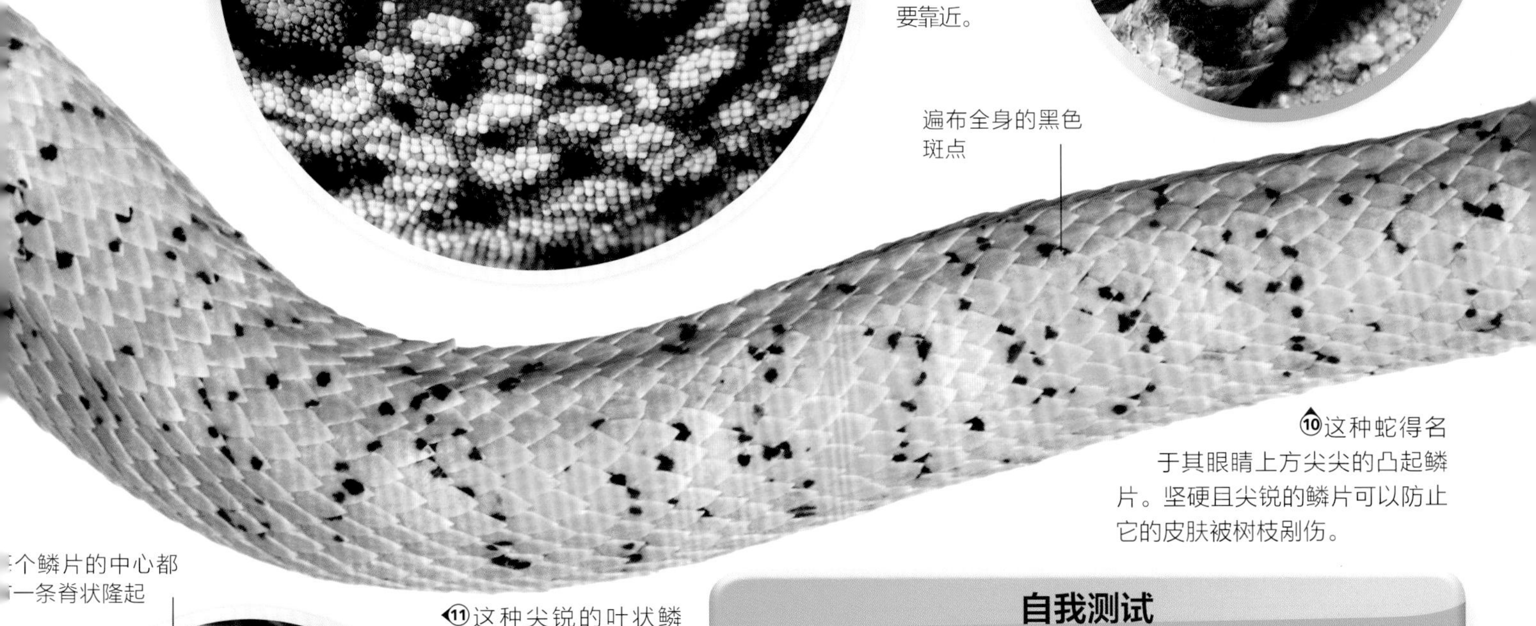

遍布全身的黑色斑点

⑩这种蛇得名于其眼睛上方尖尖的凸起鳞片。坚硬且尖锐的鳞片可以防止它的皮肤被树枝剐伤。

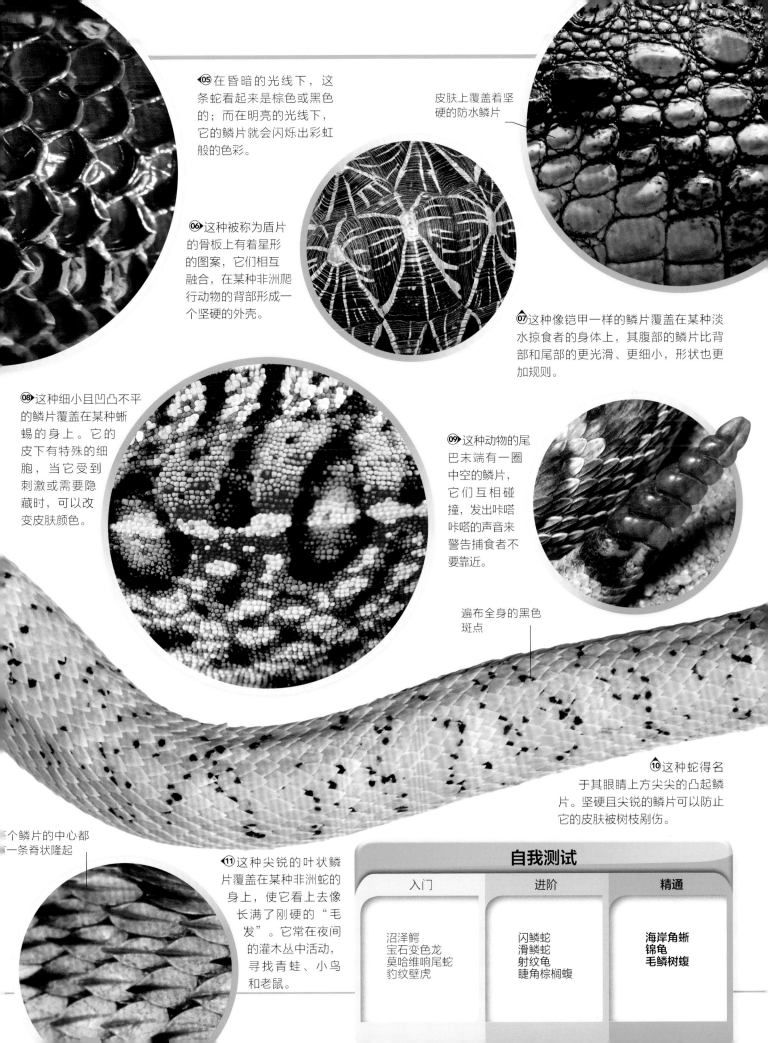

个鳞片的中心都
一条脊状隆起

⑪这种尖锐的叶状鳞片覆盖在某种非洲蛇的身上，使它看上去像长满了刚硬的“毛发”。它常在夜间的灌木丛中活动，寻找青蛙、小鸟和老鼠。

自我测试

入门	进阶	精通
沼泽鳄 宝石变色龙 莫哈维响尾蛇 豹纹壁虎	闪鳞蛇 滑鳞蛇 射纹龟 睫角棕榈蝮	**海岸角蜥** **锦龟** **毛鳞树蝮**

短而钝的吻

01 它们是世界上最小的鳄鱼，栖息在西非森林里的溪流和沼泽中。

牙齿磨损厉害，因此需要频繁替换

皮肤上有棕、灰和黄三种颜色

02 这是一种常见的鳄鱼，它眼睛上方的厚脊使它看起来像戴着一副眼镜。

灰色和橄榄色的皮肤
尾巴上隆起的鳞片帮助它游得更快

03 这是一种只以鱼类为食的印度鳄鱼，它通过左右摆动自己又长又细的吻来捕捉鱼类，然后把它们整个吞下去。

带有骨核的大鳞片
天气炎热的时候，它会经常张开嘴巴散热

04 这种鳄鱼以非洲一条河流的名字命名，它常在河岸上晒太阳，或者像一根木头一样漂浮在河里。

鳄鱼

短吻鳄、长吻鳄和食鱼鳄组成了这类强大的食肉动物。它们的双颚上都长着一排排锋利的牙齿。短吻鳄的吻通常较宽，呈“U”形；而长吻鳄的吻则较长，呈“V”形，即使闭上嘴，下颚上的牙齿也清晰可见。

05 这种鳄鱼体长可达6米，是世界上最大的爬行动物，也是唯一一种频繁出现在海上的鳄鱼。它是可怕的捕食者，会攻击它能捕捉到的任何动物。

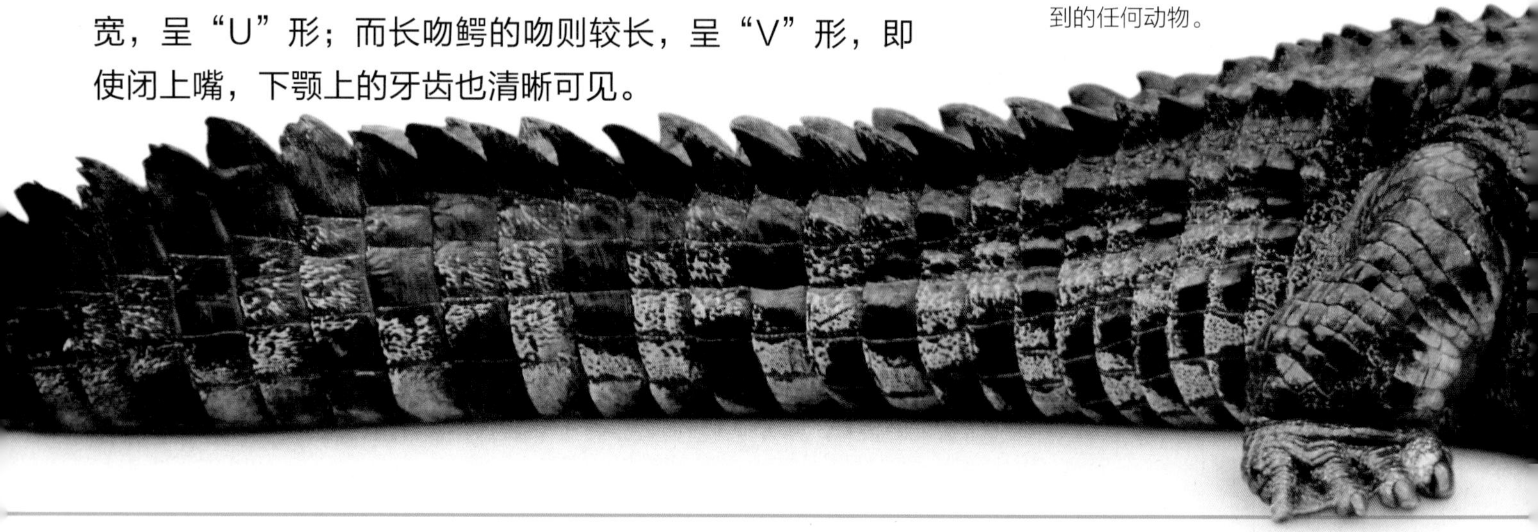

背部的鳞片隆起
呈脊状
游泳时，长尾
巴左右摆动
皮肤上的颜色随
着年龄的增长逐
渐加深

⑥这种动物常见于美国南部和墨西哥的部分地区，它的抗寒能力是所有鳄鱼中最强的，可以安静地藏在冰水中，只将鼻孔露出来。

锯齿状的牙齿相互
交错，能够将鱼紧
紧咬住

又短又宽的吻

⑦这种凯门鳄能用小而有力的双颚咬碎海龟和蜗牛等动物的壳。

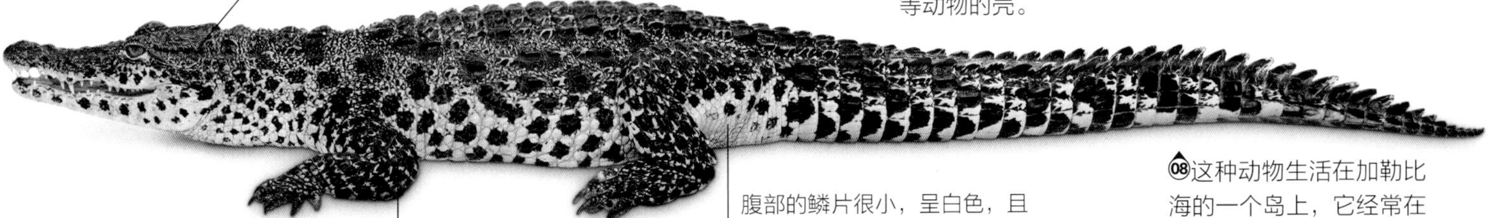
外耳瓣在水下
时会闭合
强壮的腿让它可以在
短距离内迅速奔跑
腹部的鳞片很小，呈白色，且
尺寸和图案一致

⑧这种动物生活在加勒比海的一个岛上，它经常在陆地上行走，因此与大多数鳄鱼不同，它的脚趾间没有蹼。

上眼皮上的骨质隆起

⑨这种东亚爬行动物擅长用头和前爪在岸边挖洞，到了冬天，它们就在洞里冬眠。

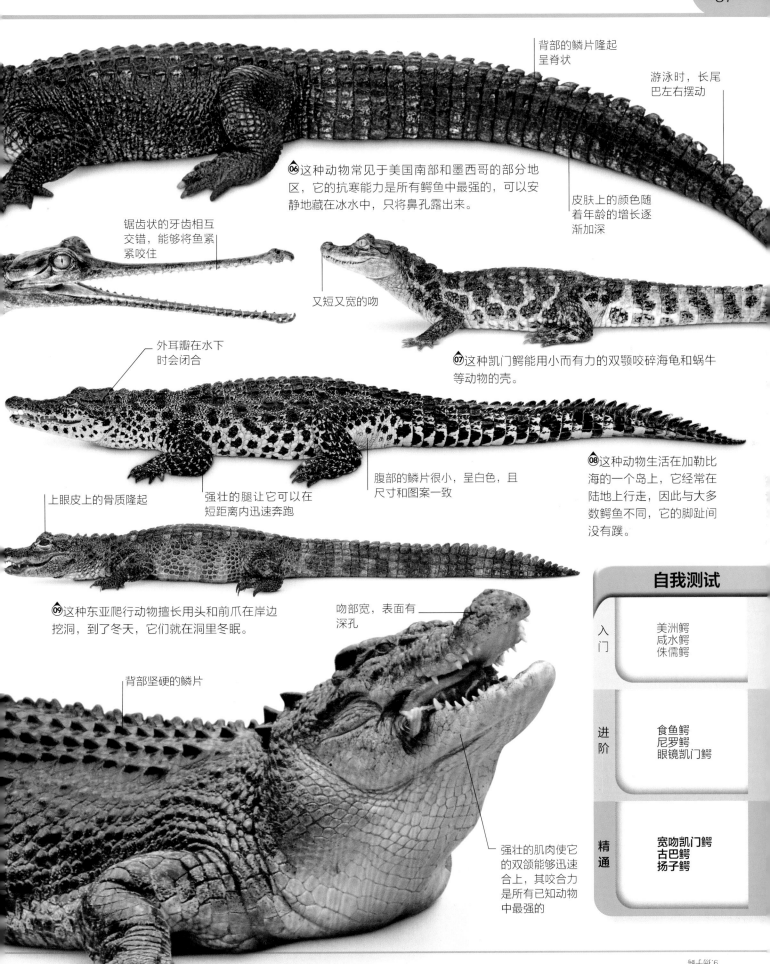

吻部宽，表面有
深孔
背部坚硬的鳞片
强壮的肌肉使它
的双颌能够迅速
合上，其咬合力
是所有已知动物
中最强的

自我测试

入门	美洲鳄 咸水鳄 侏儒鳄
进阶	食鱼鳄 尼罗鳄 眼镜凯门鳄
精通	**宽吻凯门鳄 古巴鳄 扬子鳄**

答案：1.侏儒鳄 2.眼镜凯门鳄 3.食鱼鳄 4.尼罗鳄 5.咸水鳄 6.美洲鳄 7.宽吻凯门鳄 8.古巴鳄 9.扬子鳄

6

火烈鸟群

有的鸟类独自生活，有的鸟类则喜欢成对或群体生活。左图中火烈鸟的群体十分庞大，例如，它们会形成一个数量超过100万只的大型繁殖群，这可以保护它们的蛋和雏鸟免受捕食者的伤害。

鸟是什么?

鸟是一种恒温脊椎动物，体表覆有羽毛，卵生，大多数会飞。它们的骨骼多空隙，内充空气，轻巧，以适应飞翔。

喙用于捕捉和衔住食物
虽然鸟类都有翅膀，但不是所有的鸟都会飞
羽毛用于保暖和帮助飞翔
鸟类因其生活方式的不同，足和爪子的类型也有所不同

鸟类

最早的鸟类出现在大约1.5亿年前，而现在世界上有超过10 000种鸟，被分为28个主要的类群。它们形态多样，蜂鸟的大小与蜜蜂相似，而鸵鸟的身高能达到3米。

鸟的种类

栖木鸟类
栖木鸟类也称雀形目鸟类，占鸟类全部种类的一半以上。它们的爪子很锋利，适于栖息在枝头。

非栖木鸟类
非栖木鸟类涵盖种类繁多，包括陆禽、攀禽、猛禽、游禽和涉禽。

丹顶鹤的一生中通常只有一个伴侣。

如何像丹顶鹤一样求偶

01. 认真选择你的伴侣，这样你的求偶之舞才能既优雅又合拍。

02. 走向你的伴侣，展开翅膀，优雅地起舞。

储存食物

红背伯劳捕食昆虫、蜥蜴和老鼠等小动物。它通常将捕获的猎物插到多刺的树枝上来储存，以备后用。

橡树啄木鸟会在树皮上钻许多洞，然后将橡果塞到每个洞中，为冬天储备食物。

统计数据

1000千米
一只漂泊信天翁一天能飞1000千米。

6000个
一个红嘴奎利亚雀群能在一棵树上筑6000个巢。

565米
帝企鹅最深可潜入水下565米。

海鸟

一些鸟类，比如左图中这些鹈鹕，大部分时间都在海上度过，只有在养育后代时短期停留在陆地上。鹈鹕是捕鱼专家，可以潜入水下30米来捕捉猎物。

难以置信！

猫头鹰不能咀嚼，所以它们会将老鼠等小型猎物整个吞下，然后将皮毛和骨头等未能消化的残渣成团吐出。

迁徙

大约有4000种鸟类会定期迁徙，它们在夏季飞往繁殖地，冬季飞回越冬地。

斑尾塍鹬从阿拉斯加迁徙到新西兰，行程近1.5万千米，且途中不会停下来进食。

北极燕鸥每年都会在南极和北极间迁徙。在其将近30年的生命中，总飞行距离可达240万千米。

03. 靠近你的伴侣后，仰头并大声呼唤对方。

卑鄙的鸟

杜鹃会将卵产在其他鸟的巢中，雏鸟破壳后便会将其他卵拱出巢外，并通过其他鸟类父母的喂养成长。

04. 互相鞠躬，然后围绕在你的伴侣周围，和它一起翩翩起舞。

05. 牢记你们的舞蹈动作——你们可能会多次跳舞，以维持你们之间的亲密关系。

像头盔一样的骨质冠有助于其在茂密的森林中奔跑时保护头部

④这种鸟高约1.5米，生活在澳大利亚和巴布亚新几内亚。它的名字来自两个巴布亚词汇：“kasu”，意思是“有角的”；“wari”，意思是“头”。

裸露在外的皮肤

兴奋时，颈部两个肉垂的颜色可能会改变

①这种鸟是新西兰的国鸟，它的体型较小，羽毛细密似毛皮。

长喙上的鼻孔可以嗅到虫子的气味

短而裸露的脖子

②这种鸟是澳大利亚最大的鸟，体高可达1.9米。它可以在没有食物和水的情况下存活数天。

幼鸟长有用于伪装的条纹

红棕色的羽毛

③与大多数平胸鸟不同，这种南美洲平胸鸟会飞，但是它更喜欢用奔跑的方式逃离险境。

奔跑时，翅膀会抬起以保持平衡

羽毛呈浅灰色或棕色

⑤这种鸟体高约1.2米，体重可达40千克，是南美洲最大的鸟类。雄性会与许多雌性交配，然后搭建一个巢穴，在那里照看这些雌性所产的蛋。

细长的羽冠向上卷曲

⑥这种优雅的鸟在地面上筑巢睡觉，并会定期在泥土里打滚，以此来保持羽毛清洁。

黄褐色带深色斑点的羽毛

自我测试

入门	进阶	精通
非洲鸵鸟 鸸鹋 大美洲鸵	双垂鹤鸵 小美洲鸵 灰鴩 小斑几维鸟	**褐几维鸟 凤头鴩 红翅鴩 单垂鹤鸵**

答案：1.褐几维鸟 2.鸸鹋 3.红翅鴩 4.双垂鹤鸵 5.大美洲鸵 6.凤头鴩 7.小斑几维鸟 8.灰鴩 9.小美洲鸵 10.非洲鸵鸟 11.单垂鹤鸵

平胸鸟

平胸鸟家族包括鸵鸟及其近亲。这类鸟翅膀很短，且翅膀上的肌肉也很小，因此大多数平胸鸟不会飞。但这并不会影响它们的速度，例如鸵鸟的奔跑速度能达到70千米/小时，比大多数马跑得都快。

⑦这种新西兰特有的鸟是其家族中体型最小的，比普通的鸡还要小。它的羽毛上有斑点。

羽毛看起来像毛茸茸的毛皮
坚硬的尾羽会发出嘎嘎声，以警告捕食者不要靠近

灰色的羽毛

⑧这是一种产于南美洲的平胸鸟，可以进行短距离飞行。

⑨这种鸟速度很快，奔跑时会将翅膀折叠、头部前伸。由于不会飞，它的游泳技能在需要过河时就显得尤为重要。这种动物善于交际，群体数量可达30只。

单肉垂
当它受到攻击时，会利用其强壮的三趾脚跳跃或踢踹

⑪这种只有一个肉垂的鸟生活在新几内亚北部，性格孤僻且害羞。黑色的羽毛可以帮助它隐藏在沼泽和森林茂密的植被中。

长长的脖子上几乎没有羽毛覆盖
肌肉发达的长腿使它跑得很快
二趾

⑩这种鸟是世界上最大的鸟类，也是陆地上速度最快的鸟类，其雄性身高可达3米。它们的蛋也很大，一个蛋相当于24个鸡蛋。

01 这是一种生活在北美洲大草原上的大型鸟，体高约47厘米。求偶时，雄性会鼓起脖子上的亮橙色气囊，并用尾巴发出声响来吸引雌性。

02 这种鸟原产于亚洲，出于狩猎取乐的需要，现已被引入世界各地。其雄性的羽毛颜色鲜艳，雌性羽毛为棕色且带有斑点。

眼睛周围有红斑

03 为了在北极生存，这种鸟的羽毛在冬天时为白色，到了夏天则变为像岩石一样的灰色，以此来伪装自己。

雪白的冬羽

04 该物种的雄性会表演复杂的求偶舞蹈，并发出"咔嗒""咯咯"和"砰砰"等奇怪的声音来吸引异性。它的名字来源于盖尔语，意思是"森林中的马"。

卷曲的羽冠

雄性在向雌性展示自己时，尾羽会呈扇形展开

肩膀上有白色斑点

05 这种鸟生活在针叶林里，它的伪装能力十分出色。如果附近有捕食者，它就会静止不动，直到最后一刻才会飞走。

眼睛上方裸露出鲜红色的皮肤

雌性的羽毛为红褐色

07 这种小型鸟不仅在野外被捕杀，还被人工养殖，以此来获取它的肉和蛋。

条纹冠

06 这种鸟生活在中美洲的热带雨林中，体型大且神秘。它与以在地面上觅食为主的近亲不同，它以树梢上的水果和昆虫为食。

猎禽

这类鸟中的大多数都生活在地面上，只有遇到危险时才会飞上天空。由于要获取食物或出于消遣，这类鸟长期被人类猎杀。

雄性身上有一块叫作肉垂的鲜红色皮肤

⑨这种聒噪的鸟原产于北美洲，如今在世界各地都有饲养。求偶时，雄性会竖起羽毛，扇动尾巴，并发出“咯咯”的叫声。

⑧雄性的色彩鲜艳，以其独特的炫耀行为而闻名——它们将尾巴展开如扇形，然后在雌性面前昂首阔步。

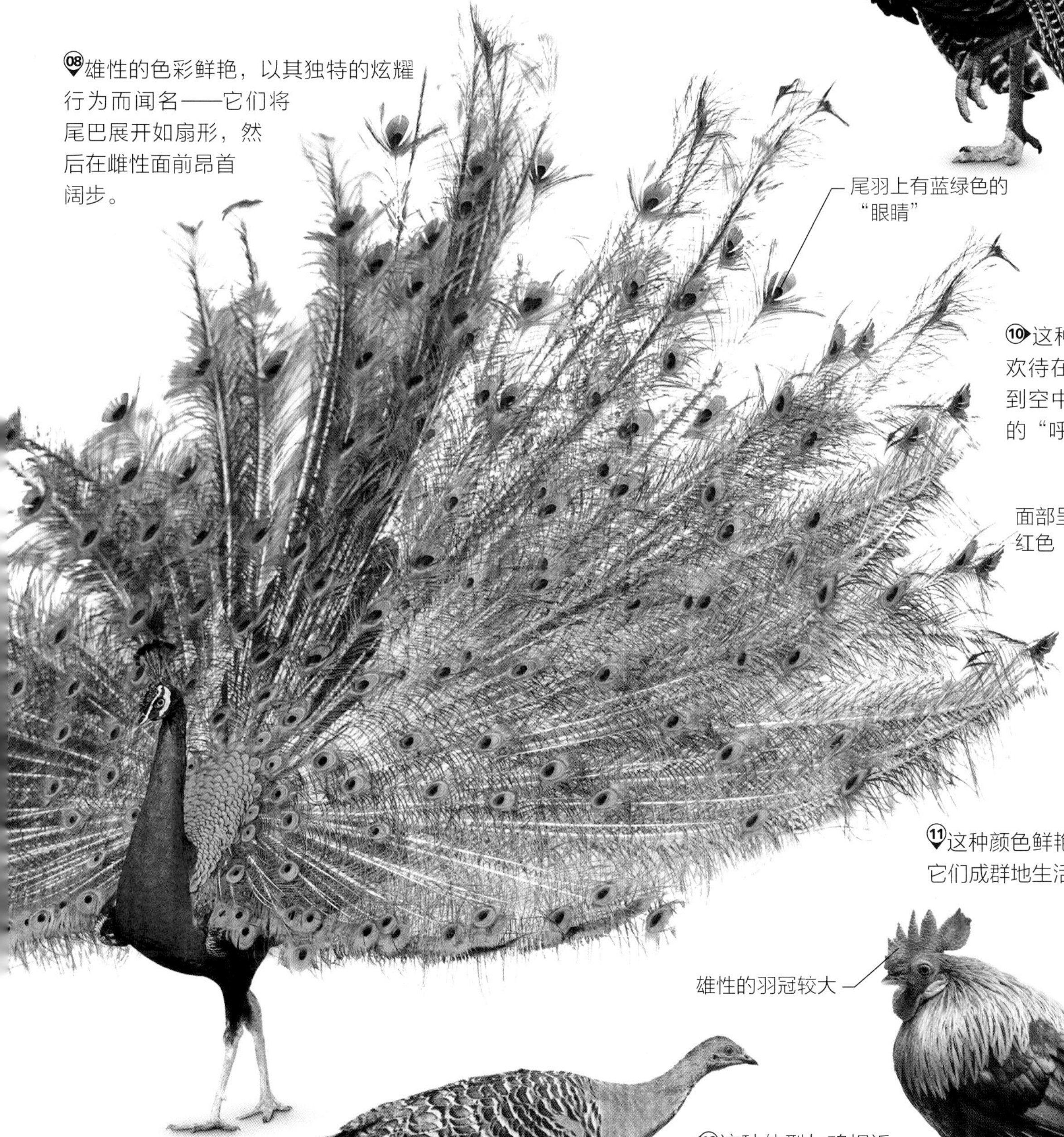
尾羽上有蓝绿色的“眼睛”

⑩这种灰色的鸟更喜欢待在地面上，被赶到空中时会发出嘈杂的“呼呼”声。

面部呈砖红色
腹部有黑色斑块

⑪这种颜色鲜艳的鸟是家鸡的祖先，它们成群地生活在亚洲的森林中。

雄性的羽冠较大

强壮的腿有助于挖掘土堆来筑巢

⑫这种体型与鸡相近，分布在澳大利亚的鸟栖息于桉树林里茂密的灌木丛中。它用即将腐烂、能够产生热量的植物筑巢。

答案：1.草原松鸡 2.雉鸡 3.岩雷鸟 4.松鸡 5.枞树鸡 6.大凤冠雉 7.普通鹌鹑 8.蓝孔雀 9.野火鸡 10.灰山鹑 11.红原鸡 12.眼斑营冢鸟

⓪①这种宽尾鹦鹉分布于澳大利亚东部，体型较小，色彩鲜艳。雄性头部羽毛为鲜红色，面颊为白色。

蓝色的尾巴和翅膀

⓪②这种鸟产自南美洲，身上布满了亮蓝色的羽毛，体长可达1米，是最大的会飞鹦鹉。

巨大的喙有助于敲碎坚果

鹦鹉

鹦鹉外表艳丽漂亮，是最聪明的鸟类之一。大多数鹦鹉善于交际，喜欢成群结队地生活在一起，有些鹦鹉会与自己的配偶结成长期的伴侣关系。然而，许多种鹦鹉因为被猎捕并作为宠物出售而濒临灭绝。

⓪④这种高智商的鹦鹉原产于非洲，擅长模仿人类的语言和声音，身体为深浅不一的灰色，尾羽呈鲜红色。

⓪③这种鹦鹉生活在澳大利亚的沙漠中，以皇室成员的名字命名。它不断地四处游荡，寻找种子、水果和昆虫等食物。

淡绿色的肩膀

⓪⑤这种头脑聪明、色彩鲜艳的鸟，体长可达14厘米，寿命可达30年。它以花蜜和花粉为食。

薄薄的飞羽

⓪⑥这种来自新西兰的夜行鸟行动缓慢，不会飞，每天晚上都要走很远去寻找坚果、水果、树皮、苔藓和树叶等食物。如今，它已濒临灭绝。

相对于身体来说，它的脚比较大

⓪⑦这种颜色鲜艳的粉灰色鹦鹉广泛分布于澳大利亚，通常在树洞中筑巢。

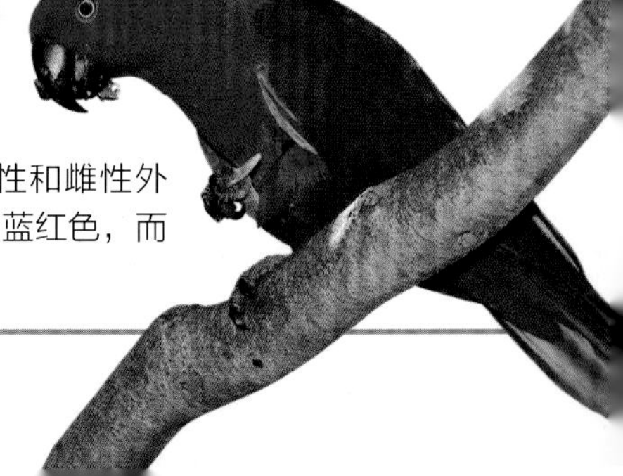

⓪⑧该物种比较特殊，雄性和雌性外表差异较大。雌鸟外表呈蓝红色，而雄鸟则呈绿色。

答案：1.东玫瑰鹦鹉 2.风信子金刚鹦鹉 3.公主鹦鹉 4.刚果灰鹦鹉 5.虹彩吸蜜鹦鹉 6.鸮鹦鹉 7.桃红鹦鹉 8.折衷鹦鹉 9.环颈鹦鹉 10.绯红金刚鹦鹉 11.深山鹦鹉 12.鹩哥 13.葵花凤头鹦鹉 14.桃面爱情鸟 15.褐头绿吸蜜鹦鹉

⑩这种鸟可能是所有鹦鹉中最容易识别的，它身上有红、黄、蓝三种颜色，但仅仅以其中一种颜色命名。它能长到90厘米长，是一种大型鸟。

⑨这种绿色的小型鹦鹉原产于印度，现在在欧洲的许多城市都能看到，我们可以通过喉咙上独特的花纹来辨认它。

蓝色的飞羽逐渐被红色的尾羽替换

翅膀下的红色斑点

⑪这种不同寻常的鸟叫声响亮而尖锐。它是世界上唯一生活在山区的鹦鹉，以腐肉为食。

有条纹的黄色头羽

⑫这种原产于澳大利亚的鸟飞行速度很快，它们成群结队地生活，群体数量从几只到数千只不等。

蓝色长尾的下面是黑色的

受到威胁时，它明黄色的羽冠会竖起

⑬这种聒噪的鸟是很受欢迎的宠物。当鸟群在地上觅食时，其中的一只鸟会栖息在附近的树上"放哨"，以警戒捕食者。

⑭体型小巧、脸蛋粉红，这种非洲鹦鹉习惯于聚集成小群落。休息时，每对鹦鹉之间的距离都很近，它们并排站在一起，将头靠在彼此身上。

除头部和尾部外，白色羽毛遍布全身

⑮这种鸟只生活在东南亚的帝汶岛上。它的头羽和颈部浅绿色的衣领状羽毛形成了鲜明的对比。

自我测试

入门	进阶	精通
风信子金刚鹦鹉	褐头绿吸蜜鹦鹉	**桃红鹦鹉**
葵花凤头鹦鹉	刚果灰鹦鹉	**折衷鹦鹉**
桃面爱情鸟	公主鹦鹉	**鸮鹦鹉**
绯红金刚鹦鹉	环颈鹦鹉	**深山鹦鹉**
虹彩吸蜜鹦鹉	鹦哥	**东玫瑰鹦鹉**

飞行

鸟类的身体是为了飞行而设计的。它们的骨骼中空，内充有空气，重量很轻；胸部肌肉十分发达，能为翅膀提供动力；身体呈流线型，表面覆盖羽毛。虽然某些动物（如昆虫）也能飞起来，但它们中没有一种动物的技巧、耐力和速度能与鸟类这些飞行专家比肩。

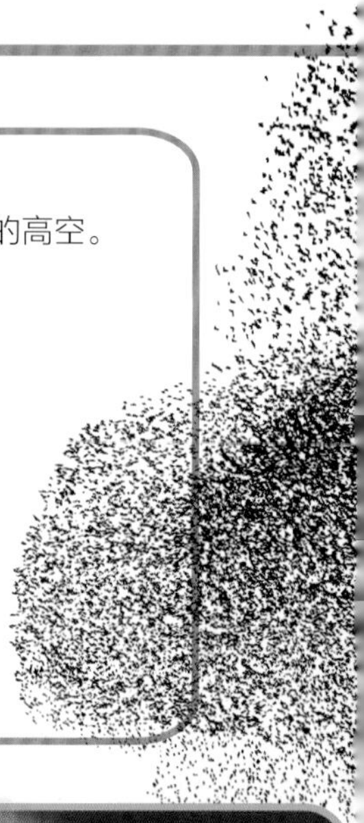

数据统计

6437米
斑头雁能够飞到海拔6437米的高空。

76千米/小时
楼燕水平飞行的速度可达76千米/小时，是已知所有鸟类中最快的。

320千米/小时
游隼的潜水速度可达320千米/小时。

难以置信！

一个红嘴奎利亚雀群的数量可达15亿只以上。它们生活在非洲大草原。这种鸟的破坏力极强，被称为“有羽毛的蝗虫”，对当地的农业生产构成了严重的威胁。

羽毛的种类

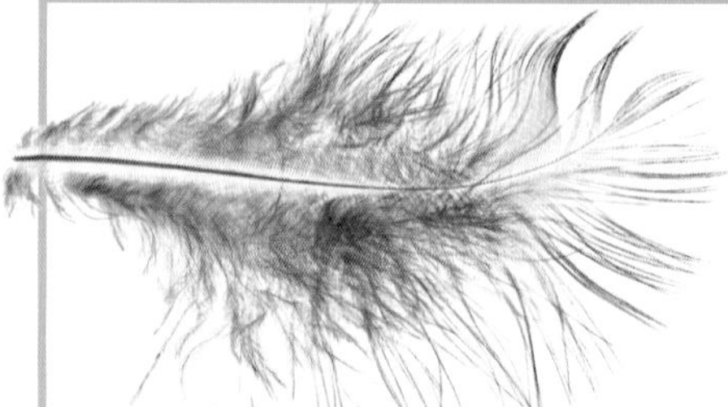

绒羽
这种羽毛纤细、蓬松，离鸟的身体最近，它们能裹住空气，形成隔热层，保持鸟类的体温。

廓羽
这种羽毛较小，覆盖在鸟的体表。它们相互重叠，使鸟类的体表光滑，呈现出优美的流线型。

飞羽
这种羽毛长而结实，长在鸟的尾巴和翅膀的边缘处。它们能帮助鸟在空中飞行。

如何像蜂鸟一样悬停

01. 找一朵漂亮的、充满花蜜的花。选好后，飞向它，将距离控制在你的喙能接触到花的范围内。

02. 利用你独特的翅膀关节来扇动翅膀，垂直扇动向上飞，水平扇动向前飞。

飞行模式

鸟类并非都以同样的方式在空中飞行。它们有些以重复、稳定的方式拍动翅膀；有些在空中滑翔，几乎不拍动翅膀；还有一些则将滑行和振翅相结合。

快速拍动： 鸭子等翅膀小、身体重的鸟类会快速规律地振翅飞行。

缓慢拍动： 海鸥等翅膀相对较大的鸟类通常缓慢悠闲地振翅飞行。

间歇拍动： 啄木鸟等鸟类会在滑翔和快速振翅之间来回切换。

随机拍动： 燕子会以滑翔和拍动灵活结合的方式抓捕昆虫。

同舟共济

入夜之前，紫翅椋鸟会成群地在空中飞翔。它们在空中统一改变方向，旋转飞舞，创造出各式各样的图案。这种成群飞行的行为是为了抵御捕食者。

紫翅椋鸟

升空

一些鸟类利用上升的热气流来帮助自己飞行。当它们遇到热气流时，便展开翅膀，乘着热气流螺旋向上滑翔。

利用热气流盘旋上升
乘着热气流寻找猎物
向下俯冲，抓捕猎物

03. 快速振翅可以让你在空中悬停，从而享受到美味的花蜜。

翅膀的种类

锥形翅

一些鸟类，如图中的楼燕，能够凭借这种尖尖的锥形翅膀在空中高速飞行。这种翅膀可以让鸟在空中自如地旋转和变向。

圆形翅

这种圆形的翅膀有助于松鸦等鸟类在密林的树木间灵活地飞行和快速改变方向。

三角形翅

蜂鸟等鸟类的翅膀较短，呈三角形，它们可以以每秒20多次的频率迅速扇动翅膀。这使得它们能够在空中悬停一段时间。

长窄形翅

长而窄的翅膀使信天翁等海鸟能够滑翔很远的距离。在空中飞行时，这类鸟可能几个小时都不需要拍打翅膀而是在海面上保持滑翔。

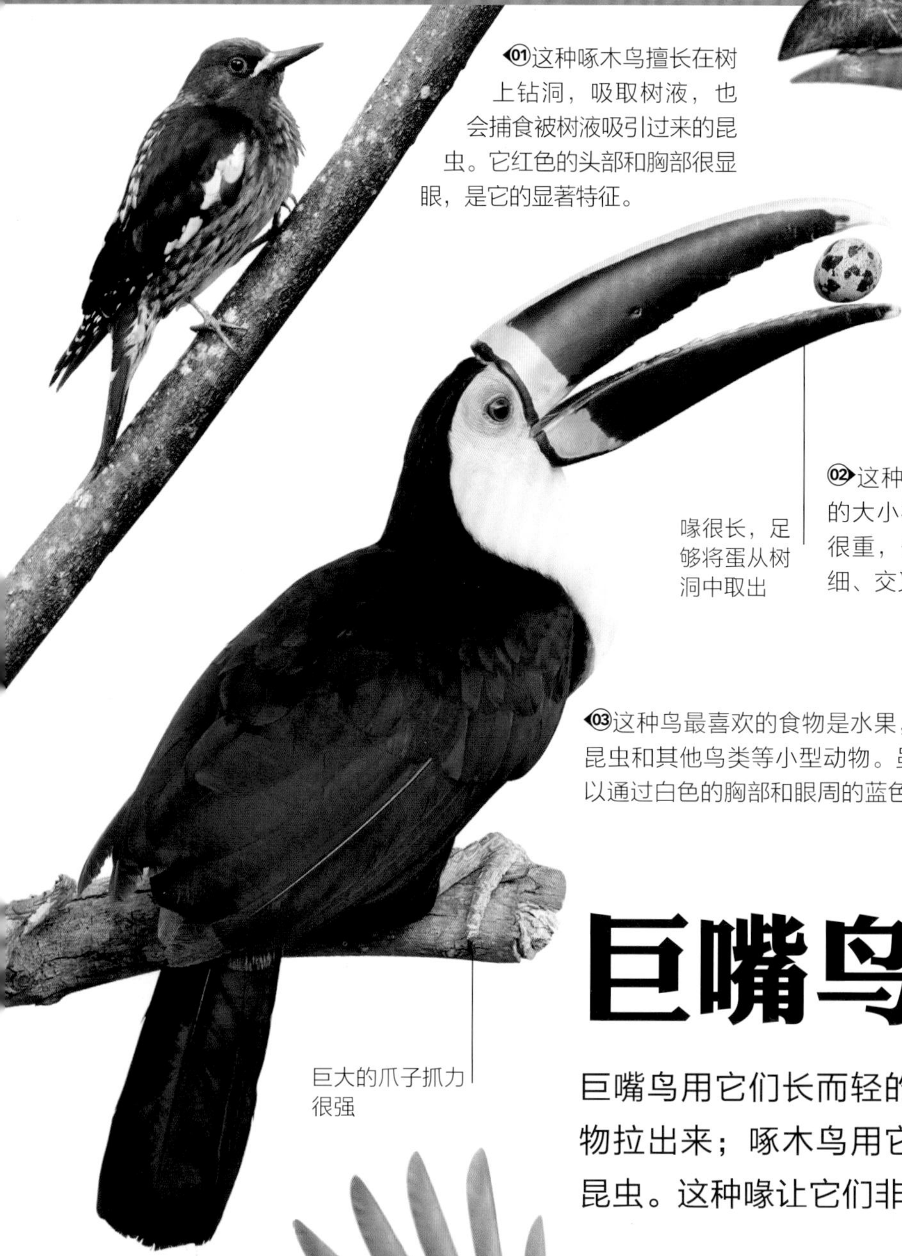

01 这种啄木鸟擅长在树上钻洞，吸取树液，也会捕食被树液吸引过来的昆虫。它红色的头部和胸部很显眼，是它的显著特征。

它的喙可以长到19厘米长

02 这种鸟的喙颜色鲜艳，与身体的大小相当。虽然它的喙看起来很重，但实际上很轻，由内部纤细、交叉的中空组织支撑。

喙很长，足够将蛋从树洞中取出

03 这种鸟最喜欢的食物是水果，但它也吃蛋以及蜥蜴、昆虫和其他鸟类等小型动物。虽然喙的颜色不同，但可以通过白色的胸部和眼周的蓝色斑块来识别它。

巨大的爪子抓力很强

巨嘴鸟和啄木鸟

巨嘴鸟用它们长而轻的喙从树上摘果子，或者伸入树洞把猎物拉出来；啄木鸟用它强壮的喙钻进树皮，挖出藏在里面的昆虫。这种喙让它们非常适合在树上生活。

04 这种鸟生活在北美洲，在飞行中扇动翅膀时，会闪烁出彩色的光泽。

雄鸟的脸上有像胡须一样的红色斑纹

05 未见其鸟，先闻其声，这种颜色鲜艳的欧洲鸟能够发出一种响亮而有趣的叫声。

眼睛周围的黑斑

长长的舌头能够伸到蚁丘深处，舔食里面的蚂蚁

答案：1.红胸吸汁啄木鸟 2.托哥巨嘴鸟 3.红嘴巨嘴鸟 4.北扑翅鴷 5.欧洲绿啄木鸟 6.橡子啄木鸟 7.绿巨嘴鸟 8.黑啄木鸟 9.大拟啄木鸟 10.领簇舌巨嘴鸟

身体下半部分的羽毛为白色，且带有黑色条纹

06橡树既是这种鸟的家，也是它的食物来源。它用锋利的喙，把坚果储存在树皮上的小洞里。

灵活的尾巴折起，可以碰到头部
短而圆的翅膀只能短暂飞行

眼睛下方的蓝斑

07这种中美洲鸟类出生时颜色暗淡，成年后身体的颜色会变为明亮的宝石绿，这使得它在树叶的掩映下，几乎不可能被发现。

08这种鸟长约55厘米，红色羽冠十分醒目。它在枯木上钻洞捕捉昆虫，利用坚硬的尾羽来帮助自己保持平衡。

喙部周围的倒钩状刚毛

09这种鸟长约32厘米，是其家族中最大的一种，常见于南亚和东南亚海拔3000米以上的山区。

边缘呈锯齿状的喙部有利于这种鸟采摘和食用水果

10这种鸟鲜艳的红黄色胸部中间有一条水平的黑色条纹。它主要吃水果，但也会捕捉昆虫和蜥蜴等小型猎物。

自我测试

入门	进阶	精通
托哥巨嘴鸟 欧洲绿啄木鸟 红嘴巨嘴鸟	北扑翅鴷 红胸吸汁啄木鸟 黑啄木鸟 绿巨嘴鸟	**领簇舌巨嘴鸟 橡子啄木鸟 大拟啄木鸟**

01 这种猫头鹰的眼睛和鼻子上方长着长长的白色羽毛，这些羽毛看上去像耳朵一样，因此被称为耳羽。当受到打扰或被激怒时，它会将身体展开到最大，并竖起羽毛作为警告。

02 这是一种很特别的猫头鹰，它也在白天活动，它的头部浑圆，耳羽不明显，眼睛很大，为黄色。

03 这种鸟体型庞大，捕杀大型动物，然后用喙把这些猎物撕开，就像某种大型猛禽一样，它也因此而得名。

柔软的耳羽

这些羽毛有助于在它捕猎时减轻猎物对自己腿部的伤害

夜鸮

鸮，俗称猫头鹰，这些美丽的鸟是夜间的终极猎手。猫头鹰的听觉十分灵敏，且在夜间能正常视物。它们的眼睛很大，无法移动，但脖子却特别灵活，因此它们依靠脖子转动整个头部来改变视角。猫头鹰翅膀上的羽毛很柔软，这使它们能够近乎无声地飞翔，等到猎物发现时，它们几乎已经飞到了猎物的上方。

04 这种鸟擅长挖洞，生活在树木稀少的草原上。它也乐于使用现有的洞穴，甚至是人造建筑。与大多数猫头鹰不同的是，它在白天也很活跃。

长长的腿有助于在地上挖洞

05 这种猫头鹰生活在冰雪覆盖的北极地区，它能够在此完美地伪装自己并捕捉藏在雪中的小型哺乳动物。

雌鸟身上有深黑色横斑；雄鸟则通体雪白

06 这种猫头鹰以其独特的叫声命名，通常都是只闻其声，不见其鸟。它成年后可长到35厘米长，是澳大利亚最小的猫头鹰。

07 这种生活在热带地区的猫头鹰眼睛周围环绕着一圈浅色羽毛，使它看起来像是戴着一副眼镜。

白色的飞羽上带有黑色的小斑点

翼展可达2米

08 这种猫头鹰最长可以长到14厘米，大约和麻雀一样大，是世界上最小的猫头鹰，就像神话中的小精灵！倾斜的"眉毛"及其下方褐色的大眼睛是它的典型特征。

面盘呈心形，有助于将外部的声音送入耳内

09 这种鸟在除南极洲以外的所有大陆上均有分布。它常在开阔的农田间狩猎，在贮藏粮食的库房中筑巢休息。

10 这种猫头鹰的周身遍布条纹，主要呈棕色或灰色，也有红棕和灰棕等不同的色型。

它的面盘较圆，四周围绕着灰白相间的环状斑纹

尾羽较短，有条纹

11 这种猫头鹰的身长可达60厘米，是美洲已知的最大的猫头鹰。它的头上有一簇尖尖的羽毛，并以这种羽毛的形状命名。

12 这种猫头鹰生活在欧洲北部和北美洲，它的体型巨大，成年后可以长到70厘米左右。厚厚的灰色羽毛不仅能够帮助它抵御寒冷的天气，还为它提供了良好的伪装。

自我测试

入门
仓鸮
雪鸮
灰林鸮
乌林鸮

进阶
雕鸮
冠鸮
眼镜鸮
姬鸮

精通
大角鸮
穴鸮
布布克鹰鸮
短耳鸮

短而圆的翅膀有助于它在树木之间自如地飞翔

翼展可达2米

纯白色的腹部

被雕爪抓住的鱼

01 这种鸟与其他食肉猛禽不同，它主要以一种树上的果子为食。它的喙呈钩状，能够撕开坚硬的果实外皮。

02 这种鸟生活在森林中，常见于欧洲和亚洲部分地区。它藏在树上或灌木丛中，等待鸟类等小型猎物出现，然后迅速冲出，将其抓获。

03 这种鸟主要以鱼类为食，但也会吃青蛙、小鸟和腐肉等。它们偶尔也会成对捕猎。

白色的鹰头

翅膀较宽，边缘处的羽毛形状与手指类似

红色的面部皮肤

04 这种鸟的知名度很高，是美国的国鸟，主要以鱼类为食，它的爪子锋利而钩曲，可以轻松地把鱼抓离水面。

翼展可达2.3米

05 这种生活在非洲的鸟在飞行时经常左右晃动，其法文名"杂技演员"就来源于此。它每天都会花很长时间来寻找老鼠和鸟类等猎物。

它的尾巴很短，在它休息时，尾巴几乎要被翅膀遮住

看起来像胡子的一簇羽毛

猛禽

猛禽有着锋利的爪子和钩状的喙，是一种顶级掠食者。大多数猛禽习惯于飞到空中寻找并捕捉老鼠、青蛙、鱼或其他鸟类等活着的猎物，而有些猛禽则以腐肉，即动物尸体为食。

长长的尾羽

06 这种鸟也被称为胡兀鹫，主要以死去动物的骨头为食。有时骨头太大，它会把这根骨头带到空中，对准岩石让骨头落下，摔成可以吞咽的大小。

⑦这种鸟生活在北美洲，体型较小，脸颊两侧有黑色的髭角状斑纹，经常在空中盘旋，栖息时习惯于摆动尾羽。它的叫声单调而尖锐，很像铃铛的声音，十分容易辨别。

栗色的背部有黑色斑点

⑧这种鸟的面部酷似猫头鹰，常低空飞行，它的听力极佳，能听到地面上猎物移动时所发出的极其微小的声音。这种鸟飞行姿态优美，鹞式战斗机就是以它命名的。

白色羽毛表明这只鸟年龄较小

⑨这种鸟以其闪亮的黄褐色冠羽而得名，它的体重可达6千克以上，是最大的猛禽之一。从爬行动物、小型哺乳动物到鱼类，都可成为它的猎物。

尾部呈扇形，有助于它在向前冲击时减缓速度

它的翅膀较窄，俯冲时会向身体收缩

深色的羽冠

浅蓝色的喙

⑩与大多数猛禽不同的是，这种鸟的脚很长，喜欢在地面上四处走动来寻找猎物。它吃腐肉，也吃小动物，甚至会用自己扁平的爪子挖取昆虫食用。

⑪这种动物主要以腐肉为食，它的喙锐利而钩曲，能够撕开坚硬的动物外皮。即便腐尸是其他鸟类发现的，它也要优先取食。

自我测试

入门	白头海雕 游隼 白腹海雕 金雕
进阶	棕榈鹫 灰鹞 美洲隼 王鹫
精通	**胡兀鹫 短尾雕 凤头卡拉鹰 雀鹰**

喙上有橙色的肉冠

翅膀边缘的羽毛为黑色

⑫它是技艺高超的猎手，能以322千米/小时——地球上鸟类的最快速度，垂直向下俯冲，并在空中捕获猎物。

喙

大多数鸟类都以果子、昆虫或鱼类为食。它们的嘴形状各异，被称为喙，是帮助它们获取食物的工具。这里有一些十分特别的鸟喙，你能分辨出它们分别属于哪种鸟吗？

01 这种鸟主要以鱼类为食。虽然鱼的体表光滑，但由于它的喙部较长，边缘粗糙且参差不齐，使其能够轻松将鱼捕获。它因其锈红色的腹部而得名。

02 这种鸟主要以小型水生生物为食，它的喙很长，觅食时，会左右摆动头部，用喙过滤出食物。

03 这种猛禽的喙锋利且钩曲，捕获猎物后，它会用喙把肉从骨头上剔下，再把肉撕成小块吞下。

04 这种鸟的羽色绯红，喙部锋利而弯曲，主要以花蜜为食，也捕捉昆虫等小型动物。获取花蜜时，它并非是在花蕊上蘸取花蜜，而是直接从侧面将喙刺入花内。

06 这种鸟的体型较小，习惯于盘旋在花朵前吸取花蜜，它的喙长且直，使它能够轻松地取食到花朵深处的花蜜。

05 这种鸟喜食松果，它的喙能够帮助它挖出藏在松果内部的松子。

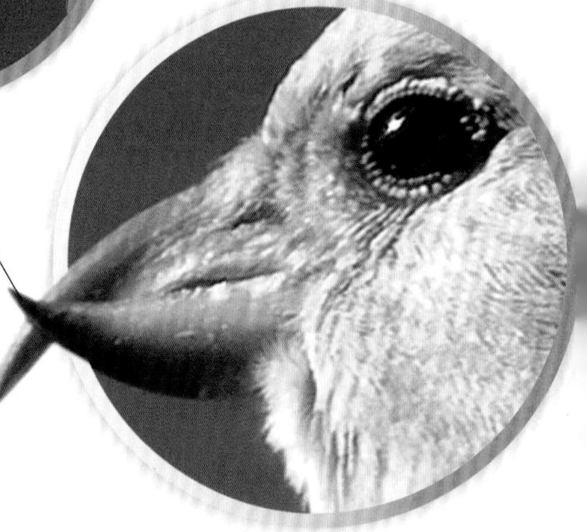

07 这种鸟以各种动物的尸体为食。它的喙又长又尖，可以帮助它穿透动物尸体表面厚厚的皮肤，吃到里面的肉。

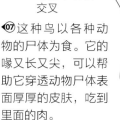

答案：1.红胸秋沙鸭 2.琵琶嘴鹭 3.金雕 4.红阳鸟 5.交嘴鸟 6.安娜蜂鸟 7.非洲秃鹳 8.盔犀鸟 9.欧夜鹰 10.七彩文鸟 11.美洲反嘴鹬 12.红襟鸟 13.白鹈鹕 14.大西洋海雀

⑧这种鸟的喙结实坚硬，能够很好地完成采摘水果、捕捉蜥蜴、昆虫和鸟类等小型动物的工作。它的头顶有一块凸出的骨头，看起来像头盔。

⑨这种鸟是一种夜行动物，喙特别小，却可以张到很大。捕猎时，它张着嘴在空中飞行，沿途吞食昆虫。

自我测试

入门	安娜蜂鸟 白鹈鹕 大西洋海雀 盔犀鸟
进阶	金雕 红胸秋沙鸭 琵琶嘴鹭 交嘴鸟 红襟鸟
精通	**欧夜鹰** **美洲反嘴鹬** **红阳鸟** **非洲秃鹳** **七彩文鸟**

喙的根部较宽，整体呈三角形

⑩这种鸟生活在澳大利亚，主要以草籽为食。它的喙强壮有力，可以敲开坚硬的种子外壳。

喙部较长，向上弯曲

⑪这种鸟分布于北美洲，觅食时，它用喙在较浅的水或松软的泥土中来回横扫，寻找昆虫或贝类。

⑫这种鸟长着标志性的橘红色胸羽，喙细而短，既能拾取果子，也能捕捉昆虫和蠕虫。

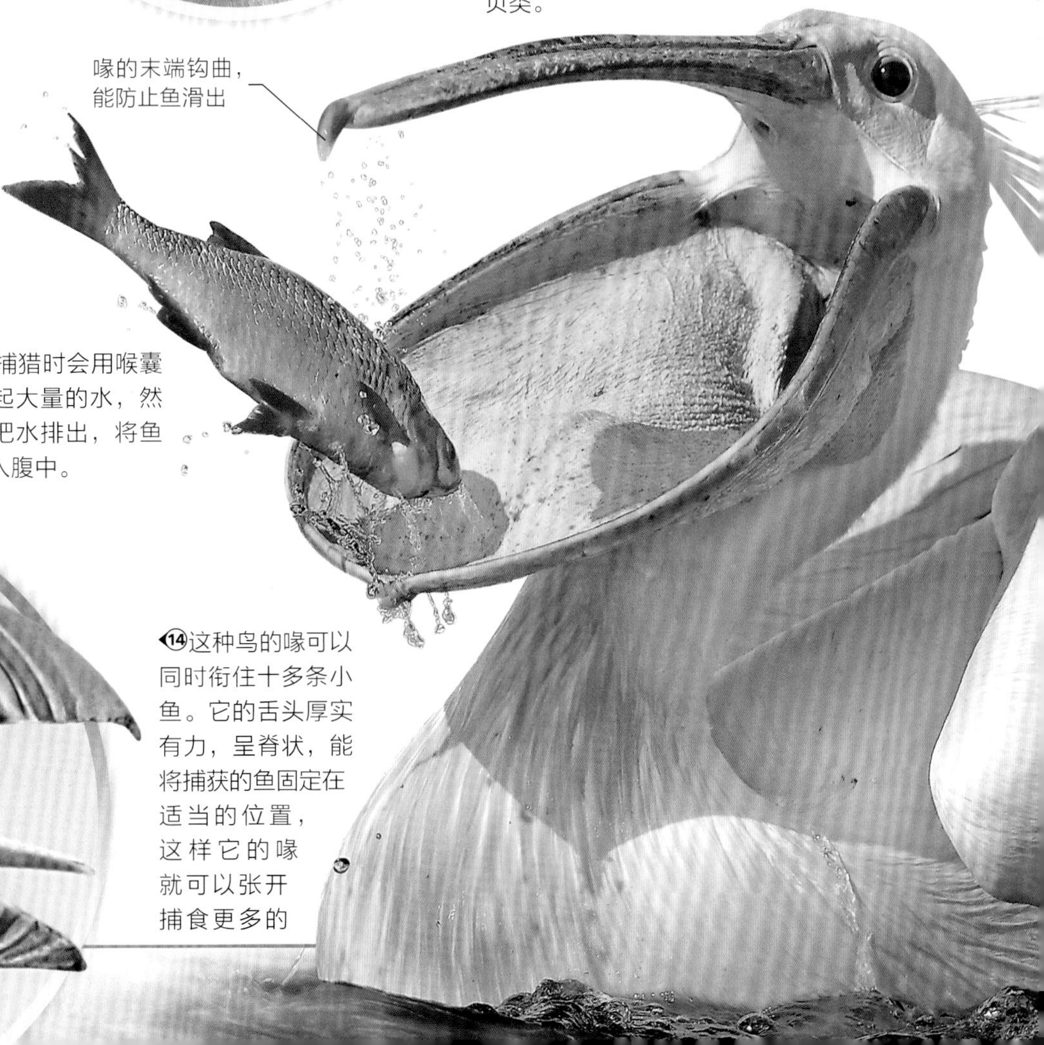

喙的末端钩曲，能防止鱼滑出

⑬这种鸟捕猎时会用喉囊一次性舀起大量的水，然后抬起头把水排出，将鱼留下并吞入腹中。

⑭这种鸟的喙可以同时衔住十多条小鱼。它的舌头厚实有力，呈脊状，能将捕获的鱼固定在适当的位置，这样它的喙就可以张开捕食更多的

脖颈与喙交界处有一条白色的宽纹

01 它是北美洲最著名的鸟类之一，以植物根茎和种子为食。它们常集成大群，发出嘈杂的叫声。

胸部上方的颜色较白

喙部很大，看起来像铲子

02 这种鸟生活在北美洲、欧洲和亚洲等地区，它的喙很独特，能够过滤出水中的小型生物和植物种子。

04 这种鸟喜欢生活在淡水附近，在亚洲、欧洲和北美洲都十分常见。雄鸟的头部是绿色的，而雌鸟的全身则布满了棕色条纹。

03 这种鸟通常成对出现，一生中大部分时间都在海岸线上度过。如果遇到危险，它的幼崽就会跳入水中逃跑。

雄鸟的喙为红色，其上有一个突出的皮质瘤

鸭和鹅

这些鸟是游泳健将，一生都在水上或水边度过。它们的蹼足能够推动它们在水面上前进，尾巴附近的腺体可以分泌防水的油脂。它们中的一些佼佼者甚至拥有强大的飞行能力，会为了繁殖进行长途迁徙。

它的翅膀上有一对帆状的橙色扇形羽，用来向雌鸟示爱

雄性脸颊上的橙色羽毛

05 这种鸟原产于亚洲，雄鸟的羽色亮丽，而雌鸟相对较暗。它的头为灰色，背部为棕色，眼周有一条白色的环形斑纹。

雄鸟的胸部布满了斑点

06 这种鸟的爪子长而尖，有利于它在树上栖息。雄鸟的脖子上有一条黑色斑纹。

07 这种鸟的喙为红色，它姿态优美，一生中通常只有一个伴侣。它们每年都会回到同一个巢穴，共同照顾幼崽。

雄鸟脑后的黑羽比雌鸟的长

08 黑色的喙尖、明黄色的眼睛和头上的羽冠是这种鸟的主要标志。它善于潜水，以水生植物和小型动物为食。

答案：1.加拿大黑雁 2.铲土鸭 3.翘鼻鸭 4.绿头鸭 5.鸳鸯 6.环颈鸭 7.黑天鹅 8.凤头潜鸭
9.王绒鸭 10.林鸳鸯 11.灰雁 12.白秋沙鸭 13.喇叭天鹅

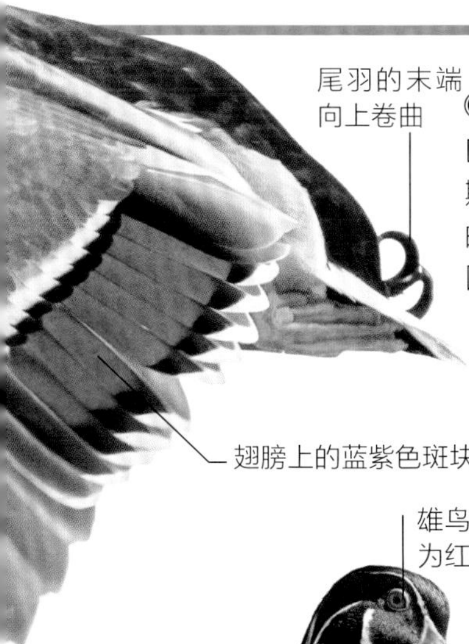
尾羽的末端
向上卷曲
翅膀上的蓝紫色斑块

⑨这种鸟分布于北极地区，繁殖期会迁移到阿拉斯加、加拿大和格陵兰岛的海岸附近。雄鸟喙部周围的颜色十分鲜艳。

头顶上的羽毛
为浅蓝色
粉棕色的胸羽

羽毛整体的颜色较暗，
边缘处为灰白色
粉色的脚

⑪这种鸟体型庞大，成年后体重可达3.3千克。它们通常成群活动，尖锐洪亮的叫声混合在一起，极为嘈杂。

雄鸟的眼睛
为红色

⑩这种鸟经常在橡树上筑巢。觅食时，它既能用喙过滤出水中的食物，也能在陆地上啄食橡子和浆果。

飞行时，它的羽冠
会紧贴着头顶
雄鸟体羽以黑
白色为主

⑫这种鸟比较罕见，喜欢在湖泊和河流边上繁殖。虽然雄鸟和雌鸟都有羽冠，但外表差异很大。雌鸟体羽以灰色为主，头部为深褐色。

自我测试

入门	黑天鹅 凤头潜鸭 绿头鸭 鸳鸯
进阶	喇叭天鹅 翘鼻鸭 灰雁 加拿大黑雁 铲土鸭
精通	**林鸳鸯** **王绒鸭** **环颈鸭** **白秋沙鸭**

⑬这些鸟的飞行能力很强，每年都要迁徙数百千米。它们成群飞行并大声地鸣叫。

喙的根部为黄色，末
端和边缘为黑色
这种鸟的翅膀强壮
有力，翼展可达2.35
米，这让它们可以乘
风飞翔

它的喙部细长，有利于捕捉猎物

01这种涉水鸟分布在欧洲、非洲、亚洲和澳大利亚等地区，它经常在浅水中扇动翅膀以惊扰青蛙、蜗牛和鱼等猎物。

它的脚趾很长，有助于它在漂浮的植物上行走

02这种涉水鸟在捕猎时能够长时间站立不动，当发现鱼、青蛙或小型哺乳动物时，它会迅速伸出头部，将喙刺入猎物体内。

它的喉咙狭窄但富有弹性，能将猎物整个吞下

03这种鸟生活在美洲，羽色鲜艳亮丽。它在浅水中低头行走的同时，会不断摆动喙。它的喙部末端宽且平，能从淤泥中过滤出昆虫和贝类等食物。

水鸟

这些鸟所获取的食物主要源自于湖泊、池塘、河流和小溪等浅水区域。它们中的大部分都非常擅长捕鱼，纵使鱼类的体表光滑，它们也能用喙将其舀起或叉起；另一些则在水中寻找昆虫和贝类，或在水边搜寻可以吃的植物。

04这种鸟分布在美洲等地，它的喙为白色，脚趾长而多肉，这使得它能够在池塘和沼泽底部正常行走而不会陷进淤泥中。

黄色的脚

深棕色的羽毛表面有一层防水的油性涂层

05这种鸟的捕鱼技艺精湛，捕猎时，它从10米处的高空俯冲而下，迅速将鱼捕获并装进喉囊。它的喉囊富有弹性，可以容纳很多条鱼。

它的喙较长，能抓住体表光滑的鱼

06这种色彩斑斓的鸟平时就栖息在水边，伺机猎食。一旦有鱼游过，它就会迅速俯冲下来，用细长锋利的喙将其抓住。

雄鸟和雌鸟都有羽冠

07这种鸟的求偶仪式十分复杂。当一对鸟跳入水中时，它们首先会充分展示脖子周围的橙黑色羽毛，然后互相赠送水草，并缓缓地摇曳起舞。

答案：1.小白鹭 2.紫鹭 3.粉红琵鹭 4.美洲骨顶鸟 5.褐鹈鹕 6.普通翠鸟 7.凤头䴙䴘 8.欧洲白鹳 9.红鹳 10.灰冕鹤 11.大麻鳽 12.黑水鸡 13.大火烈鸟

它的喙部细长，在交流时会发出"嗒嗒"的声音

08 这种鸟生活在非洲和欧洲地区，以青蛙、啮齿动物和蚱蜢为食。它的巢穴大而笨重，一般建在树上或人类的房顶上。

它的喙很灵敏，能够发现藏在泥里的猎物

09 这种涉水鸟生活在热带地区，是特立尼达和多巴哥共和国的国鸟。据说它是由于经常吃一种红色的甲壳类动物才变红的。

头上有直立的金色羽冠

喉部有红色肉垂

翅膀末端为黑色

10 这种鸟生活在非洲，以地面上的植物种子、昆虫和蜥蜴为食。它的求偶方式包括跳跃、鼓翅和鞠躬等。

它的脚趾很长，有利于分散身体的重量，不至于陷入淤泥中

它的喙较宽，并向下弯曲，有助于从水中获取食物

11 这种鸟生活在芦苇丛中，身上的条形斑纹让它能够很好地伪装自己。它在交配季节会频繁鸣叫，叫声响亮而又低沉。

12 这种鸟在世界各地的湿地甚至城市中都很常见。它的脚很大，为黄色。喙的根部为红色，而尖端为黄色。

13 这种鸟身高可达1.5米，喜欢结群生活，在浅水中捕食昆虫和虾时，它会垂下细长的脖子，并左右甩动头部。

这种鸟的脚很长，有助于它在较深的水中觅食

自我测试

入门	进阶	精通
大火烈鸟 普通翠鸟 褐鹈鹕 红鹮 粉红琵鹭	凤头䴙䴘 黑水鸡 灰冕鹤 欧洲白鹳	**紫鹭** **美洲骨顶鸟** **大麻鳽** **小白鹭**

01 这种淡水鸟脚上的瓣状肉蹼使它的步态十分笨拙。但这种蹼足能帮助它游泳，并能防止它陷入湿泥中。

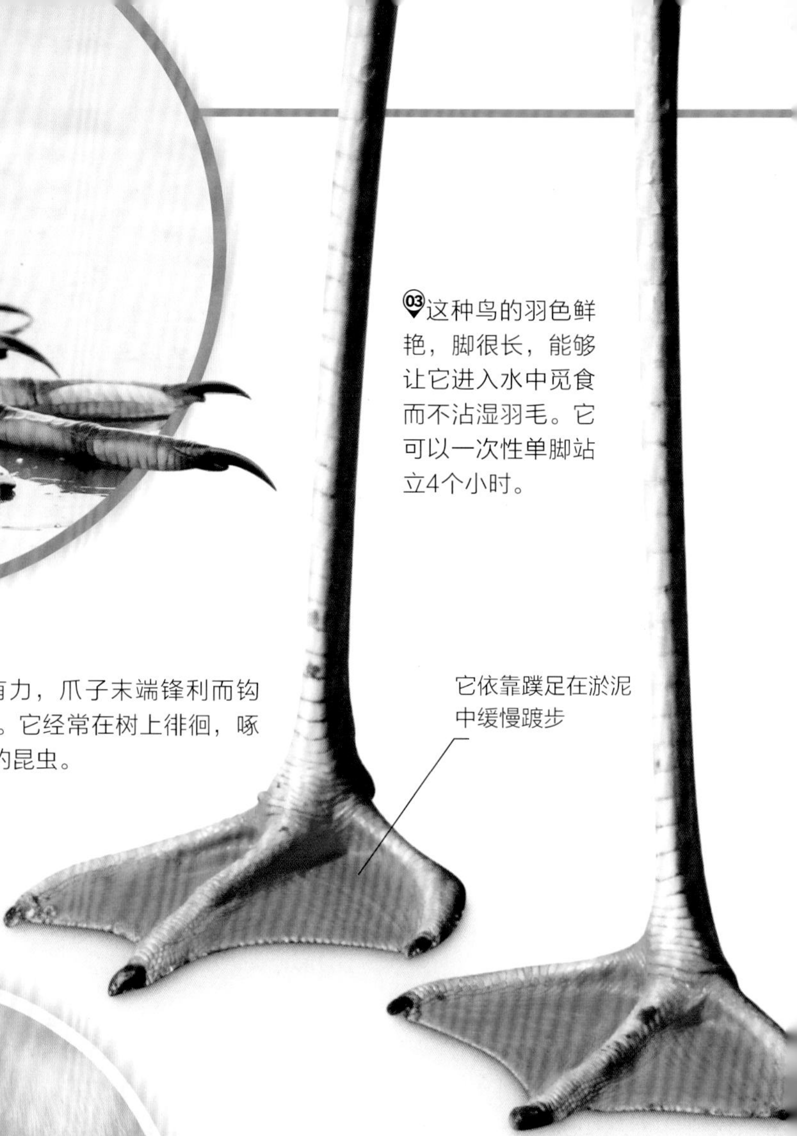

03 这种鸟的羽色鲜艳，脚很长，能够让它进入水中觅食而不沾湿羽毛。它可以一次性单脚站立4个小时。

02 这种鸟的脚强壮有力，爪子末端锋利而钩曲，能牢牢抓住树皮。它经常在树上徘徊，啄击树干，寻找可以吃的昆虫。

它依靠蹼足在淤泥中缓慢踱步

两根脚趾向前，两根脚趾向后

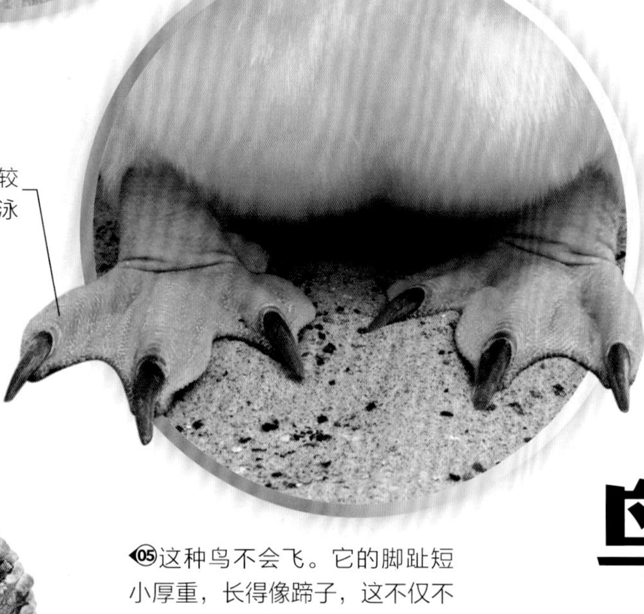

这种鸟的蹼足较宽，有利于游泳时转变方向

04 这种鸟的栖息地气候寒冷，其裸露在外的脚经常面临冻僵的风险，但它的血液循环系统十分独特——脚部冰冷的血液会吸收来自身体温暖的血液的热量，同时会降低流经脚部的血液的热量散失，从而使整个身体的热量损失降到最低。

鸟类的脚

所有的鸟都有脚，这些脚的形态千差万别。善飞的鸟不善走，因为它们的脚往往很小，也比较孱弱。涉禽通常长有脚蹼，用于游泳；而猛禽则有锋利的爪子，用于狩猎。你能通过鸟类的脚来认出它们吗？

05 这种鸟不会飞。它的脚趾短小厚重，长得像蹄子，这不仅不会妨碍其奔跑，反而让它成为世界上奔跑速度最快的鸟。它用脚挖掘植物根茎等食物，或者踢向敌人进行防御。

细长的爪子

⑥这种鸟生活在北美洲的浅水地区，它脚趾之间的距离较大，有助于分散身体的重量，这种鸟甚至能在浮水植物上行走。

⑦这种鸟的脚掌上长着多根带倒钩的利爪，能有效防止猎物滑出掌外。它的爪子还可以用来收集筑巢所需的小树枝。

锋利、钩曲的爪子能够顺利地将鱼从水中抓上来

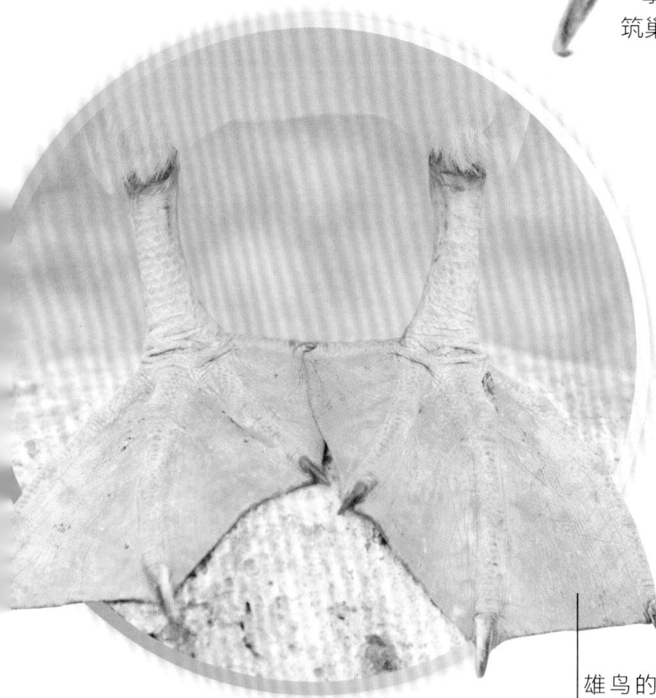

⑨这种鸟脚趾之间的薄膜，即蹼，使它的脚在水中划动时，可以像船桨一样，推动它迅速前进。它的脚也被用来孵蛋，可以使鸟蛋保温。

雄鸟的蹼足色彩艳丽，它们会不停地抬起和晃动蹼足来吸引雌鸟

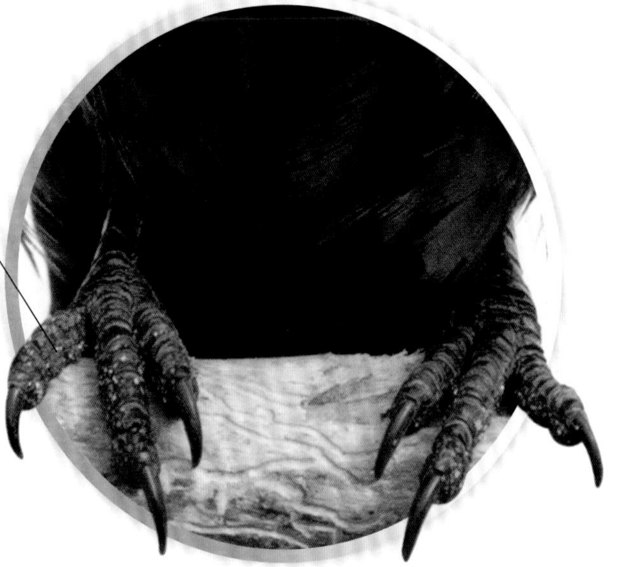

它的脚趾很长，休息时能抓牢脚下的物体

⑧这种黑色的鸟在北美洲十分常见，它是一种杂食动物，它的脚很强壮，进食时，会用脚上的爪子将食物撕碎。

脚上的羽毛能够防止它被猎物咬伤

⑩这种脚掌是专门用来杀戮的！它锋利的爪子十分强壮，可以直接捏死猎物。这种鸟通常会把猎物整个吞下去。

自我测试

入门	进阶	**精通**
鸵鸟 蓝脚鲣鸟 智利火烈鸟 金图企鹅	灰林鸮 短嘴鸦 大斑啄木鸟	**北水雉** **骨顶鸡** **鱼鹰**

01 这种鸟的头顶为黑色，常出没于较浅的咸水沼泽处，它的喙十分敏锐，觅食时，它通过在水中左右摆动喙来寻找猎物。

它的喙很长，且向上弯曲

它成年后的体高可达1.2米

02 这种鸟的喙为橙色，比较强壮，能够撬开坚硬的贝壳。它的巢穴十分简易，就是它在海边的沙砾中刨出的一个小坑。

03 这种鸟生活在北美洲，它的喙细长而弯曲，能够深入泥沙中寻找昆虫和贝类。它在飞行时会发出颤音以及类似于哨子的声音。

04 这种鸟以一种鱼的名字命名，翅膀末端为黑色，在沿海城市中甚为常见，以至于它逐渐变为了一种宠物。

它的喙钩曲，有一块明显的红色斑点

05 这种鸟的翅膀可以发挥出鳍的作用，使得它成为一名游泳高手，并能够捉到鱼。它生活在寒冷的南极地区，在冰上集体繁殖后代。

翅膀末端为黑色

海鸟

世界各地的海岸线都有鸟类居住。一些鸟离岸较近，它们在岸边的泥土和沙子里寻找食物；另一些鸟离岸较远，它们在海洋上空捕鱼，一年只在需要产卵和养育幼崽的时候飞回岸边。很多鸟都会集群繁殖，一起在陡峭的海岸边筑巢。

头颈处的浅黄色羽毛

06 这种海鸟能够以86千米/小时的速度从空中俯冲入水，并以此闻名。它的喙形似短剑，十分锋利，入水后能迅速捉到猎物。

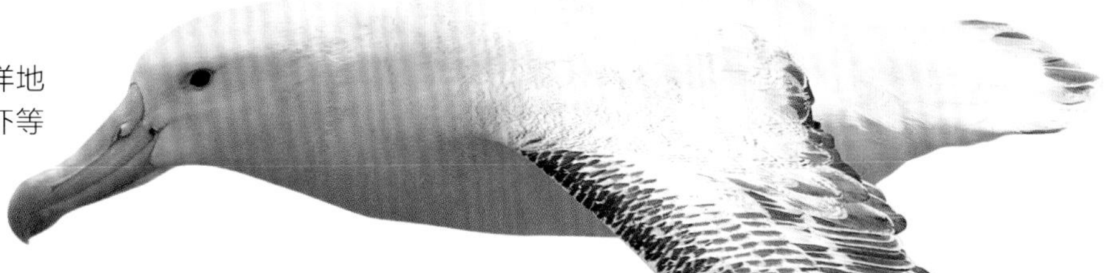

这种鸟的翅膀很长，使其能够乘着海风滑翔，为它的长途旅行节省体力

⑦这种鸟在北极和南极之间往返迁徙，每年都要飞行96 000多千米，是迁徙路程最长的鸟。

⑧这种鸟以一种大型船只的名字命名，因为它经常在海面上巡视，且一飞就是几天。它还会攻击海鸟，迫使它们吐出捉到的鱼，然后迅速吃掉。

雄鸟通过鼓起自己红色的喉囊来吸引雌鸟

自我测试

入门	红喉潜鸟 大西洋海雀 帝企鹅 漂泊信天翁 鲱鱼鸥
进阶	丽色军舰鸟 北极燕鸥 跳岩企鹅 蛎鹬 普通鸬鹚
精通	**凤头麦鸡** **北方塘鹅** **反嘴鹬** **长嘴杓鹬**

⑨这种鸟生活在南冰洋地区，以鱼、鱿鱼和磷虾等小型动物为食。它的翼展可达3.5米，是所有鸟类中最长的，它也因此可以在海面上长时间滑翔。

长长的飞羽

⑩因其滑稽的走路姿势，这种鸟被称为“海洋小丑”。它翅膀肌肉发达，可以潜到海水深处寻找食物。它的喙一次性能够衔住10多条鱼。

脚趾很长，趾间有蹼

⑪这是一种比较聪明的鸟，它会假装翅膀受伤来诱使捕食者离开自己的巢穴。由于它的叫声独特，这种鸟也被称为田凫。

它的头顶和羽冠是黑色的

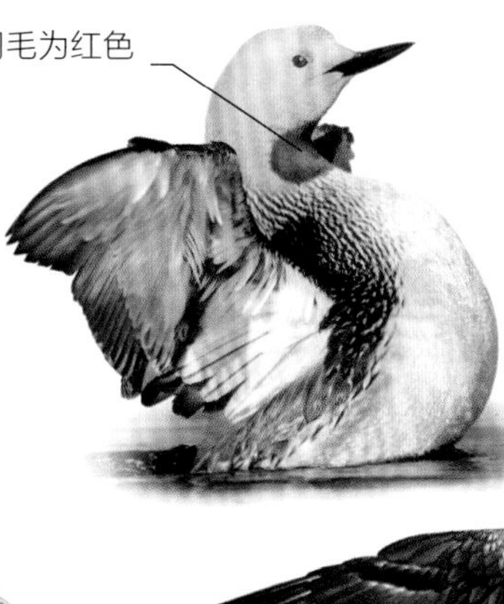

喉部的羽毛为红色

⑫这种鸟生活在欧洲地区，几乎很少登岸，可以在水下持续追赶鱼类1分钟以上。它的喙细长而锋利，在游泳和飞行时微微上扬。

黑黄相间的成簇冠羽

⑬这种鸟居住在南冰洋岛屿沿岸，与其他企鹅的行走方式不同，它跳着走，并通过大声尖叫的方式守卫领地。

它的羽毛不防水，因此它经常张开翅膀晾翼

⑭这种鸟几乎在各个大洲都有分布，它的脖子很长，为了捕鱼可以潜到水下30米处。

答案：1.反嘴鹬 2.蛎鹬 3.长嘴杓鹬 4.鲱鱼鸥 5.帝企鹅 6.北方塘鹅 7.北极燕鸥 8.丽色军舰鸟 9.漂泊信天翁 10.大西洋海雀 11.凤头麦鸡 12.红喉潜鸟 13.跳岩企鹅 14.普通鸬鹚

雄鸟有着红色的羽毛，承担着养育后代的任务

雄鸟通体为黑色

01 这种鸟生活在美洲地区，捕猎时，它耐心地在枝头等待，一旦发现昆虫靠近便迅速起飞，直接在空中将其捉住。

02 这种鸟主要以植物种子为食，它的脚强壮有力，帮助它沿着树干上下攀行。它甚至可以倒悬在树枝上。

它的喙较长，可以破开松子

03 这种鸟以其悦耳动听的叫声而闻名，在欧洲和亚洲都十分常见。它主要在地面上觅食，用喙挖出昆虫和蚯蚓等。

眼睛周围的黑色斑点

04 这种鸟因其翅膀上羽毛的颜色而得名，它以昆虫、蜥蜴等动物为食，习惯将猎物插在有刺的植物上储存起来。

雄鸟的喙部周围有明显的黑色斑块，让它看起来像戴了一个面具

05 这种鸟的体型较大，身体强壮，翼展可达1.5米。它非常聪明，善于利用各种机会获取植物种子、浆果、小动物和腐肉等食物。

它的飞羽很长，能够帮助它在空中滑翔，甚至可以不时地翻转

雄鸟面部周围的羽毛颜色较浅

06 这种鸟生活在北美洲，喙部短粗，以植物种子和昆虫为食。它的叫声尖锐，很好辨识。这种鸟有一种臭名昭著的习性——在其他鸟类的巢穴中产卵。

树栖鸟

世界上已知的树栖鸟（鸣禽）有6000多种。这些鸟的脚趾适合攀抓，有利于在枝头栖息。小至鹪莺，大到渡鸦，它们的体型差异十分显著。一些树栖鸟常通过婉转动听的叫声来求偶或标记领地。

答案：1.朱红霸鹟 2.欧亚鸲 3.乌鸫 4.红背伯劳 5.渡鸦 6.褐头牛鹂 7.紫翅椋鸟 8.华丽琴鸟 9.家燕 10.北美红雀 11.家麻雀 12.雪鹀 13.华丽细尾鹩莺

闪亮的黑色羽毛上
有白色的斑点

⑦这种鸟白天在地面上啄食昆虫，繁殖季结束后的晚上，它们会聚集在一起，在空中呼啸而过，如同一团团巨大的黑色烟云。

雄鸟在求偶时
会向雌鸟展示
自己尾部长长
的饰羽
身体的上半部
分为深棕色

⑧这种树栖鸟生活在澳大利亚，以其对声音的模仿能力而出名，它不仅会模仿许多鸟类的叫声，而且还会模仿电锯、闹钟和相机等物体发出的声音。

⑨这种鸟极善飞翔，一生中的大部分时间都是在空中度过的。它经常在建筑物的外檐用泥土垒窝，除了南极洲外，世界各地都有它的踪影。

位于鸟喙下
方的两片红
色斑块
叉形尾羽

⑩这种鸟生活在北美洲林地内较湿润的地区，身上明亮的羽色来自所吃的种子和浆果里面的化学物质。

身上的白色羽毛让
它在被冰雪覆盖
的地区能够
很好地伪
装自己
背部的棕色羽毛

⑪这种鸟在世界各地都十分常见，性喜结群，叫声嘈杂。

⑫这种鸟十分耐寒，生活在北极地区。

自我测试

入门	进阶	精通
雪鹀 家燕 乌鸫 家麻雀 渡鸦	朱红霸鹟 紫翅椋鸟 红背伯劳 褐头牛鹂	**华丽细尾鹩莺** **华丽琴鸟** **北美红雀** **欧亚鸲**

⑬这种树栖鸟生活在澳大利亚，通常结小群活动。雄鸟的头顶、脸颊和喉咙周围的羽毛为蓝色。

01 这种鸟生活在南美洲地区，雌鸟通体为棕色，而雄鸟的羽毛主要为红色和黑色，并且有着圆形的羽冠，十分漂亮。它通过点头和跳跃等动作来吸引雌鸟。

02 这种鸟的体型娇小，喙部长而弯曲，用以采食花蜜。雌鸟全身为灰棕色，雄鸟的颈部有两条颜色不同的带状斑纹。

03 这种鸟生活在东南亚地区，背部闪烁着绿宝石般的色泽，它大多数时间都生活在地上，只有在休息时才飞回树上。

04 这种鸟行动敏捷，能够在追逐蜜蜂的过程中灵活地切换方向。它每天都会吃掉数百只蜜蜂，进食前，会先折断蜜蜂的尾刺，是名副其实的蜜蜂杀手。

05 这种鸟身上有斑马纹，羽色以粉色为主。它的鸣声似“胡哼——胡哼——胡哼——”，并以此叫声命名。它在树洞内安巢，当幼崽受到威胁时，会向捕食者发射粪便。

鸟类的羽毛

鸟类的羽毛具备多种功能，除了保温和伪装，鸟类还经常用自己绚丽多彩的羽毛来相互炫耀和吸引配偶。羽毛华丽的鸟类有很多，书中仅介绍了几个例子。

06 这种鸟体长可达70厘米，是世界上最大的鸠鸽科鸟类之一。它有着亮蓝色的身体、紫红色的胸部和优雅贵气的羽冠。

答案：1.安第斯动冠伞鸟 2.南方重领花蜜鸟 3.绿背金鸠 4.欧洲蜂虎 5.胡哼哼 6.紫胸凤冠鸠 7.凤尾绿咬鹃 8.扇尾佛法僧 9.红喉北蜂鸟 10.新几内亚极乐鸟 11.七彩文鸟 12.巴拉望孔雀雉 13.红冠蕉鹃 14.紫青水鸡

⑦这种鸟生活在热带地区，雄鸟有着极华丽的外表，为了吸引雌鸟，它会向空中跃起，摇晃尾巴，表演一场精彩的空中之舞。

喙部较短，水果、昆虫，甚至是蛙类和蜥蜴都能成为它的食物

雄鸟的尾羽可以长到65厘米长，闪烁着金绿色的光泽，犹如飘逸的丝带

⑧这种鸟生活在非洲地区，它的尾羽很特别，末端宽平，看起来像一个勺子或船桨。

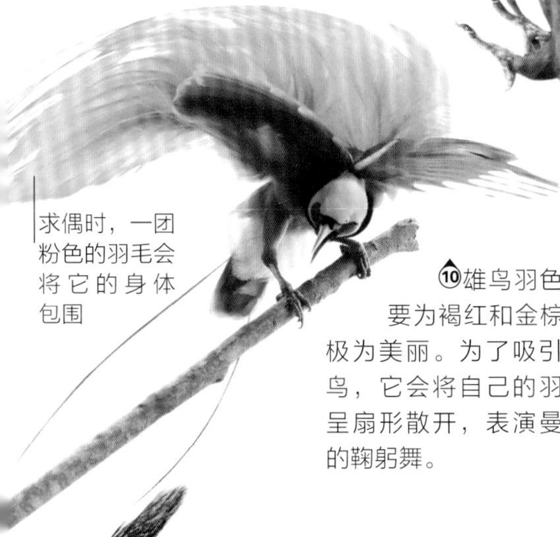

⑩雄鸟羽色主要为褐红和金棕，极为美丽。为了吸引雌鸟，它会将自己的羽毛呈扇形散开，表演曼妙的鞠躬舞。

求偶时，一团粉色的羽毛会将它的身体包围

⑨这种鸟的体型较小，仅能长到9厘米长，经常围着花朵吸取花蜜。雄鸟的喉部有一块明显的红色斑纹。

它的喙细长且笔直，用以取食花蜜

⑪这种鸟由英国鸟类学家约翰·古尔德在澳大利亚首次发现。它体色丰富，依据头部的颜色，可以将其分为红头、黑头和黄头三个品种。

⑫这种漂亮的鸟属于猎禽，仅生活在菲律宾的一座岛屿上。雄鸟有着色彩斑斓的羽毛和绿色的羽冠，它通过张开尾羽跳舞来向雌鸟示爱。

尾部亮蓝色的大眼斑点

⑬这种美丽的鸟仅生活在非洲的安哥拉地区，因其明亮的头部羽毛而得名。它经常躲在树上，一躲就是几个小时。

⑭这种鸟生活在淡水沼泽边，在水面上筑巢产卵。它有着明黄色的脚和长长的脚趾，能够在浮水植物上行走。

自我测试

入门	进阶	精通
红喉北蜂鸟 胡哼哼 欧洲蜂虎 绿背金鸠 南方重领花蜜鸟	新几内亚极乐鸟 巴拉望孔雀雉 紫胸凤冠鸠 安第斯动冠伞鸟	**扇尾佛法僧** **紫青水鸡** **红冠蕉鹃** **凤尾绿咬鹃** **七彩文鸟**

鸟巢和鸟蛋

鸟类会筑巢安置它们的蛋，在蛋孵化之前，它们需要坐在蛋的上面以保持蛋的温度；孵化后，一些幼鸟能够迅速依靠自己获得食物，而有些幼鸟则完全不具备这种能力，需要父母长时间的喂养和保护。

如何像织巢鸟一样筑巢

01. 选取一根较长的、容易弯折的青草，将它的两端分别绕着树枝打结，越紧越好，形成一个圆环。

02. 绕着圆环编草，让它变得足够结实。站上去，检查这个圆环是否可以承受你的重量。这个巢穴既要能容纳你的身体，又不能大到引起其他鸟的觊觎。

蛋的形状

鸟蛋的形状各异，尺寸更是差别极大。一些专家认为，鸟蛋的形状与鸟类的飞行能力有关。通常飞行能力强的鸟拥有流线型的身体，因此它们产下的蛋就比较尖。

椭圆形
椭圆形的鸟蛋最为常见。

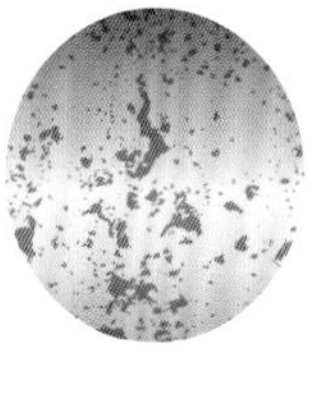

近球形
这种形状的蛋通常是由飞行能力较弱的鸟所产下的。

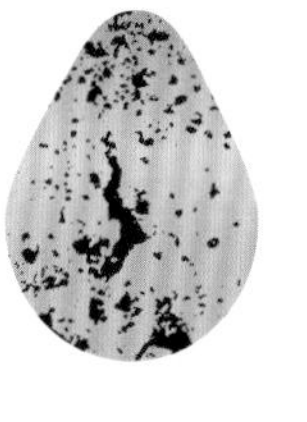

圆锥形
飞行能力越强的鸟，蛋的形状越长且尖。

鸟蛋
需要给鸟蛋保持适宜的温度，里面的小鸟才能正常地发育
刚出壳
刚出壳的小鸟身上没有羽毛，眼睛也没有睁开，只能依靠父母喂食
开始长出羽毛，并睁开眼睛
9天后
羽毛全部长出，准备离开巢穴
2周后
成鸟

长大成鸟

树栖鸟的雏鸟，需要父母不断地喂养。就像这只蓝山雀，它们只有在学会飞行之后才会离开巢穴。

难以置信

蜂鸟所筑的巢只有2.5厘米宽，比一个普通的曲别针还小，是世界上最小的鸟巢！

搬入城镇

白鹳经常出没于中欧的城市，它们在较高建筑物的房顶上或者路灯柱上筑巢。

03. 沿着圆环向上编织，让你未来的伴侣检阅，如果它接受了你的求爱，则继续编织巢穴，直到它足够结实，可以容纳你们的蛋。

集体筑巢

一些鸟类集结成群共同筑巢，以降低遭受捕食者攻击的风险。一个帝企鹅群的数量可以达到数十万只。

了不起的巢穴

银喉长尾山雀用蜘蛛网、地衣和羽毛筑巢。随着幼鸟长大，它的巢穴也在不断扩大，慢慢形成了像瓶子一样的形状。

欧洲蜂虎在沙洲上用喙和脚挖洞筑巢，这些洞最深可达1米，末端为巢室。

白腹毛脚燕经常在屋檐下筑巢。它们用喙衔来潮湿的泥土并一层层垒在一起，泥土变干变硬后就形成了巢穴。

7 哺乳动物

一起洗澡

地球上有6000多种哺乳动物。长颈鹿、斑马和羚羊等动物可以和谐地生活在一起。在纳米比亚的埃托沙国家公园，人们经常可以看到这些动物在一个水坑里共同喝水或洗澡。

哺乳动物的种类

胎盘类哺乳动物

哺乳动物中大多数都是胎盘哺乳动物。它们的幼崽已经在母体内发育完全，由一个叫作胎盘的器官供给养分。

有袋类哺乳动物

这类哺乳动物出生时发育不全，在发育完全之前，它们生活在母兽身体上的袋囊内，以母兽的乳汁为食。

单孔类哺乳动物

这类动物分布在澳大利亚和新几内亚地区，可分为鸭嘴兽和针鼹两科，它们以产卵的方式生下幼崽。

如何像猴妈妈一样养育后代

01. 在树林间跳跃时，用双臂抱紧你的宝宝，以确保它的安全。

03. 在宝宝出生的第一年里，定期给它喂奶。

哺乳动物

哺乳动物的足迹遍布世界各个角落。它们是脊椎动物，也是恒温动物，绝大多数是胎生，能够从所吃的食物中获取身体所需的热量。小到鼩鼱，大到鲸鱼，哺乳动物的种类繁多。大多数哺乳动物都长着用以保暖的皮毛。

哺乳动物的移动方式

哺乳动物的移动方式多样。因其种类不同，生存环境各异，其移动方式也大相径庭。

行走：天气干旱时，犀牛可以步行16千米寻找水源。

奔跑：跳羚是奔跑速度最快的哺乳动物之一，奔跑速度可达88千米/小时。

跳跃：更格卢鼠是一种小型鼠，但它的跳跃高度可达2.75米。

攀爬：红松鼠的爪子锋利，腿部强壮，善于在树上攀爬。

02. 经常亲吻你的宝宝，这会让它心情愉悦，但要在它淘气时加以斥责。当它足够大时，教它如何寻找食物以及与同伴交流。

最大与最小

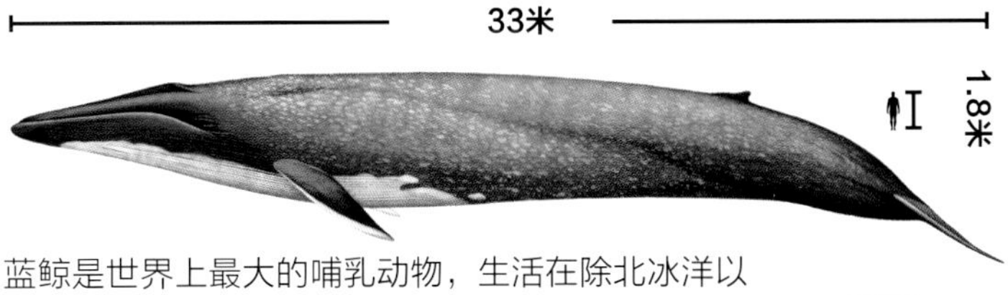

蓝鲸是世界上最大的哺乳动物，生活在除北冰洋以外的所有海域中。它的体重可达到200吨，比25头成年亚洲象还要重。

泰国猪鼻蝙蝠生活在泰国和缅甸等地的洞穴内，它是世界上最小的哺乳动物，仅比熊蜂大一点儿。

难以置信

山羊可能看起来并不善于攀爬，但是它们的蹄足坚韧，适于攀抓，能够扣住崖壁间细小的缝隙，有些山羊甚至能够爬上近乎垂直的山崖。

聪明的动物

浣熊的智商很高，它可以熟练地用手开门锁、取下玻璃罐上的盖子以及偷吃喂鸟器内的食物。

统计数据

30 000只

一只大食蚁兽每天可以吃掉30 000只蚂蚁和白蚁。

22小时

考拉一次可以睡22个小时。

8千米

一只狮子的吼声可以传至8千米远。

飞行： 狐蝠（蝙蝠的一种）的飞行速度可达40千米/小时。

滑行： 鼯鼠最远可滑行150米。

摆动手臂： 长臂猿的手臂很长，使它们能在树枝间悠荡前行。

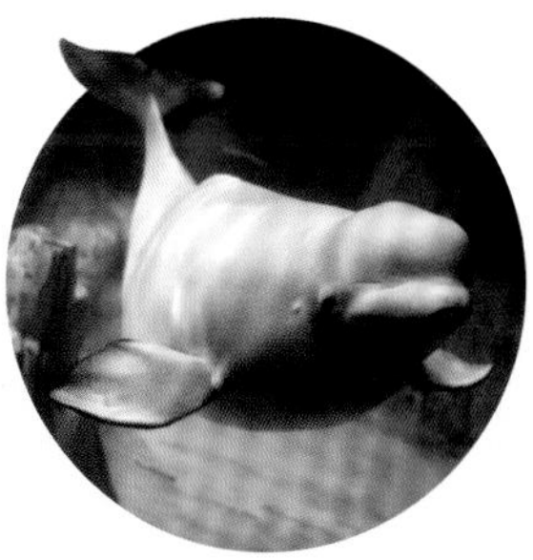

游泳： 鲸鱼的鳍形似船桨，使它们能够轻松地在水中游动。

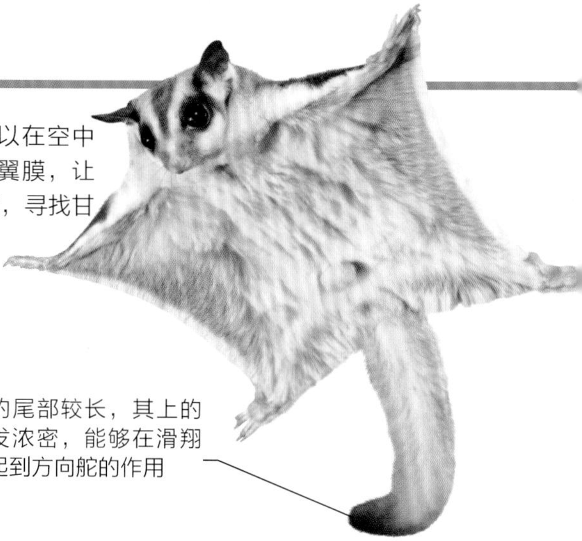

01 它是一种夜行动物，可以在空中滑翔50米。身体两侧长有翼膜，让它能够在树木之间来回跳跃，寻找甘甜的树液、花蜜和昆虫。

它的尾部较长，其上的毛发浓密，能够在滑翔时起到方向舵的作用

02 它是一种食肉动物，背部有明显的条纹，嗅觉敏锐，以白蚁为食。

细长且富有黏性的舌头能将白蚁卷入口中

03 这种动物原产于澳大利亚，臀部的脂肪和皮毛很厚，可以在桉树上连续坐数个小时，它每天都会吃1千克左右的树叶。

它的毛发十分蓬松，可以防水

它的耳朵很大，能够捕捉到昆虫移动时发出的声音，即使这些昆虫在地底下

04 这种动物外形很像兔子，大多生活在沙漠和比较干旱的地区。它能挖出2米深的坑。

它的尾巴又长又粗，能够帮助它在树上保持平衡

05 这种有袋动物生活在新几内亚的森林中，具有出色的爬树能力。它可以爬到33米高的树梢，比10层楼还要高！

尽管耳朵较小，但它的听力极佳

它的毛发较厚而且粗糙

06 这种动物生活在印度尼西亚地区，因其与熊外表相似而得名。它用爪子和尾巴在树枝间游荡跳跃。

07 它是一种草食性动物，体长可达1.15米，它的身体健壮，爪子有力，腿部肌肉发达，极擅挖洞，白天基本躲在自己所挖的洞穴里。

深色的皮毛使它能在树上很好地伪装自己

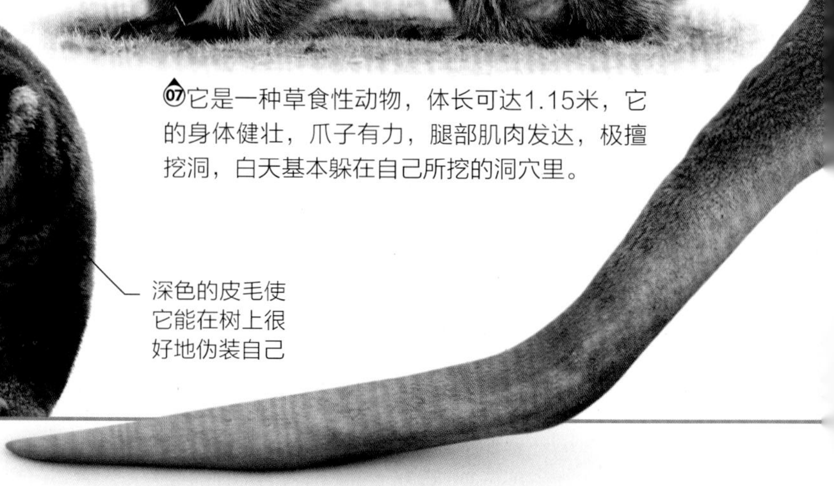

答案：1.蜜袋鼯 2.袋食蚁兽 3.考拉 4.兔耳袋狸 5.多丽树袋鼠 6.苏拉威西熊袋貂 7.塔斯马尼亚袋熊 8.负子鼠 9.塔斯马尼亚恶魔 10.红袋鼠 11.普通狭足袋鼩

有袋类哺乳动物

从爱吃树叶的“睡觉达人”到身强力壮的“跳跃健将”，有袋类哺乳动物的外表和身材差异巨大。但它们都通过育儿袋（雌兽的皮肤褶皱所形成的囊）来养育后代。它们的幼崽在身体发育完全之前，都生活在这个育儿袋内以保障自身的安全。

它的尾巴很长，能够像四肢一样抓住树枝

⓼这种动物生活在北美洲，它十分狡猾，能够通过装死躲避危险，它会将嘴巴和眼睛张开，一动不动地躺上几个小时，并散发出很浓的恶臭味。

⓽这种动物昼伏夜出，凶狠好斗，以它那张大嘴而出名，是咬合力最强的哺乳动物之一。

它的毛发很厚，能够防止自己被太阳晒伤

⓾它是体型最大的有袋类哺乳动物，体长可达2米，成年后的体重可达90千克。

它的腿强壮有力，逃跑时可以一次跳过9米以上的距离

它的尾部肌肉发达，能够推动它跳得更远，被称为“第五条腿”

⓫这种有袋动物的外表与老鼠十分相似，它的足宽较窄，尾部细长，体型较小，最多只能长到12厘米。

自我测试

入门

塔斯马尼亚袋熊
红袋鼠
考拉
塔斯马尼亚恶魔

进阶

负子鼠
蜜袋鼯
多丽树袋鼠
苏拉威西熊袋貂

精通

普通狭足袋鼩
袋食蚁兽
兔耳袋狸

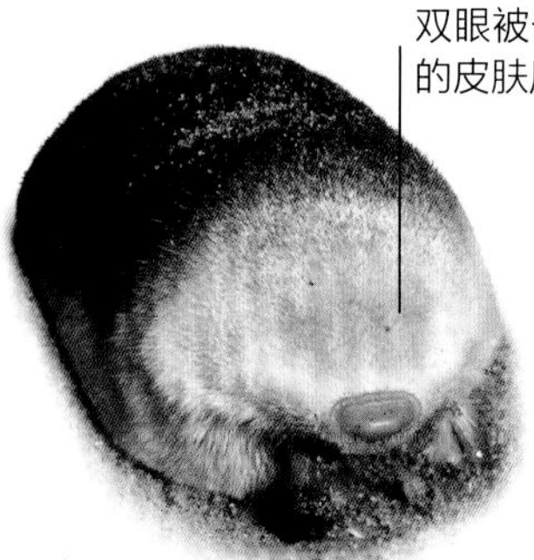

双眼被一层厚厚的皮肤所遮盖

01 这种动物生活在非洲的纳米布沙漠中，以其浅色皮毛命名。它的体型较小，只有9厘米长，爪子很宽，经常在沙漠中“游动”。

它的毛发较厚，携带大量的藻类植物使它的毛发变绿，从而能够在树木之间很好地伪装自己

02 这种动物分布于中南美洲的热带雨林里，在树上生活，被认为是世界上移动速度最慢的哺乳动物。

后腿强壮有力，能挂在树枝上

它的三个爪子向内弯曲，能够牢牢地抓住树干

皮肤表面呈鳞状，尾巴可以长到29厘米长

它的鼻子十分灵敏

03 这种毛发蓬松的动物生活在俄罗斯的荒漠，它会用一种类似尿液或腐烂大蒜的难闻气味来标记领地。

食虫动物与树懒

食虫动物为了捕食它们最喜欢的食物——昆虫，进化出了独特的身体器官。一些动物有着既长又尖的鼻子和黏性十足的舌头；一些动物有锋利的牙齿，可以咬碎坚硬的动物外壳。大多数树懒是食草动物，而一些树懒也吃昆虫。由于消化速度较慢，这些动物大都行动迟缓。

柔软的毛发

04 这种动物以其短小的尾巴命名，一生中的大部分时间都生活在地下。它通常用有毒的唾液杀死猎物。

它的毛发较短，质地粗糙，有黑色、棕色和白色的条纹

覆满黏液的舌头用以舐食猎物

05 这种动物的舌头1秒钟内能伸缩3次，因此可以在短时间内吃掉大量昆虫。它的嗅觉也十分敏锐。

答案：1.格氏荒漠金鼹 2.三趾树懒 3.月鼠 4.北短尾鼩鼱 5.大食蚁兽 6.西欧刺猬 7.星鼻鼹 8.土豚 9.九带犰狳 10.低地斑纹马岛猬

06 这种动物是菜农最好的朋友，它可以吃光菜园内所有的鼻涕虫。受到威胁时，它会将身体缩成一个带刺的球，以此来震慑捕食者。

它的鼻子十分灵敏，鼻尖长有22只触手，就像星星的光芒一样

07 这种动物的眼睛很小，几乎难以视物，它用鼻子和上面的触手探测蚯蚓等猎物，然后在1秒钟内将其吞下。

巨大的前爪能帮助它掘进白蚁丘内

08 这种动物喜食蚂蚁和白蚁。它四肢粗壮，肌肉发达，能以极快的速度在地下挖洞，用以寻找食物、充当洞穴或躲避捕食者。

皮肤上的鳞甲能防御捕食者的攻击

09 这种动物主要生活在美洲大陆的森林和草原中，全身披着一层坚硬的骨质护甲。它一天能睡16个小时，在夜间捕猎。

自我测试

入门
西欧刺猬
大食蚁兽
三趾树懒
星鼻鼹

进阶
北短尾鼩鼱
格氏荒漠金鼹
九带犰狳

精通
低地斑纹马岛猬
土豚
月鼠

又长又尖的鼻子能够帮它寻找食物

10 这种动物生活在马达加斯加岛上，周身布满了条纹，遇到危险时，会用身上的尖刺自卫。

幼兽会在母兽的背上待一年
蓬松的尾巴可以帮它保持身体平衡

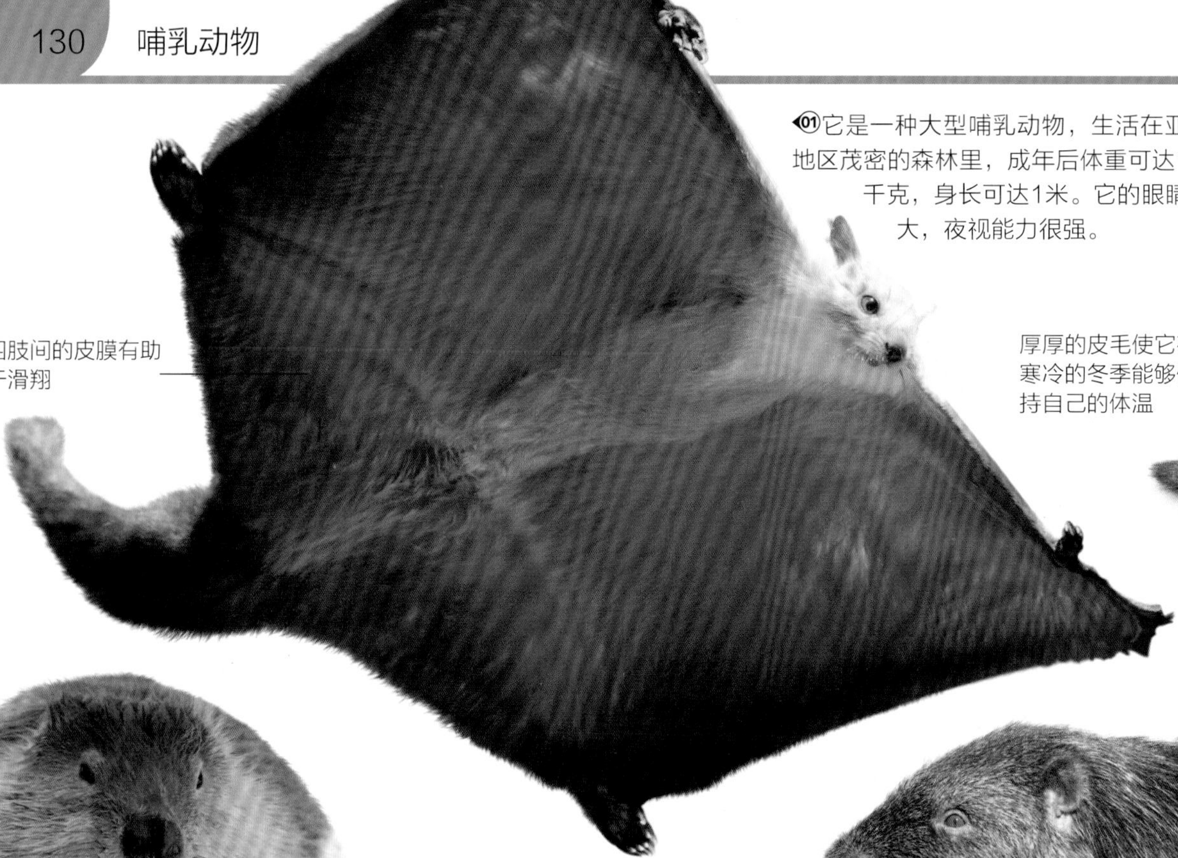

01 它是一种大型哺乳动物，生活在亚洲地区茂密的森林里，成年后体重可达1.8千克，身长可达1米。它的眼睛很大，夜视能力很强。

四肢间的皮膜有助于滑翔

厚厚的皮毛使它在寒冷的冬季能够保持自己的体温

02 它是一种独居动物，俗称土拨鼠。它喜欢在开阔的草地和农场上挖洞，洞穴规模很大，有多个“房间”。

03 这种动物十分聪慧，被称为“动物世界的工程师”，它用锋利的门牙切断树枝来建造长达500米的水坝。

尾巴呈桨状，有助于提高游泳速度

它的触须很灵敏，能帮助它在夜间找到食物

锋利的爪子主要用于防御

06 这种动物生活在南美洲的森林里，以植物的果子、嫩芽和叶子为食。它的移动速度很慢，身上有白色的斑点和条纹。

05 这种动物生活在南美洲的山区，它的耳朵很大，听力极佳，几乎没有毛发覆盖。被捕食者抓住时，它的尾巴可以自行脱落。

04 它是一种啮齿类动物，分布于世界各地，在城市中也很常见。它的触须十分灵敏，用以在黑暗中寻找食物。

它的尾巴很长，可以保持身体平衡和调节体温

07 这种动物生活在巴西和阿根廷的森林中，它的腿较长，因此跑得很快。它喜欢埋藏植物种子，但经常将这些种子遗忘，使其得以生长。

独特的黄灰色毛发

自我测试

入门	进阶	**精通**
欧亚红松鼠 褐鼠 红白鼯鼠 开普敦豪猪 美洲河狸	水豚 榛睡鼠 长耳跳鼠 旱獭	**长尾豚鼠 南美刺豚鼠 八齿鼠**

答案：1.红白鼯鼠 2.旱獭 3.美洲河狸 4.褐鼠 5.八齿鼠 6.长尾豚鼠 7.南美刺豚鼠 8.水豚 9.欧亚红松鼠 10.榛睡鼠 11.长耳跳鼠 12.开普敦豪猪

它的耳朵向后折起，能防止水流进入耳内

08 它生活在沼泽和季节性淹没草原等地区，体重可达66千克，是世界上最大的啮齿类动物。

09 这种动物喜欢在树枝间跳跃，以其浓密的毛发和蓬松的尾巴而闻名。

10 这种动物的体型较小，只能长到9厘米长，它喜欢集小群生活，以浆果、坚果、昆虫和花朵为食。

它的耳朵上有一簇毛发，会在冬天长得更长

啮齿类动物

巨大的门牙和强有力的下颚赋予这些啮齿类动物强大的啃食能力。从矮小的跳鼠到巨大的水豚，它们都披着毛皮，但形态各异。约有一半的哺乳动物是啮齿类动物，在除了南极洲之外的各个大陆均有分布。

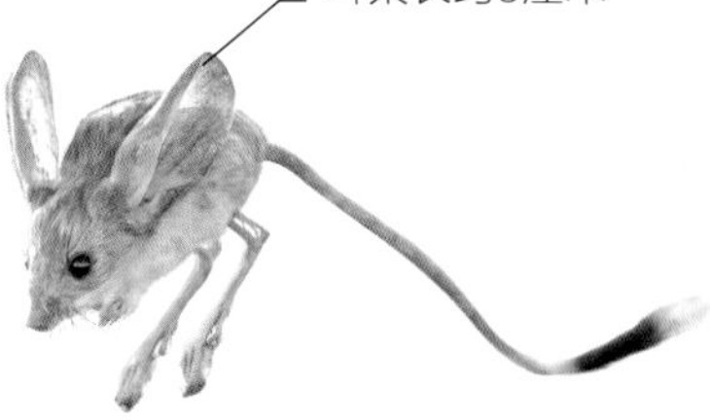

耳朵长约5厘米

11 这种动物外表与老鼠相似，只能长到9.5厘米长，但它的耳朵与身体的比例却是地球上所有生物中最大的。

12 这种动物生活在南非地区，身上长满了锋利的棘刺。遇到危险时，它会迅速竖起并抖动棘刺使之互相碰撞发出响声，然后掉转身体，倒退着攻击捕食者。

这些锋利的棘刺可以长到30厘米长

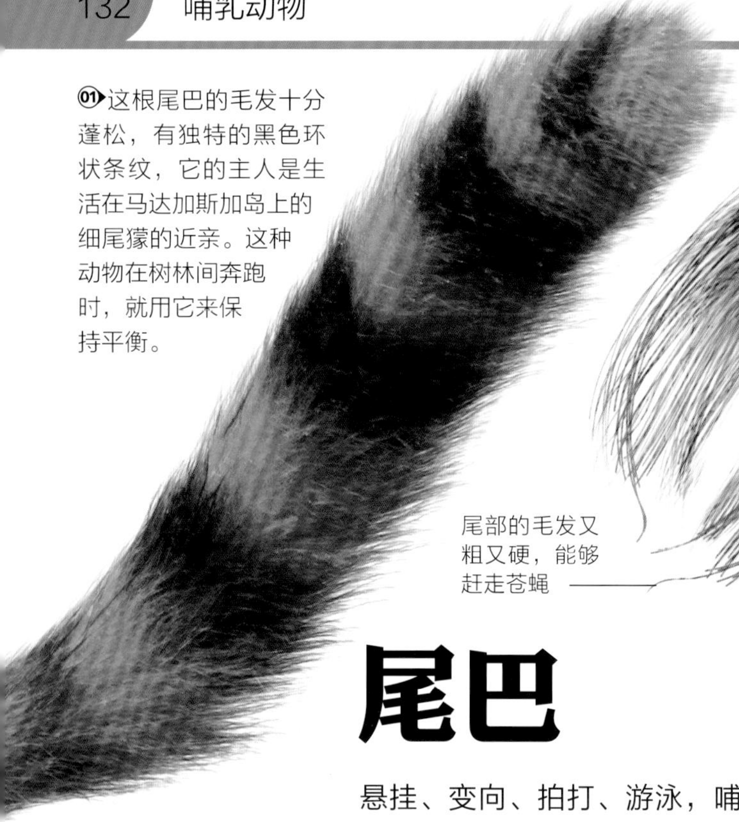

01 这根尾巴的毛发十分蓬松，有独特的黑色环状条纹，它的主人是生活在马达加斯加岛上的细尾獴的近亲。这种动物在树林间奔跑时，就用它来保持平衡。

尾部的毛发又粗又硬，能够赶走苍蝇

02 这种大型哺乳动物在兴奋或激动时，会快速地来回挥动它的尾巴。兽群移动时，幼兽会抓住成兽的尾巴以避免走失。

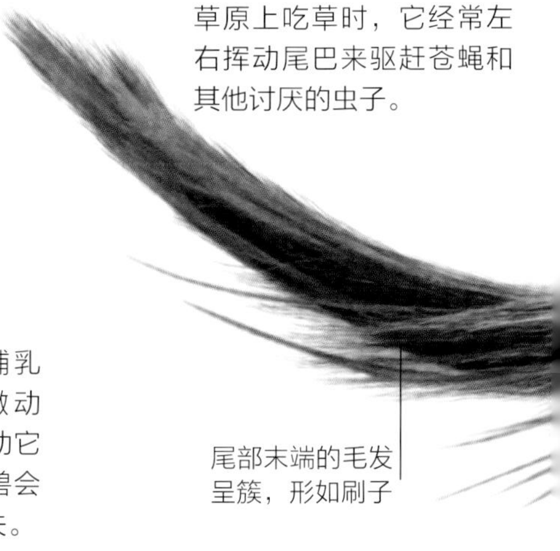

03 这种动物是马的近亲，它周身布满条纹，尾巴长且灵活。在开阔的非洲大草原上吃草时，它经常左右挥动尾巴来驱赶苍蝇和其他讨厌的虫子。

尾部末端的毛发呈簇，形如刷子

尾巴

悬挂、变向、拍打、游泳，哺乳动物可以用它们的尾巴完成上述所有动作，甚至更多。一些动物通过摇动尾巴来交流，一些动物通过甩动尾巴来驱赶昆虫，还有一些则将身体蜷缩于尾下，用以在寒冷的天气中保持体温。这些尾巴的形状、大小和功能不一，你能分辨出它们分别属于哪一种动物吗？

04 这种灵长类动物在求偶时，会将一种难闻的物质覆盖在尾巴上，然后在空中挥动。群体中尾巴上的味道最难闻的往往最有吸引力。

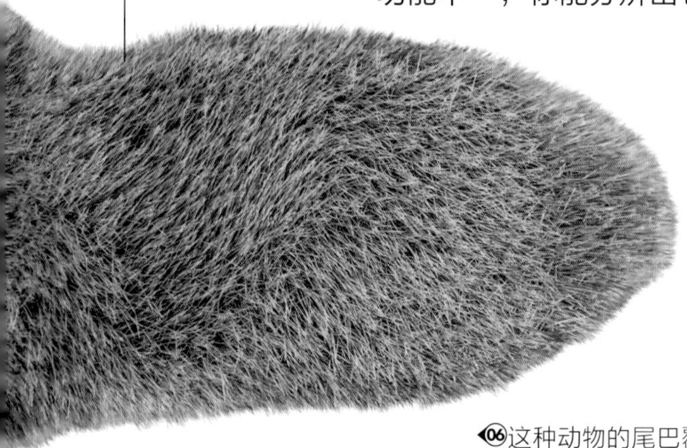

它的尾巴宽而扁平，帮助它在游泳时变换方向

05 它是一种亲水动物，用尾部储存身体内的半数脂肪，以应对食物短缺的情况。雌兽用尾巴来给蛋保温，直至它们孵化。

06 这种动物的尾巴覆盖着一层骨质硬板，遇到危险时，它将尾巴紧靠头部，缩成一团来保护自己。

长尾巴上的图案是一种警告

它可以通过用尾鳍拍打水面来与对方交流

07 这种海洋哺乳动物的尾鳍有两叶，被称为"尾片"，它用尾鳍推动身体在水中前进。

答案：1.环尾狐猴 2.非洲象 3.斑马 4.环尾狐猴 5.鸭嘴兽 6.三带犰狳 7.座头鲸 8.穿山甲 9.豹猫 10.长尾穿山甲 11.鲸于 12.美洲豹 13.灰尾鼠

08 这种动物的尾巴上长着粗壮的棘刺，当它摇动尾巴时会发出响声，以此警告捕食者远离。

尾巴上锋利的棘刺可以长到20厘米长

09 雄兽通常在排便时转动尾巴，以此来清理粪便，或是震慑对手。

它的尾巴较短，末端布满刚毛

10 它是一种有袋类动物，生活在澳大利亚。在跳跃或者战斗时，它利用尾巴保持身体的平衡或支撑地面。

这种动物的尾巴较长，且肌肉发达，可以在其缓慢移动时帮助它保持身体平衡

11 它是唯一一种尾部有成簇毛发的大型猫科动物，捕猎时可以通过尾巴向兽群传达命令。

12 它是一种啮齿类动物，昼伏夜出。它的尾巴形状扁平，覆盖着鳞片，使其能在游泳时顺利改变方向。遇到危险时，它会用尾巴拍打水面示警。

它的尾巴较粗，肌肉发达，能够在它背负重物时保持身体平衡

13 这种动物生活在美洲的森林内，主要用尾巴来交流。它将尾巴高高举起，露出下面的白色皮毛，以此提醒其他成员附近有捕食者。

自我测试

入门	美洲河狸 环尾狐猴 座头鲸 环尾獴 狮子
进阶	东部灰大袋鼠 非洲象 斑马 白尾鹿
精通	**鸭嘴兽 河马 冠豪猪 三带犰狳**

01 这种动物主要分布在婆罗洲的森林中，通常生活在水源附近，以水果和树叶为食。

雄兽的鼻子较大，向下低垂，能长到7.6厘米长

猴子

聪明、搞笑、偶尔还有点狡猾，猴子是动物世界中的"恶作剧大师"。猴子属于灵长类动物，它们四肢修长，手指灵活，喜欢摔跤、偷盗食物和在树木间奔跑。

它的眼睛较大，有助于在夜间视物

02 它的腿较长，能在树木间跳跃，是少数几种在夜间觅食的猴子之一。

03 它是一种灵长类动物，以扁平的鼻子和漂亮的毛发而得名，生活在中国海拔较高的森林内，厚厚的皮毛可以帮助它抵御寒冷。

脸部和胸部的毛发为白色

04 这种动物在整个非洲大陆都十分常见，它的体型较大，身披灰绿色的毛发，臀部上有一层没有毛发覆盖的肉垫，使其坐在树上而不会摔下去。

05 这种灵长类动物生活在南美洲的热带雨林中，以植物、水果和小动物为食。它活泼好动，被认为是最聪明的猴子之一。

头部有一缕竖起的毛发，从前额一直延伸到头顶

它的毛发闪闪发亮，会随着季节改变颜色

06 它生活在印度的森林中，大部分时间都待在高高的树冠上，是最濒危的灵长类动物之一。

07 这种动物生活在印度尼西亚的西里伯斯岛上，除了粉色的臀部外，全身都覆盖着黑色的毛发。

6周大时，它就会长出白胡子

⑧这种动物生活在非洲的丛林沼泽中，以一位法裔意大利探险家的名字命名。它成年后的身长约为54厘米（不包括尾部）。遇到危险时，它会静坐不动长达几个小时，直至危险消失。

它的尾巴很长，用于在爬树时维持身体平衡

⑩这种动物是一种小型猴子，几乎和灰松鼠一样大。它脸上的白色胡须看起来十分霸气，也让它很容易被辨认出来。

⑨这种灵长类动物以背部毛发的颜色命名，它生活在非洲的维龙加山脉，以竹子为食。

脸颊和前额上长着浓密的黄色刚毛

顶上的毛发深棕色

鼻子扁平，可以防止被冻伤

⑪这种动物由于外表像是戴了一副眼镜，也被称为眼镜叶猴。它的毛发在出生时为橙色，成年后变灰。

长长的手指有助于抓紧树枝

⑫它是世界上最小的猴科动物，成年后的体重仅有100多克。它善于爬树，会在树皮上打洞，舔食树液。

它尾巴的长度能超过体长

雄兽的胸前有一块裸露在外的红斑

⑬这种动物生活在山区，主要以青草为食。它的手指灵活，可以采摘青草和一些草本植物。成年雄兽的门牙很长，它会将其露出以警告对手。

自我测试

入门	白面卷尾猴 侏狨 金丝仰鼻猴 夜猴
进阶	长鼻猴 狮尾狒 帝狨猴 金长尾猴 橄榄狒狒
精通	**德氏长尾猴** **金色乌叶猴** **暗色叶猴** **苏拉威西黑冠猴**

答案：1.长鼻猴 2.夜猴 3.金丝仰鼻猴 4.橄榄狒狒 5.白面卷尾猴 6.金色乌叶猴 7.苏拉威西黑冠猴 8.德氏长尾猴 9.金长尾猴 10.帝狨猴 11.暗色叶猴 12.侏狨 13.狮尾狒

它的手臂较长，而且十分强壮

01▶ 这种灵长类动物也被称为白掌长臂猿，分布于东南亚地区，生活在树冠层，以水果为食。它的面部为黑色，周围环绕着一圈白色毛发。

02▶ 这种动物生活在亚洲地区，身高可达90厘米，是体型最大的长臂猿，它的叫声低沉响亮，能传到3.25千米以外。

03▶ 这种动物原产于印度尼西亚的爪哇岛，它最为人所熟知的就是其身上蓬松的灰色毛发和深色顶冠。雄兽通过大声喊叫来守卫自己的领地。

鼓起喉囊来放大声音

爬树时，幼兽会紧紧抓住母兽

强壮的颚骨肌肉靠着头骨上的背状凸起相连接

04▶ 这种灵长类动物生活在非洲，是最大的无尾猿，体重可达200千克以上，大约相当于两个半成年人的体重。雄兽通过拍打胸部来震慑敌人，以此保卫族群。

脸上裸露在外的皮肤颜色会随着年龄的增长而加深

05▶ 这种动物生活在非洲的热带雨林中，它十分聪明，可以将树枝削尖，用来戳刺藏在树洞中的婴猴。

它用四肢行走时指背关节会着地

无尾猿

无尾猿包括大猩猩、猩猩和黑猩猩等大型哺乳动物以及长臂猿等这种小型猿类。它们十分聪慧，是与人类亲缘关系最近的动物。所有的无尾猿都有对生手指（它们的拇指可与其他四指对合），以此来拾取或抓住物体。

手臂的长度可以达到体长的2倍

圆拱形的前额上长有棕色的毛发

自我测试

入门	山地大猩猩 长毛黑猩猩 银白长臂猿
进阶	西部大猩猩 倭黑猩猩 苏门答腊猩猩 东部黑冠长臂猿
精通	**合趾猿** **婆罗洲猩猩** **普通长臂猿**

06 它是一种大型无尾猿，生活在非洲中部的沼泽和低地森林中，主要以植物为食。它的颌部肌肉和牙齿非常适合咀嚼植物。

07 这种极度濒危的亚洲灵长类动物以自身的顶冠得名，毛发为金色或黑色。它可以在树木之间以56千米/小时的速度摇荡前进。

它的手指很长，能让其挂在树枝上

08 这种动物分布在东南亚地区，大部分时间都生活在高高的树冠上，它每天将树枝弯折，搭建巢穴，在白天和晚上所居住的巢穴不同。它的臂展可达2.25米。

手和脚都能抓牢树枝

雄兽的脸颊长着厚厚的肉垫，比雌兽强壮很多

09 它是一种大型无尾猿，分布在非洲中部的热带雨林地区，族群由雌兽统领，以水果、鸟蛋和昆虫为食。

10 这种灵长类动物分布在亚洲地区，毛发为红色，主要生活在树上，以树皮、水果和昆虫为食。成年雄兽脸上的胡须十分显眼。

答案：1.普通长臂猿 2.合趾猿 3.银白长臂猿 4.山地大猩猩 5.长毛黑猩猩 6.西部大猩猩 7.东部黑冠长臂猿 8.苏门答腊猩猩 9.倭黑猩猩 10.婆罗洲猩猩

浓密的毛发能帮助它保持体温

01 这种大眼睛的动物生活在非洲撒哈拉沙漠的稀树草原和干旱森林，它是一个爬树高手，经常在树间跳跃，其跳跃距离可达身长的25倍。

02 这种动物生活在非洲地区，它的掌呈钳形，爬树时缓慢平稳，几乎没有任何声响。

它的手指和脚趾为圆形，能更加牢固地抓住树枝

树栖哺乳动物

03 这种动物的眼睛几乎与大脑一样大，是所有哺乳动物中眼睛占头部比例最大的。它的眼睛由于过大而难以在眼窝中转动，但其头部却几乎可以转一整圈。

狐猴、婴猴及其近亲都是树栖灵长类动物，它们在高高的树冠上进食、睡觉、玩耍，甚至养育幼崽。其手指和脚趾很长，能牢牢地抓住树枝。它们大多数只在晚上活动，也有少数喜欢晒太阳。

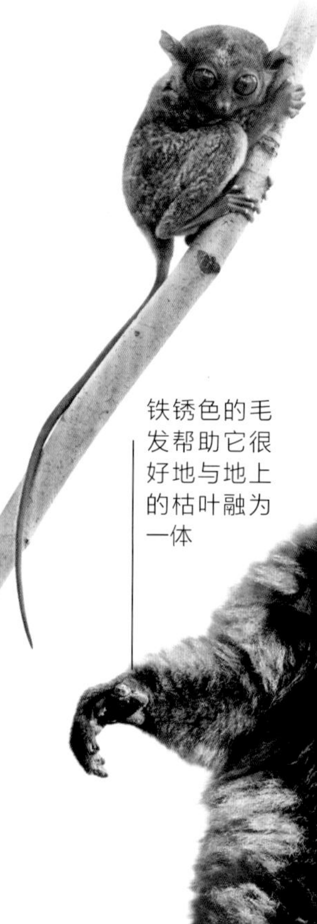

04 这种动物的口鼻部位较突出，主要以水果为食，但也吃花粉和花蜜。

铁锈色的毛发帮助它很好地与地上的枯叶融为一体

它的尾巴起着传递信号的作用，扬起时，可以让族群聚集在一起

05 这种灵长类动物来自马达加斯加，是一种群居动物。它的尾巴较长，长有黑白相间的环状条纹。

答案：1.塞内加尔婴猴 2.树熊猴 3.菲律宾眼镜猴 4.红领狐猴 5.环尾狐猴 6.黑白领狐猴 7.爪哇蜂猴 8.大狐猴 9.侏儒倭狐猴 10.粗尾婴猴

06 这种动物手指灵活，可以掰开花朵，吃到里面的花蜜。花粉会沾在其脸部周围的毛发上，之后随着它在花朵间传播。

毛发上的黑、灰、白三色斑块能够让其在树木之间很好地伪装自己

成年后的雄兽体长可达22厘米左右

脸部有毛茸茸的白色条纹

07 这种动物及其近亲生活在亚洲地区，是世界上唯一有毒的灵长类动物。它肘部所产生的油性物质与唾液混合会生成一种毒素，它会将其舔涂在幼崽的身体上来保护它们。

脸部长有白色的环状毛发

08 它的身长可达70厘米，是最大的狐猴，也是唯一一种通过气味进行交流的狐猴。

雄兽的耳朵比雌兽长

09 它是最小的灵长类动物，体长约为6.3厘米，体重仅有30克，与一节5号电池的重量差不多。

它的脚掌较大，能够牢牢地抓住树枝

穿过多刺的灌木丛时，蝙蝠般的大耳朵可以向下折叠

10 这种动物分布于非洲南部，成对或集小群生活。它的身体灵活，行动敏捷，能从空中直接捕获昆虫，是一位名副其实的捕猎专家。

自我测试

入门	进阶	精通
环尾狐猴 黑白领狐猴 红领狐猴	侏儒倭狐猴 爪哇蜂猴 菲律宾跗猴	**塞内加尔婴猴** **蓬尾婴猴** **树熊猴** **大狐猴**

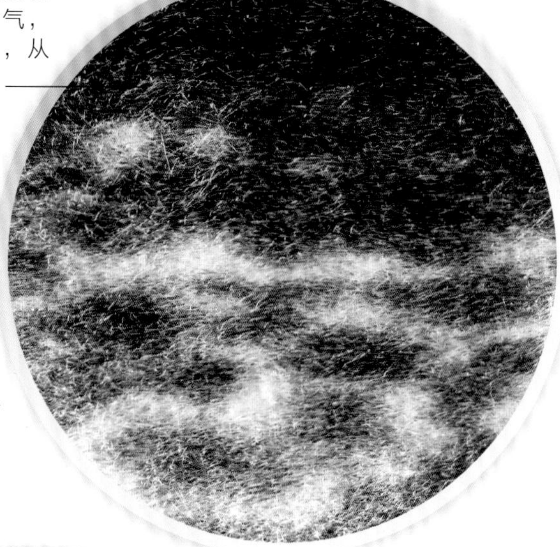
这种动物的毛发较短，能裹住空气，防止水分进入，从而保持体温

01 这种动物长有鳍肢，并有两层皮，内层较柔软，外层较粗糙，可以帮助身体抵御极度寒冷的天气。

02 这种动物的体表遍布黑白相间的条纹图案，当它们成群出现时，很容易迷惑捕食者的视线。

03 这种动物毛发表面携带着绿色的藻类植物以及飞蛾和其他昆虫。

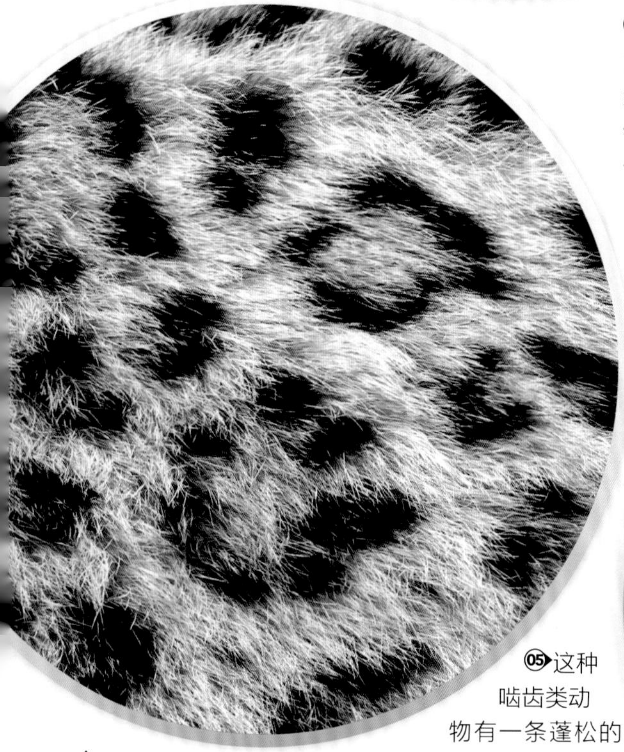

04 它是一种大型猫科动物，捕猎时，身上的玫瑰花形图案能帮助它隐藏在茂密的树林中。

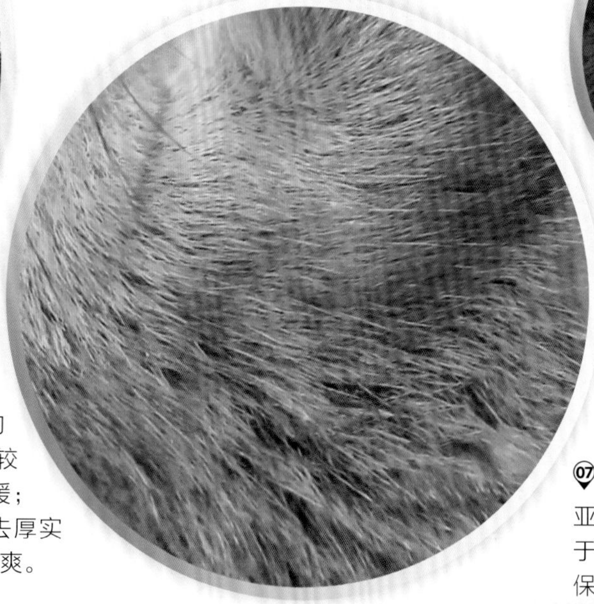

05 这种啮齿类动物有一条蓬松的尾巴。它的毛发较厚，能在冬天保暖；夏季时，它会褪去厚实的毛发，以保持凉爽。

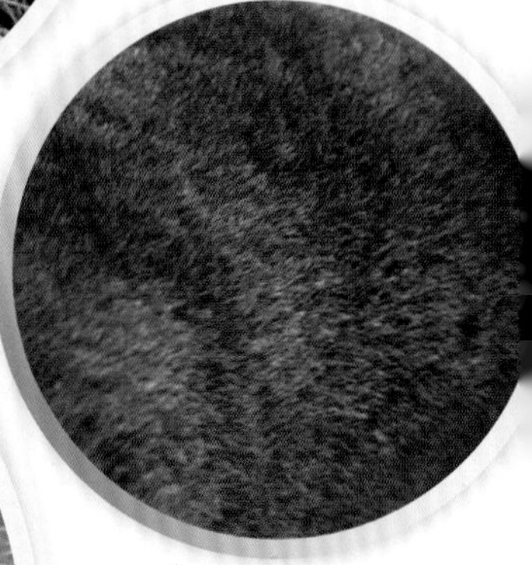

06 这种动物的体型较小，毛发短而柔软，大部分时间都生活在地下。

07 这种哺乳动物生活在澳大利亚，它的毛发短而粗糙，有助于保暖。它身上长长的棘刺能保护其免受捕食者的伤害。

自我测试

入门	进阶	精通
北方长颈鹿 斑马 猎豹 黑豹	花豹 红松鼠 欧洲鼹鼠 树懒 短吻针鼹	**小马岛猬 普通海豹 海獭 貘**

动物的皮毛

所有哺乳动物的体表都披覆着一层由角蛋白组成的毛发，这些毛发可分为绒毛、触毛和刺毛。这层毛发可以帮助它们调节体温，在不同的环境下生存。毛发上的条纹、斑点以及块状图案也能让其融入所处环境中，帮助它们藏身或者捕猎。

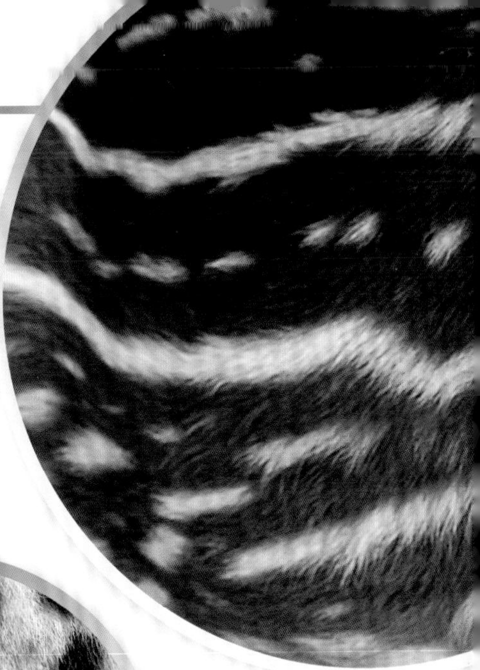

⑧这种动物幼崽的胆子较小，寻找食物时，毛发上的图案能让它隐匿在热带雨林地面上斑驳的光影中。

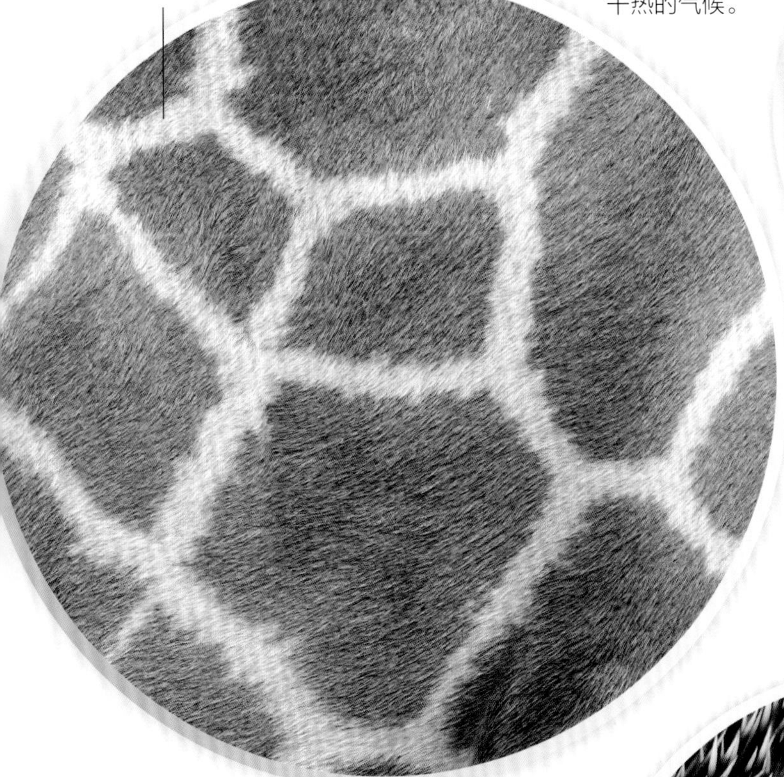

⑨这种动物生活在撒哈拉沙漠以南的非洲地区，它身材高大，毛发短而浓密，能使其很好地适应当地干热的气候。

每只个体身上的白色斑纹都是唯一的

⑩这种动物擅长短距离奔跑，它毛发上的黑色斑点是从色度较暗的底层皮肤中长出来的。

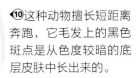

⑪它是一种大型猫科动物，生活在亚洲和非洲地区，身上的皮毛柔软光滑，斑点和玫瑰花纹在阳光下隐约可见。

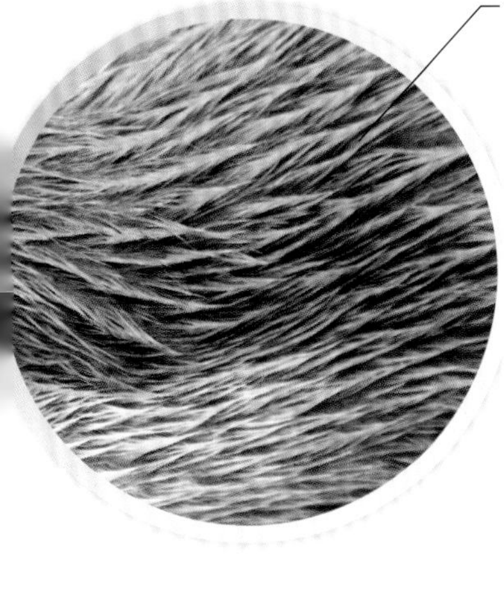

每平方厘米的皮肤上就有150 000根左右的毛发

⑫与其他海洋哺乳动物不同，它的身上没有用于保暖的脂肪层，但浓密的毛发能防水和保持体温。

⑬这种动物以一种身上长有尖刺的哺乳动物命名，它的体型较小，遇到危险时，会将身体缩成球状并露出锋利的棘刺，从而吓退捕食者。

答案：1.普通海豹 2.斑马 3.树懒 4.花豹 5.红松鼠 6.欧洲鼹鼠 7.短吻针鼹 8.貘 9.北方长颈鹿 10.猎豹 11.黑豹 12.海獭 13.小马岛猬

夜间传感器

眼睛

较大的眼睛让动物们在夜间也能清晰视物，在猎物毫无防备的情况下发现它们。跗猴的体型较小，但它们的眼睛直径约为1.5厘米，几乎与它们的大脑同样大。

耳朵

大而灵敏的耳朵能够捕捉到远处的声音或黑暗中最轻微的动静。蝠耳狐甚至能够听到地下白蚁移动的声音。

鼻子

长长的鼻子让棕熊等动物能够在夜间捕猎。棕熊的嗅觉比人类灵敏2000倍。

胡须

大型猫科动物，如狮子，能用它们的胡须在黑暗中感知周边的环境。每根胡须下的毛囊都充满着感觉细胞，能够察觉到最细微的震动。

夜行动物

当太阳落山的时候，一些夜行动物才刚刚开始一天的活动。这些夜行动物有着独特的身体构造，用于在黑暗中捕猎或逃避捕食者。从大大的眼睛到漏斗状的耳朵，这些哺乳动物有着在夜间生存所需的各种“装备”。

难以置信

熊狸是一种夜行性灵长类动物，与猫鼬有亲缘关系。它们会用尿液留下一种气味痕迹，这种味道闻起来像热爆米花。

如何像雌狮一样捕猎

01. 以小队为单位或整个狮群一起捕猎。运用你们的力量和策略，精心策划伏击，相互配合，杀死一头犀牛。

02. 隐藏在黑暗中，逆着风向接近两头犀牛，这样它们就不会闻到你的气味。

03. 和你的同伴一起悄悄靠近犀牛，至30米处散开，在发起攻击之前，先将其包围。

统计数据

15次
一只蝙蝠每秒钟可发出15次用于回声定位的叫声。

200条
一只獾每天晚上能够吃掉200条蚯蚓。

4米
巴西夜猴可以跳出4米远。

寻找食物

指猴生活在马达加斯加，是世界上最大的夜行性灵长类动物。它晚上80%的时间都用于寻找食物。它用中间较长的手指轻敲树干，聆听传回的声音，以此来探测树中的钻木昆虫，然后再将其挖出。

回声定位

蝙蝠发出声音的频率非常高，人耳难以捕捉。蝙蝠能够感知从物体（如飞蛾）反射回的声波，从而能在黑暗中发现并捕捉到猎物。这种能力叫作回声定位。

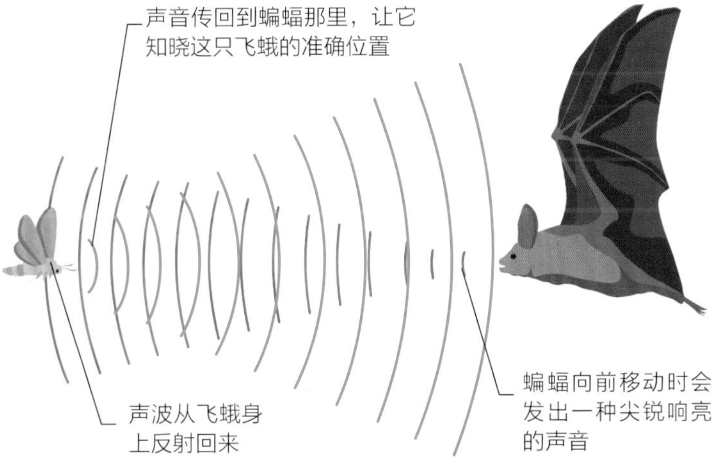
声音传回到蝙蝠那里，让它知晓这只飞蛾的准确位置
声波从飞蛾身上反射回来
蝙蝠向前移动时会发出一种尖锐响亮的声音

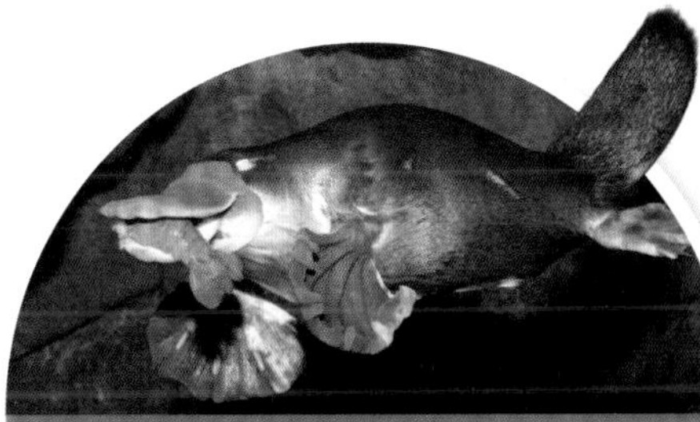

第六感之电感器官

鸭嘴兽是一种水栖动物，主要在夜间活动。捕猎时，它可以用吻部察觉到鱼类和虾等猎物所发出的电信号。

04. 将目标锁定为较弱小的犀牛。与团队成员合作，用强壮而锋利的爪子攻击，紧抓着犀牛不放，直至将其拖倒。

05. 用你大而尖利的犬齿和刀片状的臼齿割穿犀牛坚硬的皮。

06. 犀牛普遍体型较大，身体强壮，杀死它们的概率很小，但是如果足够幸运的话，你就能将其杀死，并且饱餐一顿。

入夜后的故事

土豚在晚上挖洞寻找食物。它们在15秒钟内就可以挖出一个0.6米深的洞。

小牛头犬蝠的叫声可达137分贝，比客机发动机的声音还要大。

小臭鼩的重量仅为1.8克，是最小的夜行性哺乳动物。它们以昆虫、蠕虫、蜗牛和蜘蛛为食。

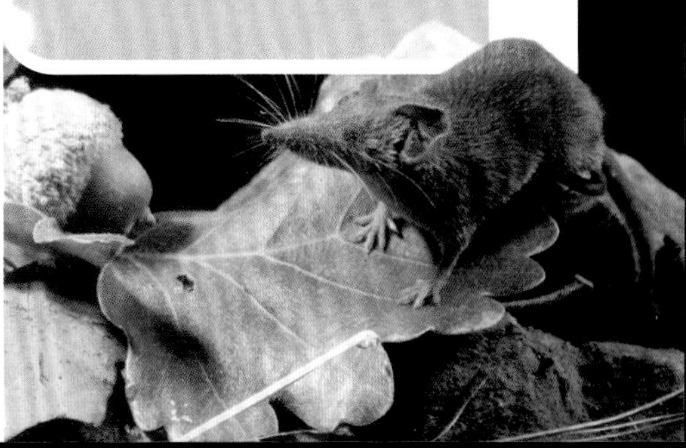

犬科动物

犬科动物因其叫声和撕咬能力而闻名，它们嗅觉敏锐、十分聪慧并且具有一定的社会性。它们中的一些可以适应炎热的沙漠或者寒冷的北极地区，还有一些会在夜深人静的时候在城市的街道上游荡。

01 这种动物的毛发蓬松，踪迹遍布北美洲、欧洲、亚洲和非洲北部等地区，它的活动范围极广，包括农田和繁忙的城市。

它厚厚的毛发能够在冬天助其维持体温，但会在夏天脱落，以防止身体温度过高

02 这种动物生活在非洲地区，经常以20只左右的群体进行合作狩猎。它的奔跑速度可达71千米/小时。

它的耳朵又大又圆，能够散热以降低体温

03 这种哺乳动物生活在亚洲地区，它的耳朵较短，呈圆形。它与狐狸的亲缘关系很近，毛发的颜色会随着季节的变化而改变，十分善于伪装。

04 它是一种体型中等的野狗，只生活在澳大利亚地区，但它的叫声却不似犬吠而像狼嚎。

它的口鼻部、脸颊和足部等身体部位有白斑

毛发短且粗糙，呈黄褐色

05 这种动物是所有家犬的祖先，曾经一度因人类的捕杀而濒临灭绝。它的腿部肌肉发达，使它能在崎岖的地面上轻松奔跑。

答案：1.赤狐 2.非洲野犬 3.貉 4.澳洲野犬 5.灰狼 6.郊狼 7.北极狐 8.鬃狼 9.金豺 10.丛林犬 11.耳廓狐 12.豺 13.埃塞俄比亚狼

07 这种动物冬天时长出的白色毛发极美，也因此闻名。它的耐寒能力极佳，能够在零下50°C的环境下生存。

口鼻部为黑色

08 这是一种犬科动物，生活在南美洲的森林里，有时会被美洲虎和美洲狮等大型猫科动物捕杀。当它察觉到危险时，身上厚厚的红色鬃毛会笔直地竖起。

它的腿极长，有利于在高高的草丛中向四周瞭望

它将自己蓬松的尾巴当成毛毯，裹在身上取暖

09 这种动物是一种食腐动物，它的口鼻部位较短，毛发较厚，因其毛发颜色而得名，所在的栖息地气候干燥。

06 这种动物生活在北美洲，通常用嚎叫的方式宣告领地主权或问候族群成员，并因此而为人们所熟知。

10 它是一种犬科动物，分布于中南美洲地区。它身材矮小却强壮，擅长游泳，甚至能潜泳，喜欢集小群生活在森林或地势较低的灌木丛中。

它的耳朵较大，能帮助它散热，在沙漠中保持凉爽

脚趾间长有不发达的蹼，能提高它的游泳速度

它的脚趾很长，能够在其快速奔跑时支撑身体的重量

它的尾巴较为蓬松，末端呈黑色

它的耳朵较尖，衬有白色毛发

11 它是最小的野生犬科动物，身体的最大长度为41厘米，主要生活在炎热的撒哈拉沙漠中。

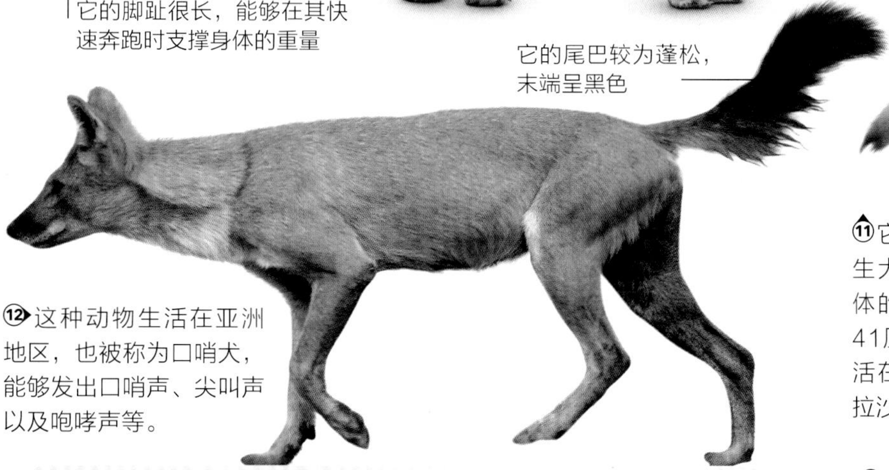

12 这种动物生活在亚洲地区，也被称为口哨犬，能够发出口哨声、尖叫声以及咆哮声等。

13 这种动物仅生活在非洲的一个国家内，是地球上最稀有的野生犬科动物。它以草鼠等小型哺乳动物为食。

自我测试

入门	进阶	精通
灰狼	非洲野犬	**豺**
赤狐	郊狼	**丛林犬**
北极狐	貉	**埃塞俄比亚狼**
澳洲野犬	鬃狼	**耳郭狐**
金豺		

它的吻部较长，有毛发覆盖

翼展可达1.5米

01 它是世界上体色最为鲜艳的蝙蝠之一，经常倒挂在香蕉树上。

明亮的橙色毛发能够阻止其他蝙蝠靠近

02 这种动物是世界上体型最大的蝙蝠之一，分布于印度和东南亚的部分地区，喜欢成群生活在森林和沼泽中。

它的鼻子为树叶状，有助于在回声定位的过程中收集声波

03 这种蝙蝠生活在中南美洲，以吸食鸟类、猪和马等动物的血液而出名。它用自己异常锋利的牙齿叮咬这些动物的皮肤，再用舌头舔舐流出来的血液。

它的毛发本为白色，当阳光透过绿色的树叶照射在它身上时呈浅绿色，有助于其躲避捕食者

04 这种蝙蝠分布于中美洲地区，栖息在蝎尾蕉属植物叶子的下方，它们啃咬树叶，使其向内凹陷，形成一个倒“V”字形。一片叶子下方最多可容纳12只这种蝙蝠。

蝙蝠

蝙蝠是唯一会飞的哺乳动物，为了适应黑暗中的生活，它们的身体结构进行了许多相应的进化，如较大的耳朵、出色的视力以及通过回声定位寻找食物的能力。夜间捕猎时，蝙蝠会发出一种频率较高的声音，当声波撞击到昆虫等物体时会产生回声，蝙蝠便以此确定这些物体的位置。

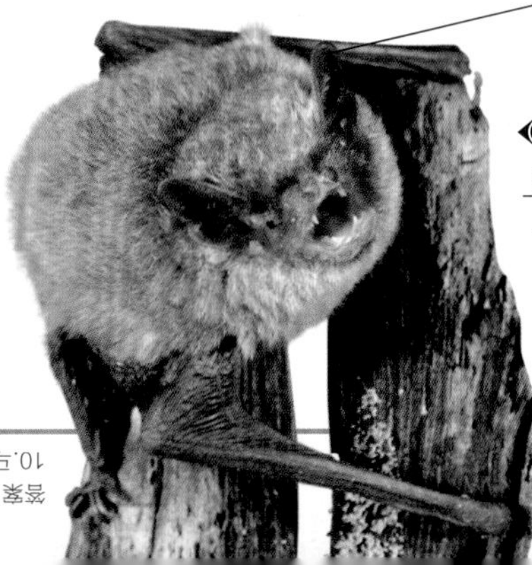

它的耳朵又宽又圆

05 这种蝙蝠是世界上最小的哺乳动物之一，体重仅为6克。尽管体型较小，但它一晚上能够吃掉3000只昆虫。

答案：1.彩蝠 2.印度狐蝠 3.吸血蝠 4.洪都拉斯白蝙蝠 5.伏翼 6.埃及果蝠 7.汤森德大耳蝠 8.大牛头犬蝠 9.澳洲假吸血蝠 10.马铁菊头蝠

它的耳朵可以独立移动，能够感知极其轻微的声响

06 它是一种会飞的哺乳动物，居住在洞穴里，最喜欢的食物是枣子、苹果和杏。

07 这种蝙蝠生活在北美洲，体型中等，耳朵很大，擅长在黑暗中捕捉飞蛾、苍蝇和甲虫。

翅膀也被用来划水

它有着明亮的橙色毛发

08 这种蝙蝠分布于中南美洲。它生活在水边，主要以鱼类为食，每晚最多可以捕获30条鱼。

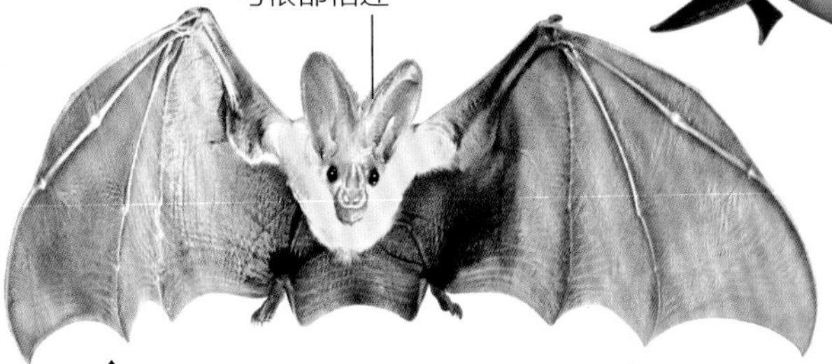

它的耳朵较大，与根部相连

09 这种蝙蝠生活在澳大利亚。它的毛色雪白，耳朵较长，翅膀几近透明。它的牙齿非常大，经常在地上寻找食物。它以蛙类、蜥蜴和鸟类为食，是一个优秀的猎手。

10 这种动物生活在欧洲和亚洲地区，像蝴蝶一样振翅飞行，经常在缝隙间短距离滑翔。它冬天在洞穴、矿井或隧道中冬眠。

裸露在外的褶皱皮肤形成了一个马蹄形的鼻叶

自我测试

入门	进阶	**精通**
洪都拉斯白蝙蝠 汤森德大耳蝠 澳洲假吸血蝠 埃及果蝠	彩蝠 马铁菊头蝠 印度狐蝠	**大牛头犬蝠** **伏翼** **吸血蝠**

01▶ 它是世界上最大的熊科动物，白色的毛发能让它在冰雪中伪装自己，厚厚的脂肪使其能在寒冷的北极冬天里生存下去。

幼崽会与母亲一起生活30个月左右 ——

位于胸前的白色斑块

02▶ 这种熊科动物有着强壮的四肢和长长的爪子，擅长攀爬，非常适合在树上生活。它分布在喜马拉雅山脉和亚洲的其他地区，主要在晚上捕食。

03▽ 它只生活在中国，是一种易危的熊科动物，主要以竹子为食，每天会花费16个小时进食，吃掉的食物可达38千克。

熊

熊，以其庞大的体型和强壮的身体而闻名，它们有着硕大的头部、短小的尾巴和强健的四肢，经常能将敌人一击毙命。

下颌与脸颊的肌肉强壮，能够帮助它咀嚼坚硬的竹子

眼睛和吻部周围有白色的斑纹

黑白相间的毛发使其能够在幽暗的森林中很好地伪装自己

04▷ 这种熊分布在南美洲安第斯山脉的森林里。它大部分时间生活在树上，主要以植物为食。

05 这种熊只生活在北美洲，它十分强壮，一只爪子就可以掀翻一块140千克重的石头。它擅长攀爬，受到惊吓时，会爬到树上。

黑色的毛发

06 这种熊的体格健壮，直立时身高可达3米。它整个夏天都在进食，体重会增加一倍；在食物匮乏的冬天，它会在洞穴里冬眠6个月左右。

毛发的末端会呈现出淡淡的银色或金色

它们的幼崽在两岁之前都和自己的母亲待在一起

07 它原产于阿拉斯加，是世界上最大的棕熊属动物，主要以鲑鱼为食，但也吃浆果、青草，偶尔也会捕食驼鹿。

它的身高可达3.25米，体重可达680千克

08 这种熊生活在印度的森林里。它用向外突出的口唇吸食蚂蚁和白蚁时，会发出很大的吸吮声，在100米以外都可以听到。

它的爪子长约8厘米，用于挖掘或掀开蚂蚁的巢穴

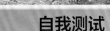

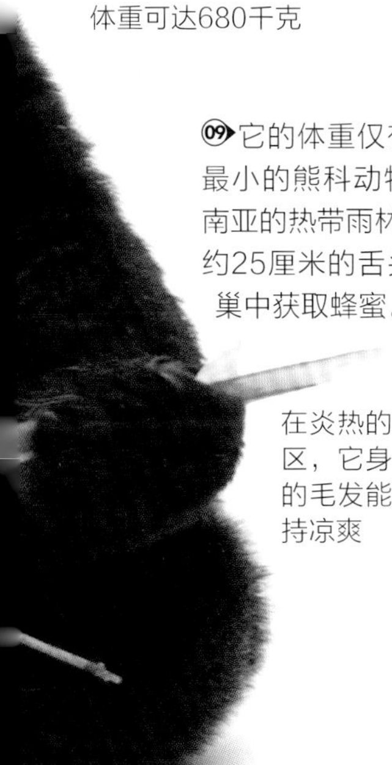

09 它的体重仅有68千克，是世界上最小的熊科动物。它生活在东南亚的热带雨林中，用长约25厘米的舌头，从蜂巢中获取蜂蜜。

在炎热的热带地区，它身上较薄的毛发能使其保持凉爽

自我测试

入门	进阶	精通
大熊猫 北极熊 灰熊	懒熊 美洲黑熊 亚洲黑熊	**太阳熊** **眼镜熊** **科迪亚克熊**

及时飞离的鸟

每只个体身上的花纹都是独一无二的

它尾部的毛发蓬松，长度可达1米

它的尾巴较长，用于在爬树时保持平衡

01 这种猫科动物生活在亚洲地区，因其毛发上的浅灰色玫瑰花形斑纹而得名。它的脚掌很大，爪子锋利，抓握能力强，能够熟练地爬树，甚至倒挂在树枝上。

02 这种猫科动物有扑马和山狮等许多个别名。它擅长攀爬，经常在夜间单独捕食，猎物包括鹿和郊狼。

它的后腿强健有力，能跳到6米高

03 这种猫科动物分布于北美洲，以其尾部而得名。它生活在茂密的丛林中，在夜间悄悄靠近并捕杀兔子、松鼠和老鼠等猎物。

短而粗的尾巴

04 它是世界上最大的猫科动物，体重可达300千克，几乎相当于四个成年男子的体重。厚厚的毛发能让它在亚洲北部漫长寒冷的冬季里保持体温。

耳朵的顶端长着一簇黑色毛发

05 它是一种濒危的小型猫科动物，原产于欧洲的西南部地区，长着十分特别的胡须。它生活在开阔的灌木丛林，以兔、鸭和雉科动物为食。

野生猫科动物

这些以肉类为食、皮毛柔软的哺乳动物可分为大型猫科动物和小型猫科动物两类。锋利的牙齿和爪子、敏锐的感官以及敏捷的身手让它们成为凶猛高效的捕食者。有趣的是，小型的野生猫科动物只会发出咕噜声，而大多数的大型野生猫科动物会发出吼叫声。

答案：1.云豹 2.美洲狮 3.短尾猫 4.西伯利亚虎 5.伊比利亚猞猁 6.渔猫 7.薮猫 8.猎豹 9.欧洲野猫 10.非洲狮

⑥它生活在亚洲的南部和东南部地区，是一种亲水性动物，身体较为强壮，位于足部的不发达蹼趾有助于其游泳或在泥泞的湿地中行走。

⑦这种猫科动物生活在非洲地区，它的耳朵较大，听力极佳，能听到啮齿目动物在地下活动的声音。它的毛色较浅，身上布满了点状和条状斑纹，使其在草原上能很好地伪装自己。

它的腿很长，有助于其捕食藏在高草丛中的小型猎物

⑧它是世界上奔跑速度最快的哺乳动物，能在3秒钟内加速到93千米/小时。它体形修长，尾部肌肉发达，在高速奔跑时可以灵活转弯，以追逐瞪羚等动作非常敏捷的猎物。

强壮有力的后腿使它跑得更快

自我测试

入门	非洲狮 西伯利亚虎 猎豹 美洲狮
进阶	伊比利亚猞猁 渔猫 短尾猫
精通	**云豹** **薮猫** **欧洲野猫**

⑨虽然外表看起来与家养的蓝猫十分相似，但它其实是一种凶猛的捕食者，经常捕捉野兔、老鼠和田鼠等小型哺乳动物。

⑩这是已知的唯一一种生活在族群中的大型猫科动物，它们的族群被称为狮群，以有蹄的哺乳动物为食。狮群由有着华丽鬃毛的雄狮负责守卫，而雌狮主要负责捕猎。

它的尾巴蓬松，有环状斑纹，末端较圆，呈黑色

01 这种濒危的哺乳动物经常进入草原犬鼠的洞穴中捕食它们。眼眶附近的面具状斑块以及足部的黑色毛发是它们的典型特征。

02 这种动物生活在欧洲，它的前爪比较强壮，非常适合挖洞。它挖出的洞穴很大，被称为獾洞。

03 这种动物体长仅为26厘米左右，虽然体型较小，但它却是凶猛的捕食者，一天之内可以吃掉相当于自身体重一半的食物。

毛茸茸的捕食者

大多数鼬科动物都是食肉动物，是杂食动物浣熊和臭鼬的远亲。尽管鼬科动物有着无害的外表，但它们却是可怕的捕食者，能够扑倒比自己大一倍以上的猎物。

04 这种树栖动物生活在中南美洲的热带雨林里，每只个体的胸前都有一个独特的浅棕色图案。

06 这种动物的身形较长，头部较尖，额前有一条白色的斑纹，主要以水果、蠕虫和各种小型动物为食。

05 这种淡水水生动物几乎在撒哈拉沙漠以南的所有非洲国家都有分布，它捕猎时的行动速度很快，最喜欢的猎物是蛙、蠕虫、鱼和蟹。

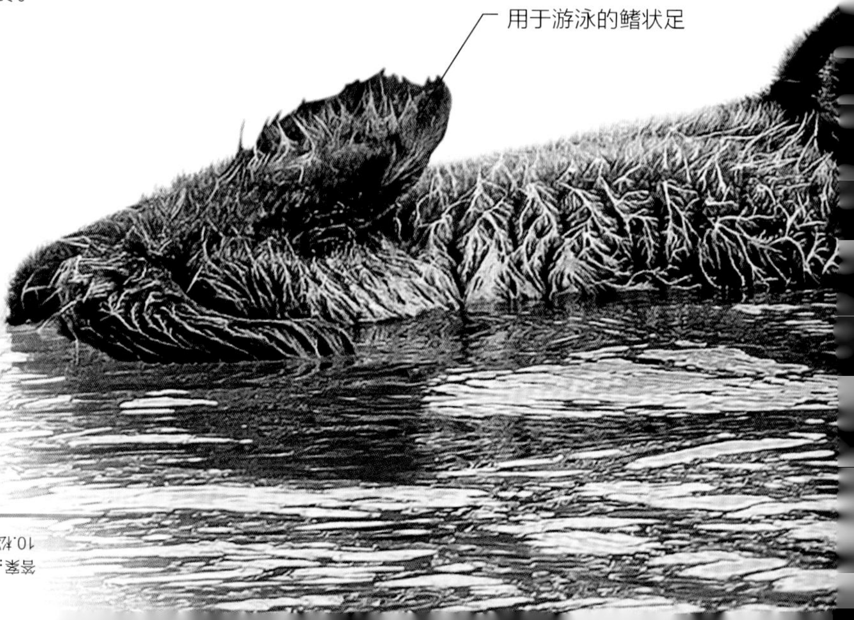

答案：1.黑足鼬 2.欧洲獾 3.伶鼬 4.狐鼬 5.非洲小爪水獭 6.大巢鼬 7.条纹臭鼬 8.狼獾 9.蜜獾
10.松貂 11.白鼬 12.海獭 13.浣熊

07 这种身上带有条纹的食肉动物能从自己的臀部向3米外的捕食者喷射出一种恶臭的物质。

它会抬起尾巴作为警告

厚厚的皮肤能够抵御蜜蜂的叮咬

宽大的脚掌能防止其陷入雪中

08 这种独居的捕食者体长可达1.5米，拥有锋利的牙齿和强壮的下颚，它可以击碎坚硬的冰块以及扑倒和驯鹿一般大小的猎物。

白色毛发能使其隐藏在冰雪中

09 这种鼬科动物喜欢寻衅打架，被认为是世界上最大胆的动物。它的咬合力惊人，能咬碎陆龟的外壳。

10 这种动物生活在欧洲各地的林区，以其喜欢的一种树的名字命名。它为抓捕猎物能在树木之间跳出6米远。

11 这种动物的体型比黄鼠狼略大，它在发起攻击前会先用舞蹈迷惑猎物。

12 它是游泳高手，经常仰浮在水面上睡觉。它可以用石头敲开海胆，吸食里面的内脏。

厚厚的毛发可以裹住空气，使其能够轻松地仰浮在水面上

长而蓬松的尾巴能帮助它在跳跃时保持平衡

13 这种北美洲哺乳动物看起来像一个蒙面大盗，它们中的许多成员都从乡村来到城镇的垃圾桶里翻找食物。

自我测试

入门	伶鼬 海獭 欧洲獾 浣熊 条纹臭鼬
进阶	狼獾 蜜獾 黑足鼬 非洲小爪水獭
精通	**白鼬 大巢鼬 狐鼬 松貂**

动物的牙齿

由于饮食习惯的不同，动物的牙齿和双颚在大小和形状上都有很大差异。食肉动物通常有着大而尖的犬齿，帮助它们将肉从骨头上撕下；食草动物则需要较为扁平的牙齿来挤压和磨碎植物；杂食动物既吃植物也吃肉，因此需要同时具备这两种牙齿。

01 这位游泳高手为获取食物会把含有磷虾的海水吸进嘴里。当它把水挤出时，相互交错的牙齿会将磷虾留在口内。

短而扁平的门牙可以用来拔出植物

02 除了人类以外，这种体型巨大、毛发蓬松的北美洲动物没有天敌，因此不需要将自己强大的咬合能力用于防御。它用自己的牙齿捕鱼和取食各种植物和水果。

它成年后的犬齿长度可达10厘米

03 斑马、羚羊和角马都是这种大型猫科动物的食物。它用强有力的犬齿将肉撕开，再用锋利的后齿将其嚼碎。

04 这种动物的牙齿比其他哺乳动物的少，它会先用舌头将草缠住，之后再用牙齿将其咬断，然后它会通过左右摆动后齿来咀嚼。

它的门齿只长在下颚

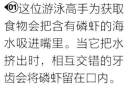

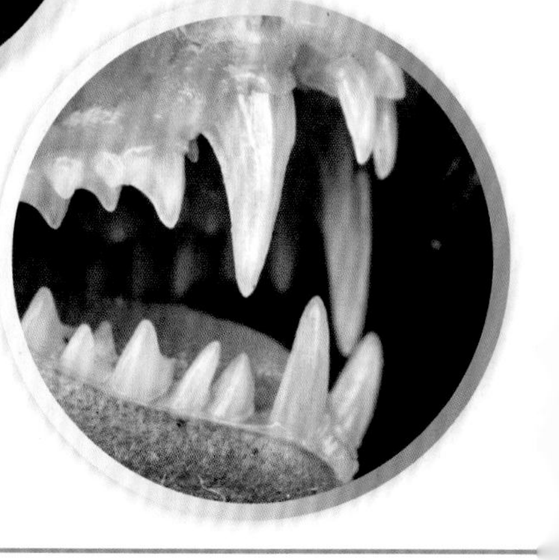

05 这种会飞的哺乳动物需要锋利的牙齿来咬碎甲虫、飞蛾和其他昆虫的外壳。

答案：1.食蟹海豹 2.灰熊 3.非洲狮 4.[illegible]牛 5.安哥拉犬吻蝠 6.斑鬣狗 7.非洲象 8.狮尾狒 9.亚马孙河豚
10.中[illegible] 11.栗色阿拉伯马 12.美洲河狸

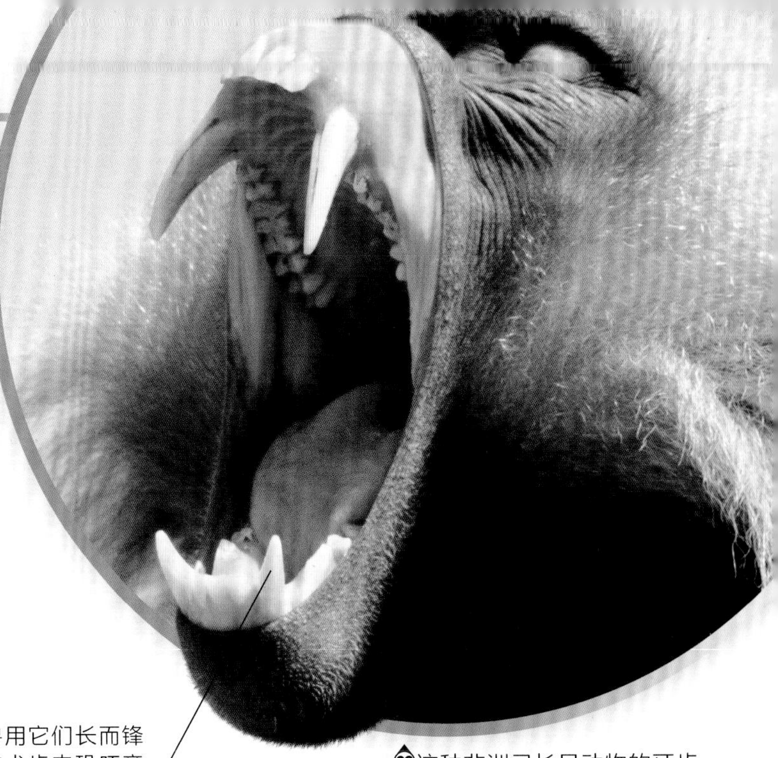

06 这种凶猛的捕食者有着强健的双颚，能够帮助它们咬碎猎物的骨头、角和蹄子。进行交流时，它会将双颚大张，看起来像是在笑。

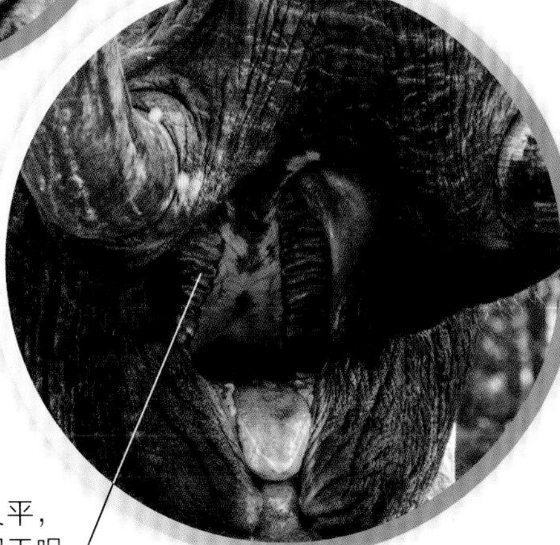

07 这种大型陆生动物大而长的牙齿是用来挖掘、战斗，以及保护它们的鼻子的。

它们的牙齿又宽又平，长在口腔后方，用于咀嚼植物

雄兽用它们长而锋利的犬齿来恐吓竞争对手

08 这种非洲灵长目动物的牙齿可能看起来像是食肉动物的，但它其实以植物为食。它生活在海拔较高的草原上，吃青草、种子和水果。

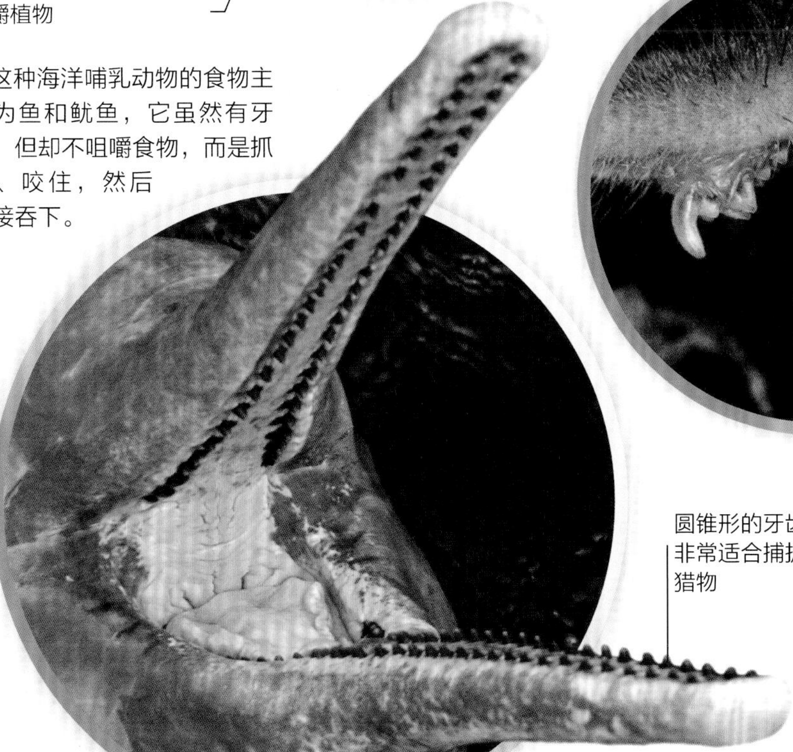

09 这种海洋哺乳动物的食物主要为鱼和鱿鱼，它虽然有牙齿，但却不咀嚼食物，而是抓取、咬住，然后直接吞下。

圆锥形的牙齿非常适合捕捉猎物

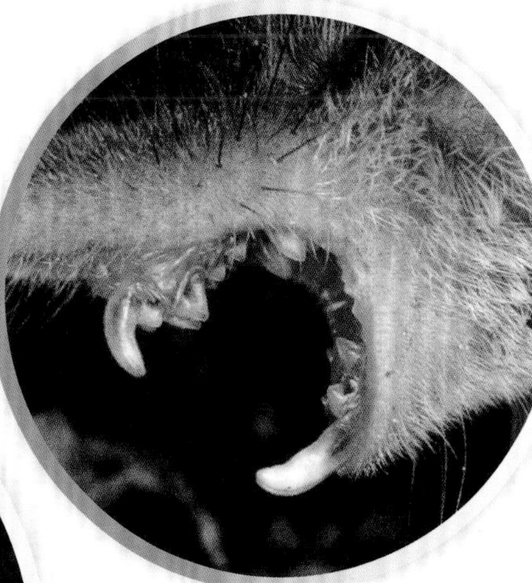

10 这种食虫动物生活在干旱的欧洲草地和林地中，它的吻部较长，门齿锋利而弯曲，用来捕捉猎物。

这种动物在年幼时会用牙齿来玩耍打斗

11 这种哺乳动物用它的牙齿抵御捕食者以及进食，它用门齿将草拔出，再用后齿将其磨碎。

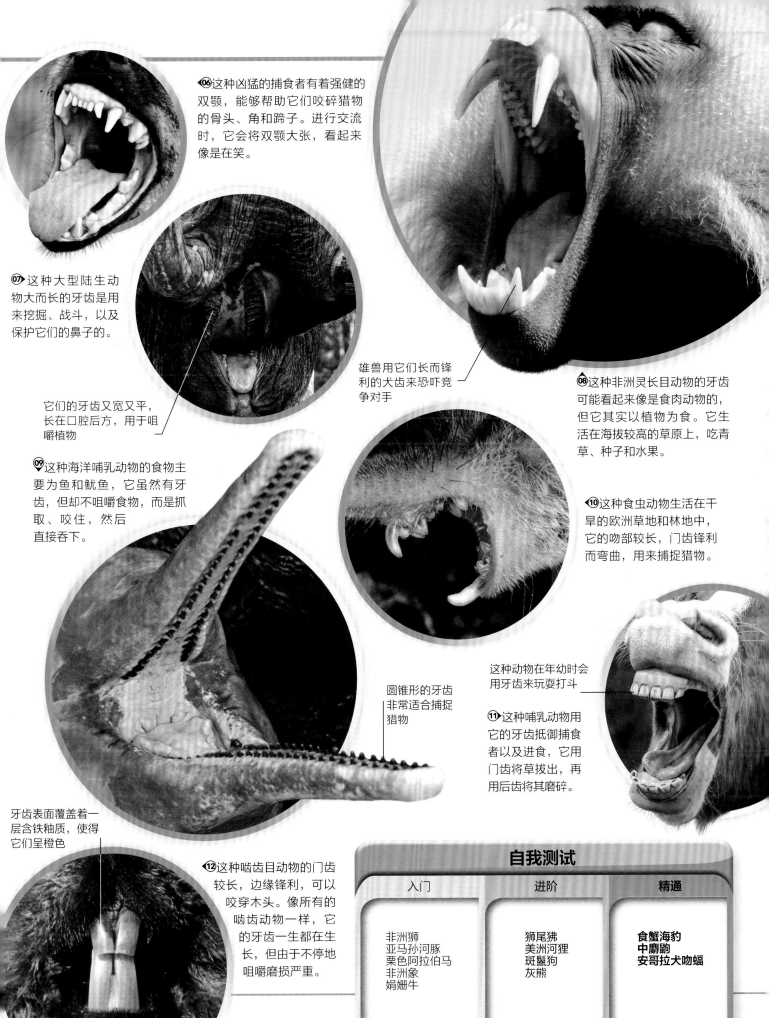

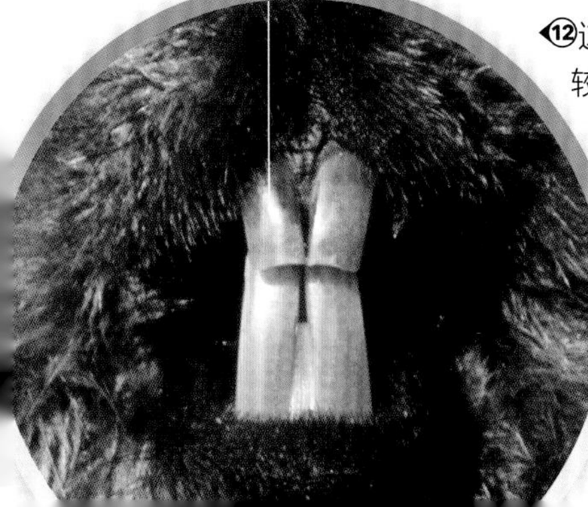

牙齿表面覆盖着一层含铁釉质，使得它们呈橙色

12 这种啮齿目动物的门齿较长，边缘锋利，可以咬穿木头。像所有的啮齿动物一样，它的牙齿一生都在生长，但由于不停地咀嚼磨损严重。

自我测试

入门	进阶	精通
非洲狮 亚马孙河豚 栗色阿拉伯马 非洲象 娟姗牛	狮尾狒 美洲河狸 斑鬣狗 灰熊	**食蟹海豹** **中麝鼩** **安哥拉犬吻蝠**

它的眼睛很大，形如杏仁

01 这种马得名于土库曼斯坦的特克人。它不仅能适应亚洲中部地区极端的环境，还拥有惊人的耐力和闪电般的速度。

较短的鬃毛
口鼻部为白色，显得十分特别

02 这种马来自蒙古，被认为是唯一一种真正的野生马。它喜欢和伴侣头对尾地站在一起，挥动尾巴，为对方驱赶昆虫。

马科动物

马科动物不仅包括马，斑马和驴也是这个家族的成员。它们的感官非常发达，奔跑速度极快，常生活在族群中，具有很强的社会性。

03 这种马原产于法国南部，成群地生活在沿海的沼泽地区。它的毛发在其出生时为棕色或黑色，四岁时变成灰色。

04 这种聪明活泼的马来自于欧洲北部的一个国家，以其特有的奔跑方式而闻名。

它的皮毛是双层的，可以抵御寒冷的天气

05 这种哺乳动物喜欢集大群生活，以青草、树叶和水果为食。它身上的条纹就像人类的指纹一样，是独一无二的，一些科学家认为，这些条纹可以迷惑捕食者。

口鼻部有一条纵向的宽白条纹

它的耳朵较大，能够使其在炎热的沙漠中保持身体凉爽

06 这种动物生活在非洲的索马里沙漠，主要以树皮、草和树叶为食，仅需少量的水和食物就可以生存。

腿上的条纹

又长又厚的鬃毛能够抵御寒冷的天气

腿的下方有像羽毛一样的毛发

07 这种动物是世界上最强壮的马之一，身高可达2.19米。几百年来，它一直被用于拉车和耕地。

08 这种来自苏格兰的马身高仅为107厘米，与其他品种的马相比体型较小，但它很强壮，可以拉动相当于自身体重两倍以上的货物。

09 这种动物来自于法国，它有着蓬松的长毛和毛茸茸的大耳朵，很容易辨别。

自我测试

入门	平原斑马 设特兰矮马 夏尔马
进阶	普氏野马 冰岛马 非洲野驴
精通	**普瓦图驴 卡马尔格马 阿哈尔捷金马**

动物的粪便

粪便是动物体内的废物，但却有着许多用途。动物们用自己的粪便标记领地、修筑防御屏障，甚至吸引配偶。从较大的团状和立方形粪便到较小的颗粒状粪便，它们的形状和大小都有很大的差异。

01 这种凶猛的动物的粪便是白色的，它经常用自己强有力的双颚撕咬动物残骸。

粪便中含有许多片状碎木和木屑

02 这种动物的粪便形如较小的椰子，也揭示了它以树皮、树枝和树叶为主的食物组成。这种毛茸茸的动物也用这些东西修建堤坝。

粪便散发出类似于桉树的味道

03 这种树栖动物的粪便是橄榄形的，它每天可排出大约360颗粪便，甚至在睡觉的时候也在排便。

粪便的形状与人类的相似

04 这种大型灵长类动物以植物为食，喜欢挑出并吃掉自己粪便中的种子，这些种子富含未被消化的植物纤维。

05 这种穴居哺乳动物的粪便外形似香肠，颜色较黑，这是由于它吃了大量的蠕虫的缘故。它的粪便里面含有种子和浆果。它会挖浅坑以充当固定厕所，因此它的粪便经常出现在较小的土坑之中。

06 这种游泳专家的粪便主要出现在水边的岩石或木头上，里面包含鱼骨、鳞片和小龙虾的残骸。

自我测试

入门	进阶	精通
象 西伯利亚虎 欧洲兔 印度犀	欧洲獾 考拉 斑鬣狗 山地大猩猩 赤狐	**欧洲河狸 欧洲水獭 大熊猫 袋熊 欧洲松貂**

答案：1.斑鬣狗 2.欧洲河狸 3.考拉 4.山地大猩猩 5.欧洲獾 6.欧洲水獭 7.赤狐 8.象 9.印度犀 10.欧洲松貂 11.欧洲兔 12.大熊猫 13.西伯利亚虎 14.袋熊

⑦这种狡猾的动物的粪便有一种浓烈、刺鼻的气味，里面含有大量毛发，也含有水果、种子、骨头碎片和青草。

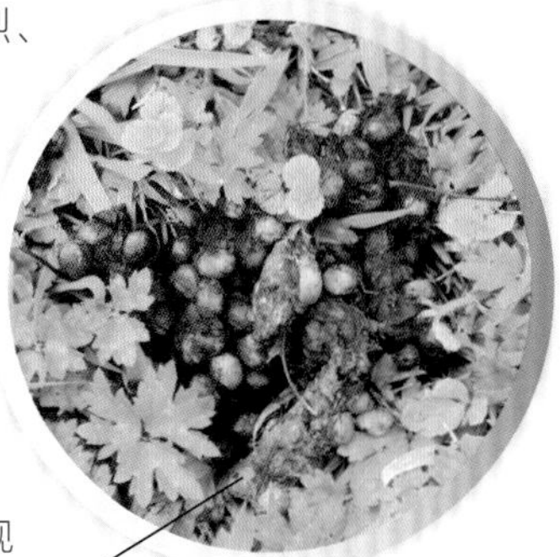

樱桃核经常出现在它的粪便中

⑧这种大型动物每天会产生大约70千克的粪便，因它仅能消化掉所摄取的少半食物，所以它的粪便中充满了未完全消化的植物残渣和秸秆。

粪便较大且潮湿，风干后会变得坚硬易碎

⑩这种善于攀爬的动物排便时喜欢扭动臀部，因此它的粪便形状也是扭曲的。粪便的颜色较暗，其中含有浆果、种子、羽毛和骨头。

⑪这种动物的体型较小、耳朵较长，它的粪便经常成堆出现。它在晚上排出可食用的粪便，甚至直接对着肛门吃粪便！

黑色的颗粒状粪便里面含有大量青草

⑨这种有角的哺乳动物的粪便既大又圆，充满了纤维状的植物残渣。它会通过踩踏和踢开粪便来散播自己的气味。

⑫这种易危动物一天能排便40次，粪便中含有大量竹子，粪便的颜色是黄色还是绿色取决于它吃的是竹子的茎还是叶。

⑬这种大型猫科动物的粪便颜色较暗，呈圆柱形，味道特别难闻，这是由于它以驼鹿、水牛和鹿等大型哺乳动物为食。

来自猎物身上的难以消化的毛发

粪便的形状使其难以滚动

⑭这是唯一一种粪便形状类似立方体的动物，这种有袋动物把粪便堆在巢穴外来标记自己的领地。

有蹄动物

这些哺乳动物的腿部较长，足部有蹄，奔跑速度较快，生活在庞大的族群中。它们的头上都长角，如鹿角，但其形状和大小都有很大差别。鹿角主要用于取悦雌性或者与敌对的雄性战斗，每年都会脱落，而其他动物的角则不会定期脱落，可用于抵御捕食者。

01 这种北极动物喜欢吃长得像苔藓的地衣——一种在寒冷的冬天也能生长的植物。雄兽和雌兽都有角，雄兽的角更大一些。

02 这种哺乳动物每年都要掉角，是唯一一种双角均分为两叉的动物。它的视力很好，可以发现5千米外的移动物体。

04 这种牛可以通过它通体雪白的颜色来辨别。公牛的体型较大，体重可以达到900千克——相当于普通摩托车重量的6倍。

03 这种野生动物能够爬上最陡峭的山峰，生活在海拔4000米以上的地区。

05 它是世界上最大的鹿科动物，来自于北美和亚欧大陆，身高可达2米。与其他的鹿不同，这种鹿通常单独生活。

06 这种动物有着直立的环斑角，它的角最长可达到76厘米。为了在炎热的沙漠中存水，它会将自己粪便中的所有水分提取出来。

蹄上有白色的带状斑纹

07 这种体型庞大的动物生活在亚洲的喜马拉雅山脉，它的毛发较长，为双层，可以忍受低至-40°C的温度，御寒能力极强。

前面的两只角比后面的稍短

08 这种胆小的动物来自于亚洲地区，有着橙红色的毛发和短小的尾巴。

黄褐色的毛发

09 雄鹿有着华丽、多叉的鹿角，用于与其他的雄鹿进行激烈的战斗，从而在交配季节赢得雌鹿的芳心。

腿部发达的肌肉能够提升它的奔跑速度和灵活度

它的耳朵较大，能够在炎热的天气中保持身体凉爽

10 这种动物生活在非洲北部的沙漠中，可以长时间不喝水。由于腿部比较长，快速奔跑对它来说非常轻松。

11 这种北美洲动物体型庞大，奔跑速度可达60千米/小时。在交配季节，雄兽会用它们宽大的头部相互撞击，展开激烈的争斗。

整个交配季节，雄兽们都在争斗

12 这种非洲哺乳动物以其黑色的毛发而得名，尾巴与马尾相似，用来驱赶苍蝇。随着季节的变化，它们穿越非洲的平原，数以百万计地成群迁徙。

鼻梁上长着较长的黑色硬毛

自我测试

入门

赤鹿
白帕克牛
驯鹿
四角羚

进阶

驼鹿
黑角马
美洲野牛
野山羊

精通

叉角羚
多加瞪羚
家牦牛
阿拉伯大羚羊

答案：1.驯鹿 2.叉角羚 3.野山羊 4.白帕克牛 5.驼鹿 6.阿拉伯大羚羊 7.家牦牛 8.四角羚 9.赤鹿 10.多加瞪羚 11.美洲野牛 12.黑角马

猪

猪科动物喜欢在泥里打滚，这是因为它们基本上不会出汗，这样可以降低身体温度，而且泥浆也能减轻阳光和蚊虫对它们的伤害。大多数猪有着强壮的吻，用以挖掘食物，一些猪有着弯曲的獠牙。猪与其近亲西貒分属不同的科，但它们都是偶蹄类哺乳动物。

01 这种猪科动物生活在非洲的丛林中，它修建的巢穴宽3米、高1米，用于生育后代。它的獠牙十分锋利，根部位于下颌，可以达到7厘米长。

02 这种野生的哺乳动物分布于欧洲、亚洲和北非，是家猪的祖先。它的奔跑速度很快，可达48千米/小时。

03 这是世界上唯一一种会迁徙的猪。它为了寻找食物，有时会组成200只左右的大群，共同迁徙500千米。

颌部长着坚硬的胡须

公猪的獠牙长约35厘米

04 这种林地动物的体重可达272千克，是世界上最大的野生猪科动物。它两只眼睛下方的皮肤上各有一个巨大的疣突。

它的嘴部和下颚周围的皮毛上有着独特的白色斑块

05 这种动物来自于中南美洲地区，它们会集成100只左右的群体共同活动，能够使用灵活的吻部来寻找水果、坚果和蜗牛等的踪迹。

答案：1.薮猪 2.野猪 3.婆罗洲须猪 4.大林猪 5.白嘴西貒 6.普通疣猪 7.侏儒猪 8.领西貒 9.红河野猪 10.苏拉威西鹿豚

背上的鬃毛较长，受到威胁时会自动竖起

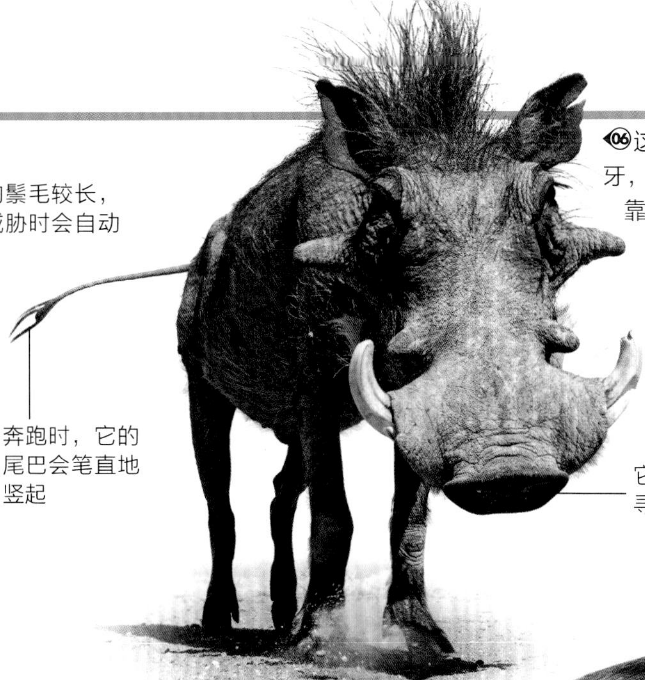

奔跑时，它的尾巴会笔直地竖起

06 这种动物生有两对獠牙，分别长在脸的两侧，靠上的牙较钝，用于自我防御，靠下的牙较为锋利，用于挖掘植物根茎。它脸上的疣突可以在战斗中发挥软垫的作用。

它的吻部十分灵敏，用于寻找可口的植物根茎

小到几乎看不见的尾巴

07 它原产于印度，成对或在家庭族群中生活，身高仅为30厘米，是世界上体型最小的野猪。

耳朵长而尖，末端有明显的白色成簇毛发

受到惊吓时，小猪会装死

08 这种动物生活在美国南部及墨西哥，通过喷鼻息、尖叫、吼叫和低声咆哮等方式进行交流。

09 这种猪身上的毛发主要为橙红色，喜欢在池塘和小溪里打滚。它的奔跑速度很快，也很擅长游泳。

发较短，让它的皮肤起来像是赤裸的

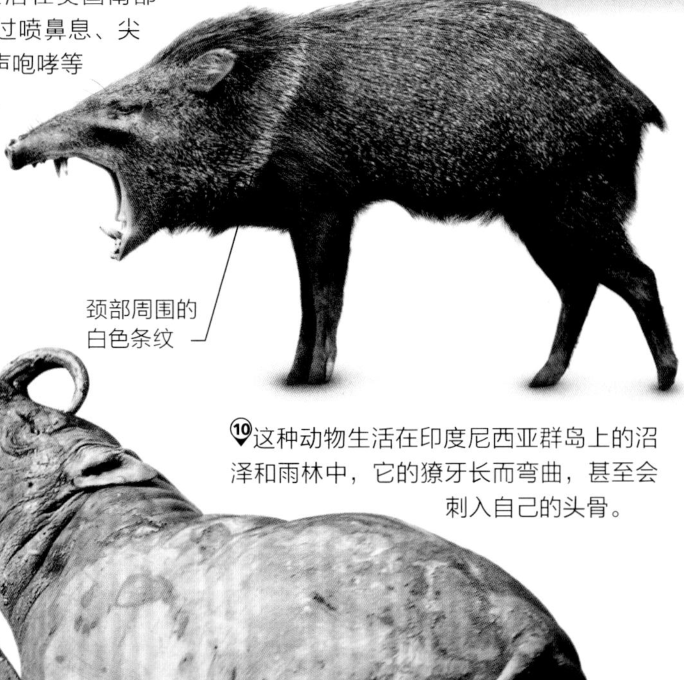

颈部周围的白色条纹

10 这种动物生活在印度尼西亚群岛上的沼泽和雨林中，它的獠牙长而弯曲，甚至会刺入自己的头骨。

两个巨大的
驼峰

它的角被毛发覆
盖，用于打斗

较厚的毛发可以帮
助它对抗极冷和极
热的天气

02 这种动物原产于非
洲，以金合欢树叶为
食，一天能吃下重达
45千克的食物！

01 这种哺乳动物来
自于亚洲的戈壁沙
漠，一次可以喝下
57升水。

03 这种骆驼科动物
生活在南美洲的山
区，会通过向捕食者
吐口水来自卫。

身上的斑点为浅
棕色，边缘笔直
平滑

皮毛的颜色从白色到
棕色或黑色不等

04 这种被驯化的
动物以其柔软蓬松的
毛发而闻名，常集群
生活在海拔4000米以
上的地区。

脚上的软垫能
够让它在陡峭
的地面上平稳
行走

足部的斑
点逐渐褪
变成白色

蹄足与驼峰

无论是在炎热的沙漠和草原还是极冷的高山，包括骆
驼、大羊驼和羊驼在内的骆驼科动物与长颈鹿科动物都
能够很好地适应极端的气候环境。有些动物的驼峰很
大，可以储存脂肪，而有些动物的蹄子很宽，可以防止
它们陷进沙砾或细沙里。

膝关节很大，
有助于支撑它
庞大的身体

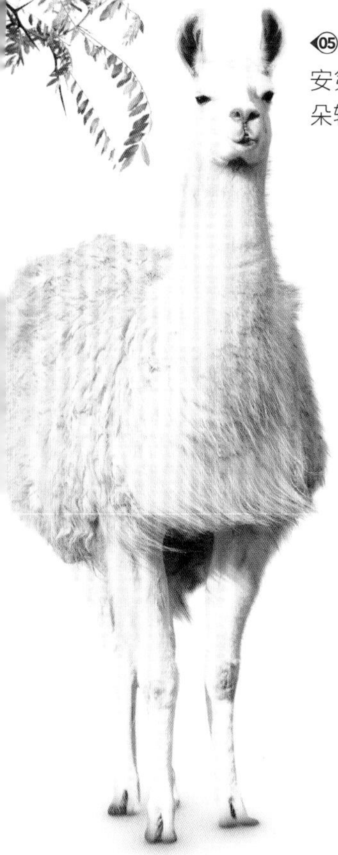

⑤这种被驯化的骆驼科动物生活在安第斯山脉，身高约为1.75米，耳朵较长，形似香蕉，听力极佳。

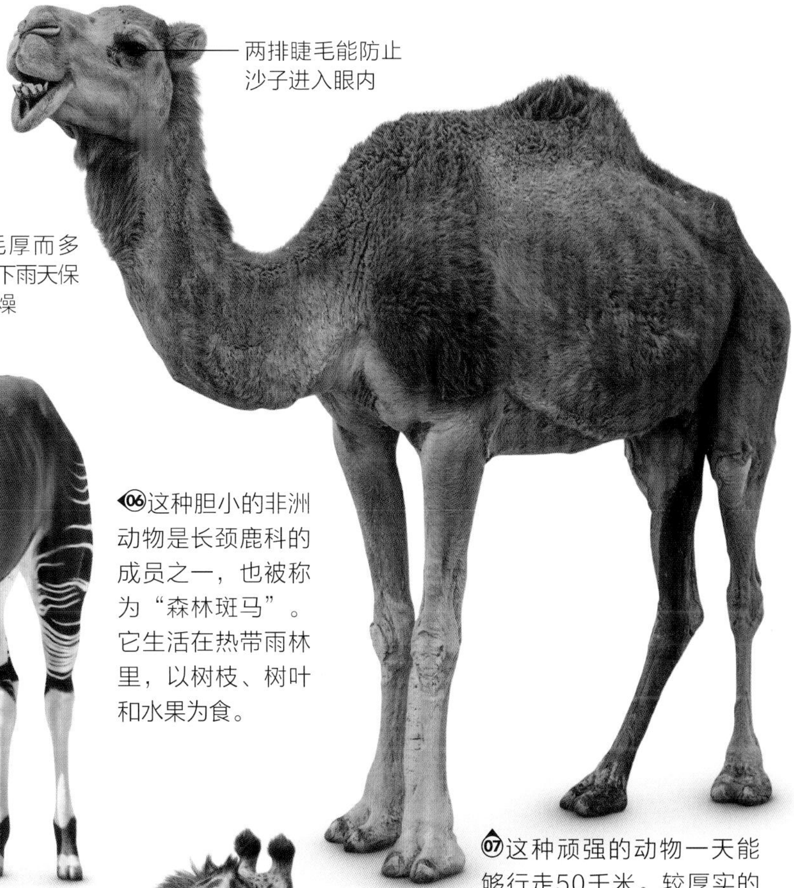

两排睫毛能防止沙子进入眼内

⑦这种顽强的动物一天能够行走50千米。较厚实的嘴唇能够帮助它取食坚硬多刺的沙漠植物。

它的皮毛厚而多脂，能在下雨天保持身体干燥

每条腿上都有白色的条纹

⑥这种胆小的非洲动物是长颈鹿科的成员之一，也被称为“森林斑马”。它生活在热带雨林里，以树枝、树叶和水果为食。

⑧这种南美洲动物成年后的身高仅为90厘米，是最小的骆驼科动物之一。它体态优美，脚步轻盈，能很好地适应丘陵起伏的地势环境。

刚出生的幼崽身高就可以达到2米

皮肤上深棕色的叶状斑点

⑨这种哺乳动物的身高可达5.5米，是地球上最高的动物。它每天只需要睡5~30分钟。

自我测试

入门	大羊驼 双峰驼 马赛长颈鹿
进阶	羊驼 单峰驼 北方长颈鹿
精通	**驼马** **原驼** **霍加狓**

海洋哺乳动物的种类

鲸目

鲸目海洋哺乳动物包括鲸鱼、海豚和鼠海豚等，它们一生都生活在海洋中，定期浮出水面呼吸。

鳍脚目

这些拥有鳍状足的哺乳动物包括海豹、海狮和海象。鳍脚目动物们来到陆地上，通常是为了繁殖或躲避捕食者。

海牛目

海牛目动物主要生活在植物茂盛的热带水域，包括海牛和儒艮两科。它们的体型较大，移动缓慢。

裂脚目

北极熊和海獭这一类靠海而生的哺乳动物以肉食为主，它们都有分开的脚趾。

如何成为海豚群体中的一员

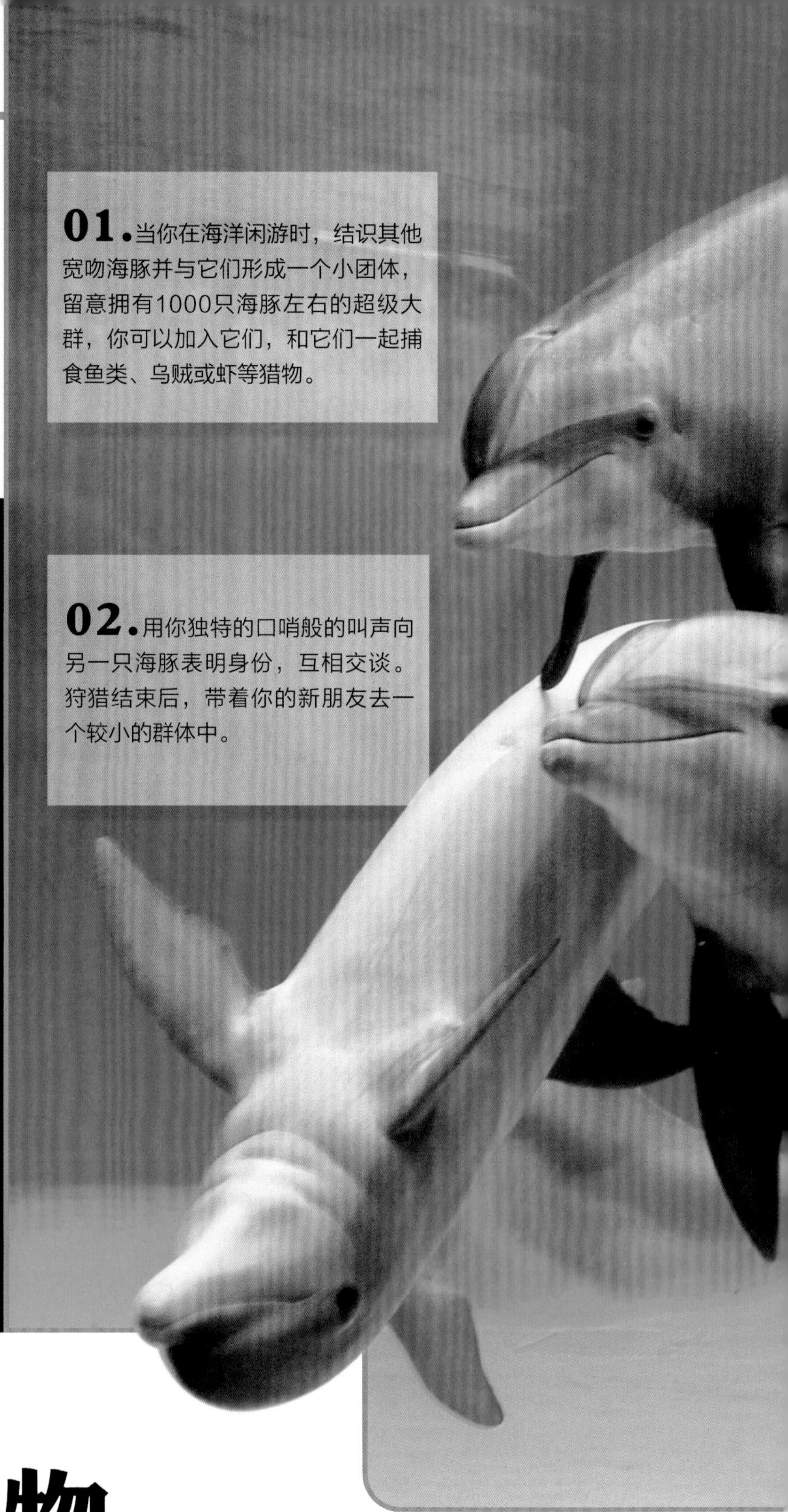

01. 当你在海洋闲游时，结识其他宽吻海豚并与它们形成一个小团体，留意拥有1000只海豚左右的超级大群，你可以加入它们，和它们一起捕食鱼类、乌贼或虾等猎物。

02. 用你独特的口哨般的叫声向另一只海豚表明身份，互相交谈。狩猎结束后，带着你的新朋友去一个较小的群体中。

海洋哺乳动物

海洋哺乳动物是海洋的主人，它们胎生幼崽，并用自己的奶水哺育幼崽。与其他海洋生物不同，海洋哺乳动物没有鳃，需要回到水面呼吸。

难以置信

科学家们认为弓头鲸是现存哺乳动物中寿命最长的，可以活到200岁以上。

海洋哺乳动物趣闻

宽吻海豚在睡觉时始终会有一侧的大脑持续工作，以提防捕食者。

髭海豹的幼崽是游泳健将，在出生的几小时内就能潜到水面下200米深。

北极熊的皮肤为黑色，但透明的毛发会反射光线——这就是它的毛发看起来是白色的原因。

加利福尼亚海狮(如图)喜欢玩耍，人们经常可以看到它们在海上冲浪。

03. 作为一种社会性动物，你要和朋友们出去闲逛，找时间玩耍，互相追逐、冲浪，最好能在水里吹巨大的泡泡圈。

坚持住！

海獭把海藻或大型海草缠绕在自己身上，以避免在睡觉时被洋流带走。

奔向远方

座头鲸是迁徙路程最长的哺乳动物之一。有些鲸需要从寒冷的极地水域（觅食地）迁徙到温暖的热带水域（繁殖地），其游动的距离超过38 000千米。

— 迁徙路径

主要的繁殖地（冬季）

主要的觅食地(夏季)

可能的非迁徙永久居住地

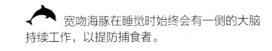

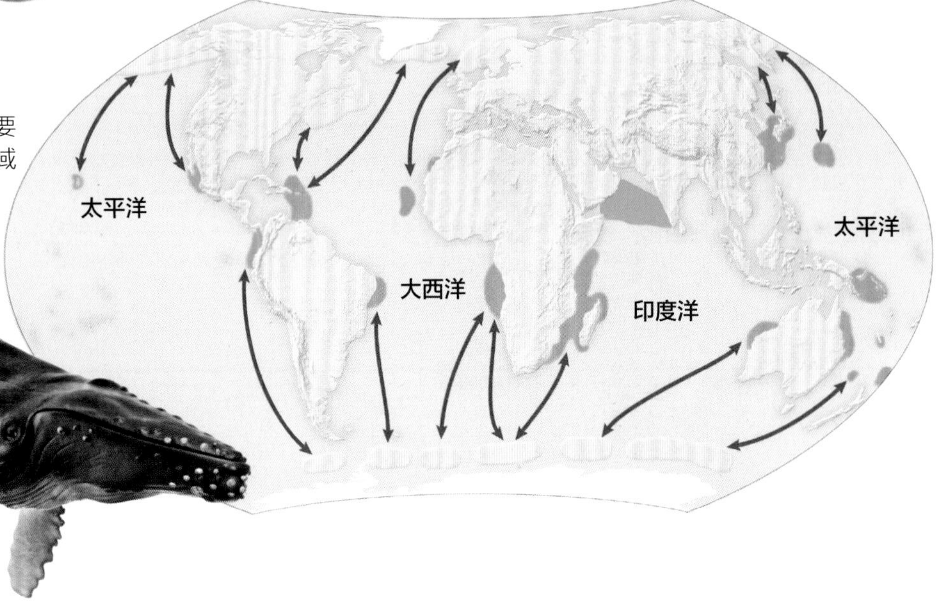

01 这种毛茸茸的动物在布满岩石的海滩上繁殖后代，它们通过身侧后方的鳍肢“行走”，主要在夜间猎食。

它的毛发较厚，能裹住空气，从而保持体温

02 这种哺乳动物的眼睛较大，口鼻部较短，它的毛发短且粗糙，有助于提高游泳速度。敏锐的视觉能帮助它在南极地区被浮冰覆盖的幽深水域中发现并捕获鱿鱼。

幼崽刚出生时的皮毛为深棕色

雄兽身上的带状白色宽纹更为明显

03 这种动物独居或集小群生活在北太平洋和北冰洋地区，用鳍肢上的爪子在冰面上快速滑行。

浓密、灵敏的胡须被用来寻找食物和探测捕食者

04 它的游泳速度极快，能以35千米/小时的速度在水中迅速前进。

通过拍打鳍肢来交流

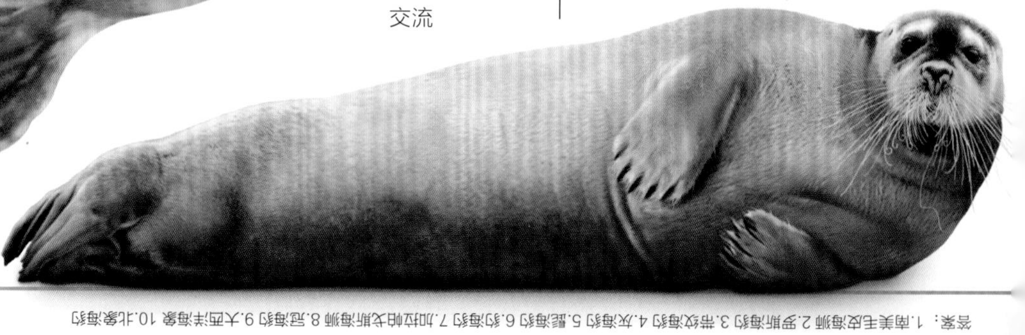

05 这种北极动物因其脸上长而浓密的胡须而得名。它用胡须在海底寻找蛤蜊和其他无脊椎动物。

自我测试

入门

- 北象海豹
- 灰海豹
- 大西洋海象
- 豹海豹

进阶

- 冠海豹
- 髭海豹
- 带纹海豹

精通

- 南美毛皮海狮
- 罗斯海豹
- 加拉帕戈斯海狮

答案：1.南美毛皮海狮 2.罗斯海豹 3.带纹海豹 4.灰海豹 5.髭海豹 6.豹海豹 7.加拉帕戈斯海狮 8.冠海豹 9.大西洋海象 10.北象海豹

宽大的口裂和锋利的牙齿能够帮助它扑倒体型较大的猎物

06 这种鳍脚目动物因其布满斑点的皮毛而得名，它是一种凶猛的掠食者，经常潜伏在南冰洋浮冰附近的水下，捕食其他的海豹和企鹅。

它的獠牙为乳白色，长度可达90厘米，能够插入冰中，助力攀爬

07 这种南美洲动物在西班牙语中也被称为el lobo marino，意思是“海狼”，它爱好交际，叫声似狗。

较长的鳍肢能帮助它在岸上行走

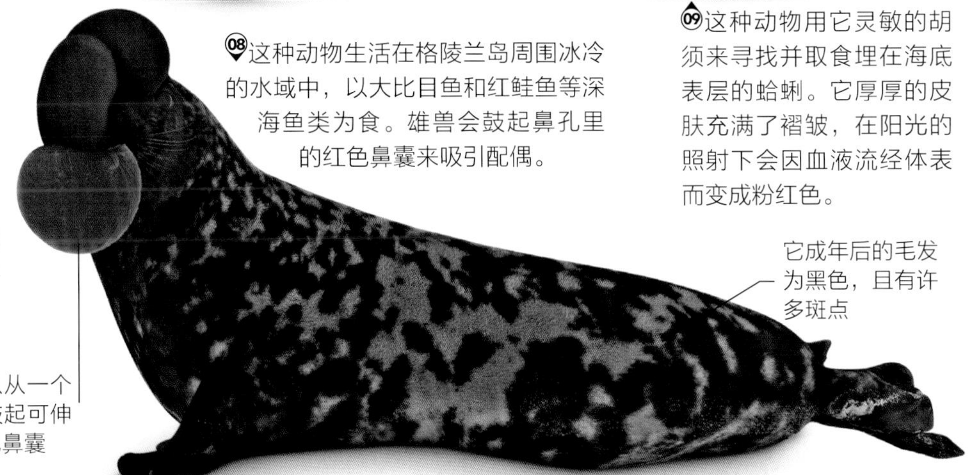

08 这种动物生活在格陵兰岛周围冰冷的水域中，以大比目鱼和红鲑鱼等深海鱼类为食。雄兽会鼓起鼻孔里的红色鼻囊来吸引配偶。

09 这种动物用它灵敏的胡须来寻找并取食埋在海底表层的蛤蜊。它厚厚的皮肤充满了褶皱，在阳光的照射下会因血液流经体表而变成粉红色。

它成年后的毛发为黑色，且有许多斑点

雄兽可以从一个鼻孔内鼓起可伸展的红色鼻囊

10 这种体型巨大的鳍脚目动物的体重可达2700千克，因其细长的管状鼻子而得名。它是一名出色的潜水员，能潜到水下1.5千米处。

鳍脚目动物

海豹、海狗、海狮和海象等所有长有鳍状肢的、生活在海里或海边的哺乳动物都被称为鳍脚目动物，鳍状肢有助于它们潜入深海畅游。大多数鳍脚目动物的皮肤下有一层厚厚的叫作海兽脂的脂肪，以适应栖息地内的寒冷气候。

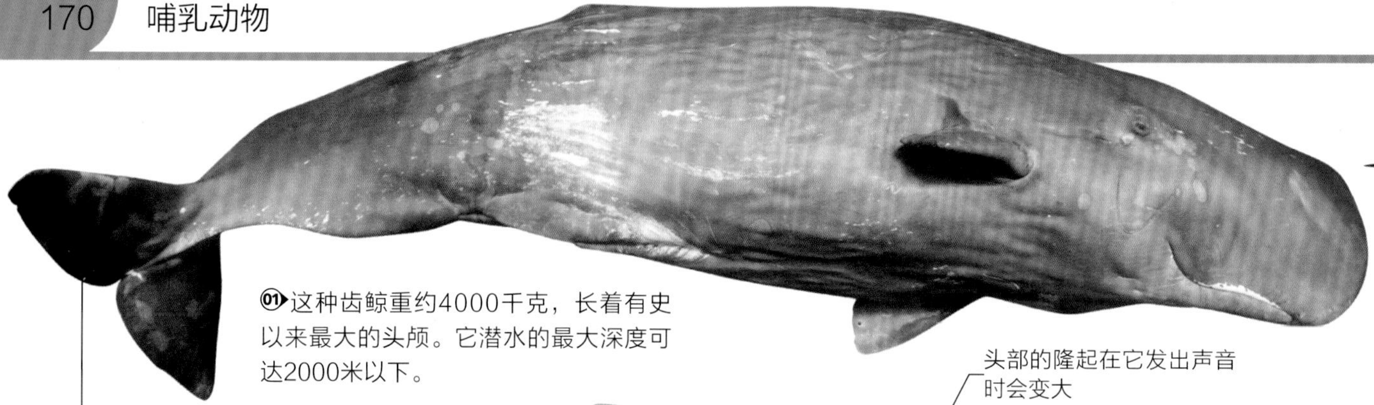

01 这种齿鲸重约4000千克，长着有史以来最大的头颅。它潜水的最大深度可达2000米以下。

它的尾鳍长度约为5米，能推动它在水中前进

头部的隆起在它发出声音时会变大

02 这种白色的齿鲸生活在北冰洋，用一系列的叫声与鲸群保持联系，包括吠声、唧唧声、咕噜声、吱吱声和哞哞声。

前进时可以用这种小而圆的鳍来控制方向

鲸目动物

齿鲸、须鲸和海豚被统称为鲸目动物。这些水生哺乳动物遍布世界各大洋，它们有着修长的身体和强有力的尾鳍，能以惊人的速度在水中穿梭。

它的鳍很长，长度可达5米

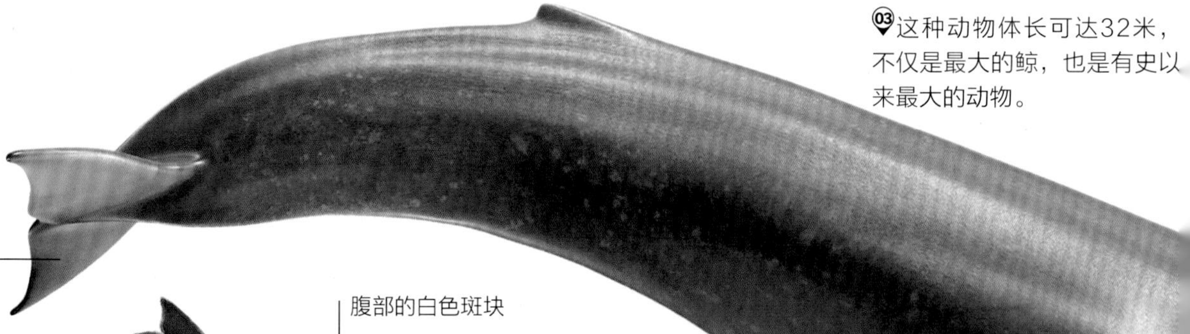

03 这种动物体长可达32米，不仅是最大的鲸，也是有史以来最大的动物。

它的尾鳍十分强壮，使其能以50千米/小时的速度在水中游动

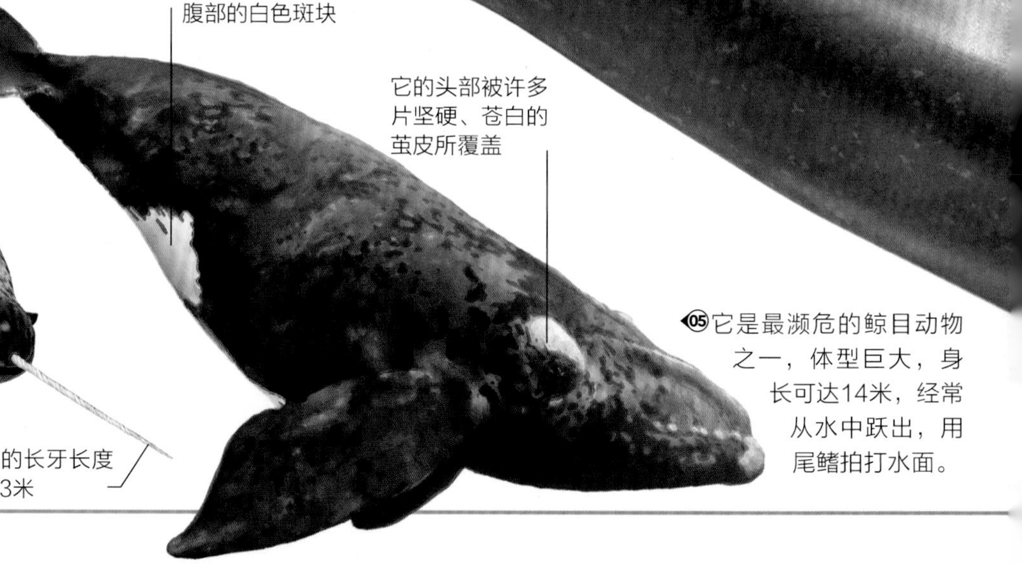

腹部的白色斑块

它的头部被许多片坚硬、苍白的茧皮所覆盖

05 它是最濒危的鲸目动物之一，体型巨大，身长可达14米，经常从水中跃出，用尾鳍拍打水面。

04 这种动物生活在北极地区，因其独特的长牙而被称为“海中的独角兽”。它的皮肤颜色在出生时为蓝灰色，幼年时为蓝黑色，成年后为斑驳的灰色，年老时则变为白色。

雄兽的长牙长度可达3米

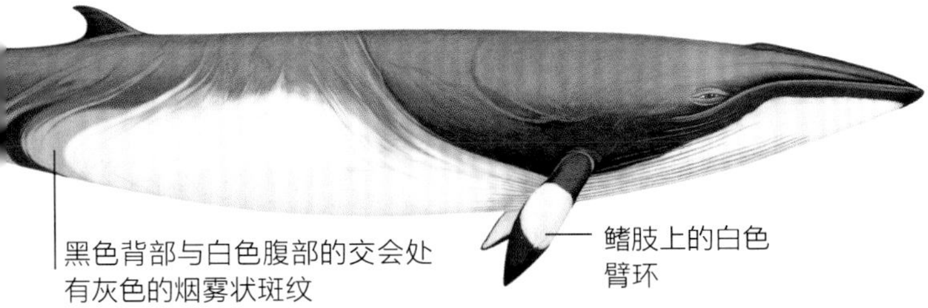
黑色背部与白色腹部的交会处有灰色的烟雾状斑纹
鳍肢上的白色臂环

⑥这种动物最大能长到9米长，是最小的须鲸——通过过滤海水中的微小生物来获取食物的鲸。

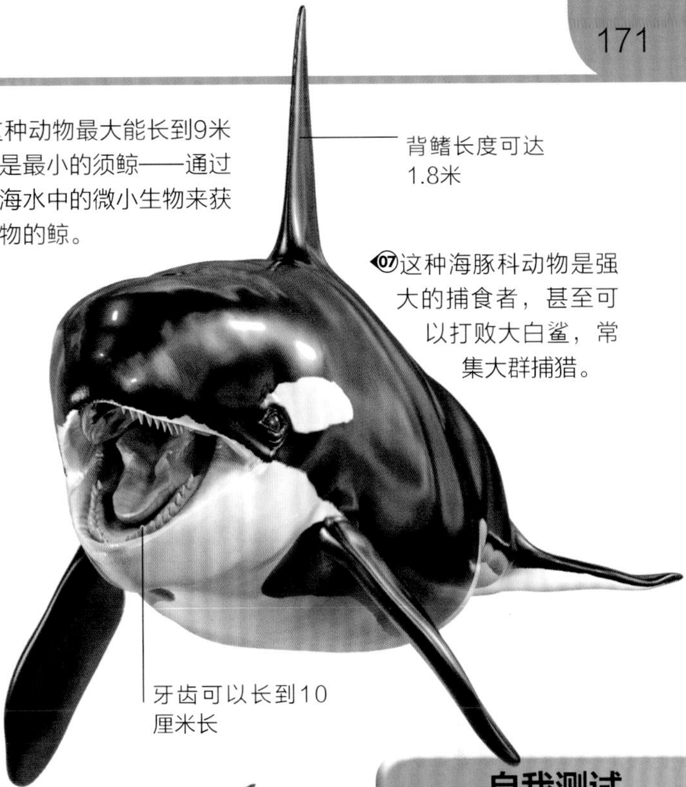
背鳍长度可达1.8米
牙齿可以长到10厘米长

⑦这种海豚科动物是强大的捕食者，甚至可以打败大白鲨，常集大群捕猎。

据了解，幼崽会与自己的母亲耳语

⑧它重达34吨，是世界上最大、最重的动物之一。它喜欢吟唱，每次吟唱的时间通常可达30分钟，“歌声”可以被32千米外的其他鲸听到。

身体侧面有明显的白斑

⑨这种鲸生活在大西洋、太平洋和印度洋中，被认为是最聪明的海洋哺乳动物之一。它非常顽皮，会在船只的周边游泳和跳跃。

随着年龄的增长，雄鲸隆起的头部也会逐渐变大

⑩这种鲸目动物有两条较长的鳍肢，能以32千米/小时的速度追捕猎物。

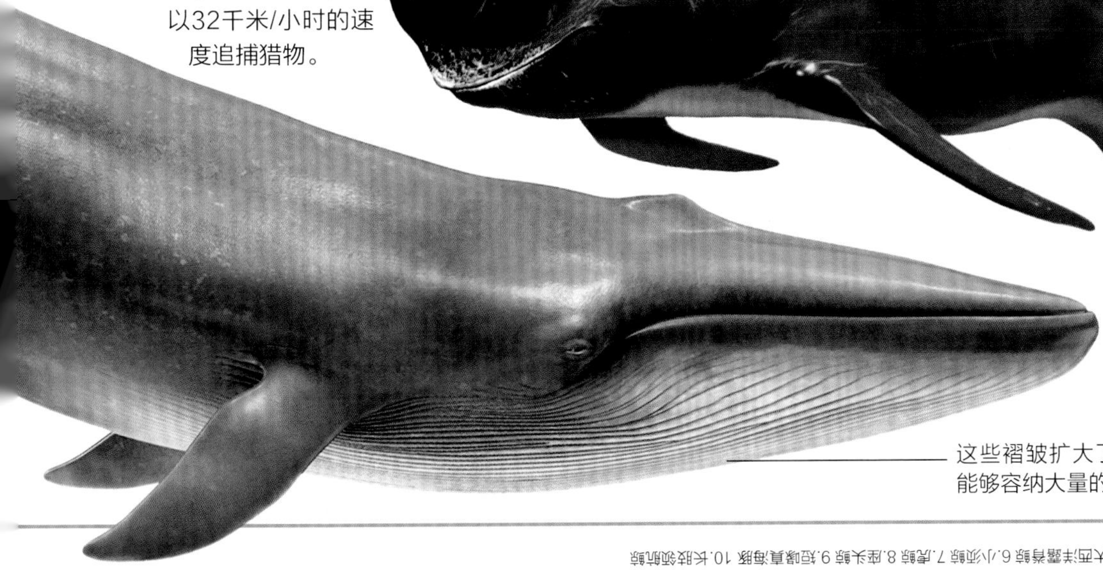
这些褶皱扩大了喉咙的面积，使其能够容纳大量的水并从中过滤食物

自我测试

入门	座头鲸 蓝鲸 短喙真海豚 虎鲸
进阶	小须鲸 一角鲸 抹香鲸
精通	**北大西洋露脊鲸** **贝鲁卡鲸** **长肢领航鲸**

答案：1.抹香鲸 2.贝鲁卡鲸 3.蓝鲸 4.一角鲸 5.北大西洋露脊鲸 6.小须鲸 7.虎鲸 8.座头鲸 9.短喙真海豚 10.长肢领航鲸

索引

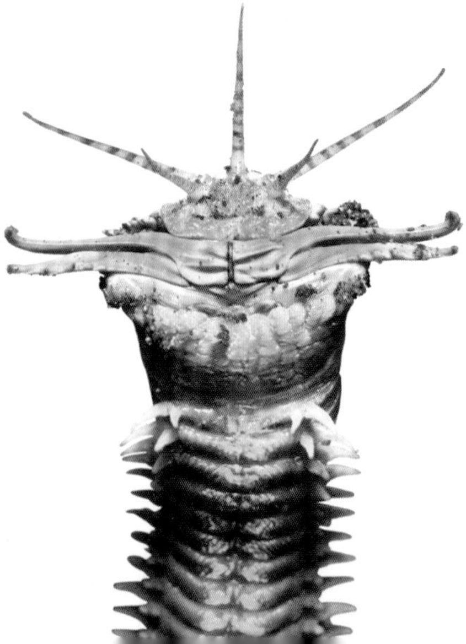

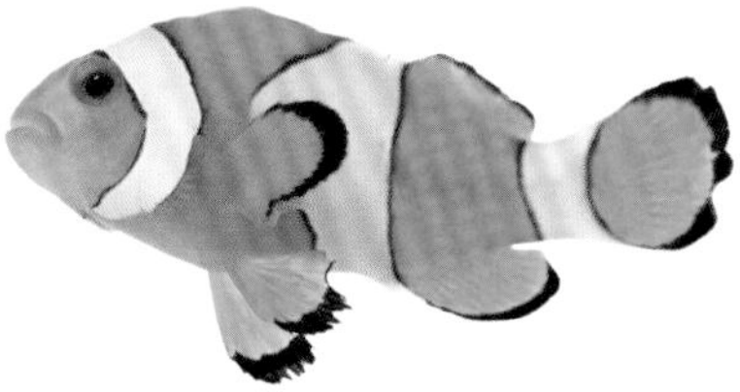

Z

Y

致谢

本书出版商谨向以下各位致以谢意。本书出版由衷感谢以下名单中的人员提供图片使用权。

Hazel Beynon for proofreading; Margaret McCormack for indexing; Charvi Arora, Sarah Edwards, Chris Hawkes, Sarah MacLeod, Anita Kakar, Aadithyan Mohan, and Fleur Star for editorial assistance; David Ball, Kit Lane, Shahid Mahmood, Stefan Podhorodecki, Joe Scott, Revati Anand, and Kanupriya Lal for design assistance; Simon Mumford for cartographic assistance; Martin Sanders for illustrations; Mrinmoy Mazumdar for hi-res assistance; and Chris Barker, Alice Bowden, and Kristin a Routh for fact-checking.

Picture Credits
The publisher would like to thank the following for their kind permission to reproduce their photographs:

(Key: a-above; b-below/bottom; c-centre; f-far; l-left; r-right; t-top)

123RF.com: Valentyna Chukhlyebova 22-23, costasz 173clb, Jozsef Demeter 95br, dique 128bc, Davor Đopar 182cr, Oleg Elagin 111cra, fxegs / F. Javier Espuny 174l, gresei 170tr, jejim 111tc, kajornyot 69tl, Malgorzata Kistryn 149cb, Turgay Koca 131br, long10000 / Liu Feng 120cr, Krisztian Miklosy 5tc, 120tr, Luciano Mortula 125tr, picsfive 168cr (Frame), 168br (Frame), 169tc (Frame), 169cl (Frame), Song Qiuju 58fbr, 189bl, Ricky Soni Creations 103cb, Natalia Romanova 10-11, jakkapan sapmuangphan 181cb, solarseven 10tl, poramet thathong 58clb, Mark Turner 42fbl, 46bl, vvoennyy 168tr (Frame), 168cl (Frame), 168bc (Frame), 169cla (Frame), 169cb (Frame), 169bl (Frame), 169bc (Frame), 169br (Frame), Maria Wachala 121cr, Sara Winter 114clb, Feng Yu 114-115 (Thumb tacks), 26clb, 84ca (Silver arowana); akg-images: Pictures From History 163tc; AlamyStock Photo: Aerial Archives 119fbl, Allstar Picture Library 178clb (Serena Williams), Aaron Amat 167cr, 167fcra, 167fcr (Turquoise brush stroke), 167fcrb, 167fbr, Amazon-Images 55tl, Antiquarian Images 169cl, ARCTIC IMAGES 133br, Art Reserve 149ca, Aurora Photos 112bl, Auscape International Pty Ltd 67crb, Avpics 36cla, B.O' Kane 149bl, Quentin Bargate 155clb, Guy Bell © Succession Picasso / DACS, London 2018. / © DACS 2018 168cr, BIOSPHOTO 80crb, 81ca, blickwinkel 65cb, 77cra, 78clb, 78clb (Gaboon Caecilian), 84cl, 85ca, BlueOrangeStudio 51r, Richard Brown 35cra, Peter Carroll 129bl, CBW 8-9, 191fbl, Classic Image 161br, classicpaintings 166cra, 169tc, color to go 156ca, Richard Cooke 30-31t (Red Arrows aerobatic team), CTK 179tl, Cultura Creative (RF) 142-143, 191br, Ian Dagnall 169cla, 169br, Ian G Dagnall 158cr, dbimages 113crb, Phil Degginger 16crb, Susan E. Degginger 138clb, Danita Delimont 167cra, Dinodia Photos 167cl, 173c, discpicture 76bl, Dorling Kindersley ltd 5ca, 157tc, dpict 35tr, Redmond Durrell 81tc, adam eastland 162cla, Edalin 95tr, Stephen Emerson 115tr, EmmePi Travel 156-157bc, Entertainment Pictures 175bc (Avatar), Kip Evans 127cla, Excitations 111br, Shaun Finch - Coyote-Photography.co.uk 32cra, fine art 34crb, FineArt 168br, Framed Art 166ca, Granger Historical Picture Archive 162-163cb, 168bc, 169bl, Randy Green 109cra, Kevin Griffin 36br, Hemis 149cl, The History Collection 156cb, Peter Horree 164-165, D. Hurst 137tc, IanDagnall Computing 162c, imageBROKER 36cl, 51cb, 65bc, 110clb, INTERFOTO 144ftl, 157ftl, Izel Photography 167tc, Juniors Bildarchiv GmbH 177cra, H Lansdown 51clb, Lebrecht Music &Arts 38clb, Melvyn Longhurst 27clb, Mint Images Limited 119fbr, Nature Picture Library 50, 77b, 88-89b, Andrey Nekrasov 154-155bc, Ivan Nesterov 155ca, Newscom 178bl, Niday Picture Library 166cla, North Wind Picture Archives 26crb, Novarc Images 132tl, PAINTING 166b, Alberto Paredes 43br, Peter Adams Photography Ltd 119bc, Photo 12 175br, Pictorial Press Ltd 160-161bc, 175bc, 191fbr, Picture Partners 167br, PjrStudio 138cla, Andriy Popov 137tr, tawatchai prakobkit 118b, robertharding 39cla, 109tl, 188bl, Prasit Rodphan 153bc, Stephane ROUSSEL 124clb, Arthur Ruffino 121c, Isak Simamora 187cr, Sklifas Steven 145bc, Superstock 183l, Thailand Wildlife 60br, Hugh Threlfall 182bc, tilt&shift / Stockimo 27cla, TP 129tc, Don Troiani 156cra, V&A Images 159br, Westend61 GmbH 137ftr,Jan Wlodarczyk 109clb, World History Archive 126br, 127clb, 161tc (Russian Revolution), 168tr, www.BibleLandPictures.com 167tl, Xinhua 14cb, xMarshall 185tl, Solvin Zankl 82crb; Ardea: Pat Morris 85br, Joseph T. Collins / Science Sour 79crb; Bridgeman Images: Wahaika rakau, hand club (wood), New Zealand School (18th Century) / Mark and Carolyn Blackburn Collection of Polynesian Art 157crb; © DACS 2018: © Succession Picasso / DACS, London 2018.168cr; Depositphotos Inc: Steve_Allen 129tl, CamillaCasablanca 122tr, 122c, 122clb, 122bl, 123crb, 123bl, 123br, nelka7812 54cla, tehnik751 121br, Violin 182cla; Dorling Kindersley: 4hoplites / Gary Ombler 156ftr, Thomas Marent 78crb, Thomas Marent 78bc, The Bate Collection / Gary Ombler 172-173tc, Andrew Beckett (Illustration Ltd) 4tr, 54tl, 54tc, 54tr, 54bc, 54br, 55tc, 55c, 55clb, 55cb, 55bl, 68cr, Board of Trustees of the Royal Armouries / Gary Ombler © The Board of Trustees of the Armouries 156tc, © The Board of Trustees of the Armouries 158ca, © The Board of Trustees of the Armouries 159tl, Booth Museum of Natural History, Brighton / Dave King 92crb (Tachyglossus aculeatus), Bristol City Museum and Art Gallery / Gary Kevin 42bc, Cairo Museum / Alistair Duncan 144tc, Courtesy of Dorset Dinosaur Museum / Andy Crawford 43bl, Dan Crisp 42ca, Ermine Street Guard / Gary Ombler 156cb (Gladius), Shane Farrell 65clb, Harzer Schmalspurbahnen / Gary Ombler 30cl, Hellenic Maritime Museum / Graham Rae 38cla, Holts Gems / Ruth Jenkinson 140tr, 140cl, 140cb, 140bl, 141tl, 141c, 141clb (Gem Opal), Peter Minister and Andrew Kerr 49tl, Barnabas Kindersley 67cla, 184clb, James Kuether 42bl, 44cr, 44-45bc, 45tc, 45clb, 45crb, 47cb, Liberty's Owl, Raptor and Reptile Centre, Hampshire, UK 94tl, 94cb, Jamie Marshall 106bl, The Museum of Army Flying / Gary Ombler 37br, NASA / Arran Lewis 106-107c, National Music Museum / Gary Ombler 170tl, 173tr, National Railway Museum, New Dehli 35cla, The National Railway Museum, York / Science Museum Group 35bl, Natural History Museum, London / Colin Keates 42br, 42fbr, 83cr, 83crb (Porcupine Fish Scales), 93tc, 137tl, 138ca, 141clb, Natural History Museum, London / Frank Greenaway 57br, Natural History Museum, London / Harry Taylor 139cr, Natural History Museum, London / Peter Chadwick 67cla (Owl feather), 92cra, Natural History Museum, London / Tim Parmenter 2cl, 92clb, 93crb, 138c, 140-141bc, 141cla, Oxford University Museum of Natural History 138tr, David Peart 95cla, Pictac 182tc, Jean-Pierre Verney / Gary Ombler Collection of Jean-Pierre Verney 158cl, Linda Pitkin 58br, 63tr, Pitt Rivers Museum, University of Oxford / Dave King 157cra, Powell-Cotton Museum, Kent / Geoff Dann 156tl, Railroad Museum of Pennsylvania 34-35tc, RGB Research Limited / Ruth Jenkinson 16clb, 16cb, 16fclb, 16fcrb, 17clb, 17fclb, 18tr, 18cra, 18cl, 18bl, 18bc, 18br, 19tl, 19tc, 19tr, 19ca, 19cra, 19cr, 19clb, 19cb, 19bl, 138br, Royal Botanic Gardens, Kew / Gary Ombler 76tc (Leafs), 76tr (Leafs), Safdarjung Railway Station / Deepak Aggarwal 34cra, Senckenberg Gesellshaft Fuer Naturforschugn Museum / Gary Ombler 42-43c, Senckenberg Nature Museum, Frankfurt / Andy Crawford 43tr, Universitets Oldsaksamling, Oslo / Peter Anderson 159tc, University of Pennsylvania Museum of Archaeology and Anthropology / Gary Ombler 145tl, Vikings of Middle England / Gary Ombler 157c, Matthew Ward 32-33cb, Peter Barber Lomax / Matthew Ward 32bc, Weymouth Sea Life Centre / Frank Greenaway 87bl, Chris Williams / James Mann 33tl, Jerry Young 2bl (Nile crocodile), 82clb, 84cra; Dreamstime.com: 111cla, Aberration / Petr Malyshev 94cra, Adogslifephoto 65cl, 78cra, Aetmeister 61tl, Aiisha 115bl, Albund 184-185cb, Aldodi / Aldo Di Bari Murga 181cb (Baseball), Alessandro0770 153cb, Alhovik 129cb, Amphaiwan 100tr, Andersastphoto 153br, Leonid Andronov 154tr, Andylid 4tc, 36cr, Arapix 155tl, Artmim 94br, Aruna1234 102crb, Asterixvs / Valentin Armianu 104-105, 191bc, Atman 2tl, 100tl, Pavlo Baishev 171crb, Folco Banfi 185cra, Bbgreg 162-163 (Frames), Beijing Hetuchuangyi Images Co,. Ltd . 34cla, Dean Bertoncelj 185cb, Olga Besnard 32cl, Andrii Bielikov 96tr, Lukas Blazek 86tc, Stanislav Bokach 107br, Bolotov 114-115, Martin Brayley 156c, Darryl Brooks 172-173bl, Lynn Bystrom 70tr, Anat Chantrakool 84ca, Chinaview 173cra, Mohammed Anwarul Kabir Choudhury 180cla, Cleanylee 72cla, Cowardlion 125crb, Atit Cumpeerawat 121bl, Cynoclub 61cra, Davidwardwithernsea 34b, Daviesjk 70tl, Ivo De 33cr, Dejan750 / Dejan Sarman 107bc, Destina156 16cra, Dezzor 131tl, Digitalfestival 172-173ca, Cristina Dini 98cb, Diomedes66 / Paul Moore 138bc, Dmuratsahin 100cra, 101ca, Dreamer4787 109cla, Drflash 31clb, Drknuth / Kevin Knuth 59crb, Dtfoxfoto 133bl, Mikhail Dudarev 68tc, Oleg Dudko 184cl (Ice Hockey), Diana Dunlap 146clb, Dvmsimages 32cra (Model t), E1ena 5bl, 98bc, Elena Elisseeva 96ca, Elnur 185cl, Emicristea 115cla, EPhotocorp 145br, Erllre 5tl, 68tr, Sergey Eshmetov 172cl, Maria Luisa Lopez Estivill 114bl, Exiledphoto 58bl, F11photo 147cb, Farinoza 81cla, Fckncg 130crb, Iakov Filimonov 70br, Jiri Foltyn / Povalec 95clb, Frenta 154crb, Ruslan Gilmanshin 148cb, Joseph Gough 130cra, Aleksandar Grozdanovski 171bl, Henrikhl 65bl, Birgit Reitz Hofmann 101clb, BjÃ¸rn Hovdal 129bc, Hupeng 33crb, Orcun Koral IÅŸeri 130-131c, Igorkali / Igor Kaliuzhny 140bc, Igor Ilnitski 131crb, Imparoimparo 94crb, Ipadimages 129r, Iprintezis 39tl, Iquacu 100br, Isselee 2ca, 64cr, 69bc, 71cla, 74cr, 74br, 93cr, 176bl, Vlad Ivantcov 130ca, Miroslav Jacimovic 131ca, Shawn Jackson 51ca, Janpietruszka 94bc, Javarman 115tc, John Jewell 35crb, Jgorzynik 3tl, 37cl, Jgroup / James Steidl 27tl, Johncarnemolla 69cb, Johnsroad7 186crb, Joools 19cl, Julialine / Yuliya Ermakova 107bl, Juliengrondin 99cr, Acharaporn Kamornboonyarush 60clb, John Kasawa 184cla, Raymond Kasprzak / Rkasprzak 120tc, Pavel Kavalenkau 154cra, Kazoka 78ca, Cathy Keifer / Cathykeifer 94bl, Surachet Khamsuk 85cra, Liliia Khuzhakhmetova 185tr, Kichigin / Sergey Kichigin 27tc, Mikhail Kokhanchikov 22clb, 181tl, Kostiuchenko 98br, Katerina Kovaleva 101br, Ralf Kraft 49c, Matthijs Kuijpers 95tc, Alexey Kuznetsov 74tr, Kwerry 95cb, Volodymyr Kyrylyuk 38b, Richard Lammerts 156tr, Richard Lindie 72tl, Liumangtiger 103crb, Renato Machado 121tc, Anton Matveev 85cla, Aliaksandr Mazurkevich 109bl, Boris Medvedev 170tc, Mgkuijpers 5cla, 80c, Borna Mirahmadian 147bl, Mirkorosenau 84tl, Ml12nan 38tr, Mlhead 186bl, Mohdoqba 103bc, Pranodh Mongkolthavorn 155br, Paul Moore 157tl, Konstantinos Moraitis 32br, Mrallen / Steve Allen 131c, Stanko Mravljak / Stana 94clb, Mrdoomits 157cla, Shane Myers 72cla (Green Sea Turtle), Viktor Nikitin 184crb, William Michael Norton 112cra, Nostone 97bl, Anna Om 146tc, Ovydyborets 160bl (Vintage Paper Background), 160bc (Vintage Paper Background), 161br (Vintage Paper Background), Pahham 99tr, David Park 33cr, Jim Parkin 185cr, Svetlana Pasechnaya 5cra, 148bc, Anastasiya Patis 149c, Martin Pelanek 78cl, Denis Pepin 180-181bc, William Perry 120ca, Petrlouzensky 156bl, Chanawat Phadwichit 39c, Suttiwat Phokaiautjima 173cla, Dmitry Pichugin 113bl, Pictac 5tr, 181tc, Pilens / Stephan Pietzko 106bc, Pincarel / Alexander Pladdet 180bc, Presse750 111crb, Pressfoto / Lvan Sinayko 120bl, Mariusz Prusaczyk 111clb, Pudique 131c (France flag), 131bl, Bjrn Wylezich 19cb (Sulfur), Prasit Rodphan 180bl, Rostislav Ageev / Rostislavv 31br, Somphop Ruksutakarn 100bl, Sandra79 / Sandra Stajkovic 160cb, Sborisov 121clb, 145fbr, Scaliger 147cra, Scanrail 125tl, Sally Scott 102ca, Shsphotography 131cb, Serhiy Shullye 101cl, Piti Sirisriro 34clb, Solarseven 17r, Sombra12 68br, Sportfoto / Yury Tarasov 107bc (River Volga), Srlee2 113cra, Sssticker 128-129bc (Hands), Staphy 106br, Stevenrussellsmithphotos 61br, Stillfx / Les Cunliffe 181bc, Stu Porter 95bl, Surabhi25 59cra, Kamnuan Suthongsa 81cb, Oleksii Terpugov 180tr, Tessarthetegu 95ca, Thawats 74-75cb, Thediver123 / Greg Amptman 82bl, George Tsartsianidis 130cb, 131tc, Lillian Tveit 76br, 189tr, V0v / Vladimir Korostyshevskiy 167bc, Vacclav 146br, Valentyn75 101tc, 141cb, Verdateo 172ca, Dan Vik 30-31t, Viktarm 10cla, Vivellis 4b, 33cra, Vladvitek 86-87cb, Volkop 183clb, Weather888 147clb, Wlad74 128tl, Wojciech Wrzesień 38-39cb, Yinghua 99cr (Lotus leaf), Yinglina 34tl, Yocamon 5tc (Shuttlecock), 180cl, Yurakp 3ca, 101bl, Zaclurs 185clb, Zelenka68 141crb, Yifang Zhao 170c, 171cl, Alexander Zharnikov 113tl; ESO: https: / / creativecommons. org / licenses / by / 4.0 11cla (Barnard's Galaxy), https: / / creativecommons.org / licenses / by / 4.0 / / M. Kornmesser 15ca; FLPA: Biosphoto / Regis Cavignaux 85bc, Imagebroker / J.W.Alker 62cla, Chris Mattison 79tr, Minden Pictures / Birgitte Wilms 63cra, Minden Pictures / Pete Oxford 81bc, Minden Pictures / Piotr Naskrecki 64tr, Minden Pictures / Ron Offermans, Buiten-beeld 84bl, Minden Pictures / Wil Meinderts 62bc; Fotolia: robynmac 181clb, Juri Samsonov / Juri 93cra, uwimages 87cla; Getty Images: Lambert-Sigisbert Adam 148cl, Agence France Presse / AFP 163bc, Ayhan Altun 155cla, Per-Anders Pettersson / Hulton Archive 163tr, Marie-Ange Ostré 68bl, Apic / RETIRED / Hulton Archive 163cra, The Asahi Shimbun 97cb, Etwin Aslander / 500px 97br, James Balog / The Image Bank 89cla, Barcroft / Barcroft Media 31cr, Barcroft Media 76ca, Bettmann 27fclb, 160clb, Walter Bibikow 154bl, Manuel Blondeau - Corbis 183br, Bloomberg 37crb, Charles Bowman 155tr, Marco Brivio / Photographer's Choice 109br, C Squared Studios 173tc, 183tl, Carsten Peter / Speleoresearch & Films / National Geographic 137br, China Photos / Stringer / Getty Images News 15cr, Giordano Cipriani 95bc, Dean Conger / Corbis Historical 119tr, Sylvain Cordier / Photolibrary 72ca, De Agostini / A. Dagli Orti / De Agostini Picture Library 162clb, DEA / A. DAGLI ORTI / De Agostini 144bl, DEA / A. VERGANI 121tl, DEA / ARCHIVIO J. LANGE / De Agostini 174cla, DEA / G. DAGLI ORTI 148r, 149crb, DEA / G. DAGLI ORTI / De Agostini 144crb, DEA / G. NIMATALLAH / De Agostini 179bl, DEA / PUBBLI AER FOTO 110bl, DEA PICTURE LIBRARY / De Agostini 162bc, Digitaler Lumpensammler / Moment 109cr, DigitalGlobe 126cra, Elena Duvernay / Stocktrek Images 42crb, ESA / Handout / Getty Images Publicity 126cla, Fine Art Images / SuperStock 162crb, Flickr / Jason's Travel Photography 145fbl, Fuse / Corbis 21br, Mauricio Handler 87cb, Matthias Hangst / Getty Images Sport 178cl, Martin Harvey 114crb, PREAU Louis-Marie / hemis.fr 70-71ca, Heritage Images / Hulton Fine Art Collection 169bc, Schafer & Hill 114cla, IMAGEMORE Co, Ltd. 65tr, Imágenes del Perú / Moment Open 144tr, David C Tomlinson / Lonely Planet Images 108crb, John W Banagan / Lonely Planet Images 124br, Joel Sartore, National Geographic Photo Ark 74bl, Layne Kennedy 110c, Izzet Keribar 115tl, kuritafsheen / RooM 73cla, Kyodo News 39b, Danny Lehman 155crb, Holger Leue 112cl, David Madison 184-185bc, Reynold Mainse / Design Pics 59bc, 189bc, Joe McDonald 54bl, 76tr, MelindaChan 115crb, László Mihály / Moment 125bl, mikroman6 / Moment Open 94-95c, Nikolai Galkin / TASS 17cb, John Parrot / Stocktrek Images 161tl, Peter Zelei Images / Moment 119cb, PHAS 149tc, Photo by K S Kong 68tl, Mike Powles / Oxford Scientific 66clb, Print Collector 149bc, Fritz Rauschenbach / Corbis 78-79cb, Roger Viollet Collection 26fcrb, Yulia Shevchenko / Moment 167cla (Flamingo), Frédéric Soltan / Corbis News 124tl, Paul Starosta 63cb, Paul Starosta / Corbis Documentary 84tc, Stringer / Jack Thomas / Getty Images Sport 179tr, Stringer / Yasser Al-zayyat 95cl, suebg1 photography 77crb, Chung Sung-Jun / Getty Images Sport 178clb, David Tipling 70bl, UHB Trust / The Image Bank 21cla (Ultrasound), Universal History Archive / Universal Images Group 152-153bc, 168cl, Dr. David M. Phillips / Visuals Unlimited 21cl, Grey Villet / The LIFE Picture Collection 161tr, Visions Of Our Land 120tl, VolcanoDiscovery / Tom Pfeiffer 115cra, Weatherpix / Gene Rhoden / Photolibrary 132-133c, Ben Welsh / Corbis 178-179bc, Westend61 115clb, 136cra, ZEPHYR / Science Photo Library 21cla, Jie Zhao 70cl, Jenner Zimmermann / Photolibrary 102cra; iStockphoto.com: 1001slide 113clb, 2630ben 133fbl, 3D_generator 130bl, 3dmitry 130tl, AK2 124tr, Dmytro Aksonov 184-185 (Pole Vaulting), Alan_Lagadu 146crb, Orbon Alija 119bl, allanswart 184tr, amustafazade 171cl (Oboe), AndreaWillmore 112crb, artisteer 182br, bendenhartog 68bc, biometar 167cr (Medicine bottle), Derek Brumby 130c, cinoby 147cla, clicksbyabrar 120bc, Coica 97bc, CreativePhotoCorner 130tc, dem10 146tl, DigitalBlind 132bl, dreamnikon 88cla, duncan1890 161tc, EarthScapeImageGraphy 35cr, Elenarts 39ca, Frankonline 34cl, Freder 21tl, Gannet77 158-159bc, Gregory_DUBUS 133fbr, holgs 145tr, ivkuzmin 68cla, JoeGough 131bc, JUN2 172clb, Katerina_Andronchik 122crb, 122br, 123tl, 123cl, 123clb, kikapierides / E+ 167cla, kjorgen 55cr, kkant1937 3bl, 158bl, Mark Kostich 2bl, 77tr, 80bc, kurkul 111cr, liseykina 147crb, LPETTET 130bc, MaboHH 124cr, macca236 68cra, mantaphoto 110br, marrio31 86cl, mazzzur 153bc (Mehrangarh fort), mbolina 67tr, mdesigner125 135tc, menonsstocks 131ca (Indian Flag), MikeLane45 69cl, mysticenergy 135crb, Nikada / E+ 125br, olgagorovenko 51crb, omersukrugoksu 167fcr, pawel.gaul 110tr, Perszing1982 133bc, reptiles4all 64cl, Richmatts 88cl, selimaksan 161bc, SL_Photography 130br, stuartbur 180cra, subjug 146-147 (Black corners), tbradford 146bl, TerryJLawrence 147tl, Thurtell 183tc, vistoff 130clb, vwalakte 125bc, walik 185ca, wsfurlan 97bc (Victoria Amazonica), Xantana 109tc; James Kuether: 44bc, 45br, 46clb, 49cla; Longform: Cartier 140tl; Mary Evans Picture Library: 153tr; NASA: 14tl, 14tr, 14ca, 15cra, 15crb, 15bl, 15br, 119br, 126cb, 128-129c, Ames / SETI Institute / JPL-Caltech 11br, Jacques Descloitres, MODIS Rapid Response Team, NASA / GSFC 108ca, ESA / Hubble & NASA 11tl, ESA / Hubble & NASA, Acknowledgement: Flickr user Det58 10bl, Bill Ingalls 10-11bc, JPL 15tl, JPL / DLR 13fbl, JPL / University of Arizona 13bl, JPL-Caltech / MSSS 14cr, NASA / GSFC / LaRC / JPL, MISR Team 127br, NASA / JPL 126ca, NASA / U. S. Geological Survey / Norman Kuring / Kathryn Hansen 59r, NASA Earth Observatory image by Jesse Allen and Robert Simmon, using EO-1 ALI data from the NASA EO-1 team. Caption by Mike Carlowicz 127tr, NASA image by Jeff Schmaltz, LANCE / EOSDIS Rapid Response. Caption by Kathryn Hansen 126bl, NASA image created by Jesse Allen, Earth Observatory, using data obtained from the University of Maryland's Global Land Cover Facility. 127cb, Jeff Schmaltz 127tl, SDO / GSFC 10tr; National Geographic Creative: Michael Nichols 97tr; naturepl.com: Eric Baccega 114cb, John Cancalosi 73cra, Jordi Chias 82-83c, Stephen Dalton 3tr, 69ca, Alex Hyde 60ca, 64cb, Gavin Maxwell 59tc, Pete Oxford 40-41, 191bl; NRAO: AUI / NSF 10clb (Fornax A); Rex by Shutterstock: 31cra, imageBROKER / SeaTops 72-73bl, Kobal / Paramount Television 175bl, Magic Car Pics 33cl, Quadrofoil / Bournemouth News 31cra (Quadrofoil speedboat), Unimedia 31br (Rinspeed sQuba); Rijksmuseum, Amsterdam: 157tr; Robert Harding Picture Library: M. Delpho 66-67c, Michael Nolan 75crb, 86br; Photo Scala, Florence: courtesy of the Ministero Beni e Att. Culturali e del Turismo 149cla; Science Photo Library: Thierry Berrod, Mona Lisa Production 25bl, Dr Jeremy Burgess 25bc, Dennis Kunkel Microscopy 24c, 25ca, Eye of Science 83crb, Dante Fenolio 86cra, Steve Gschmeissner 24tr, 24clb, 24crb, 24br, 25crb, Michael Long 49br, Martin Oeggerli 25cl, Power and Syred 25tr, Science Source 24cla, Millard H. Sharp 43fbl, 138-139tc, VEISLAND 22bl; SD Model Makers: 3br, 38cra, 38crb, 39ca (Viking Ship); SuperStock: 4X5 Collection 169cb, age fotostock / Juan Carlos Zamarreño 146tr, hemis.fr / Hemis / Delfino Dominique 89tc, imageBROKER / Helmut Meyer zur Capellen 148bl, Juniors 84cla, Marka 163cr, Minden Pictures / Colin Monteath 108cb, Minden Pictures / Fred Bavendam 86bl, Minden Pictures / Kevin Schafer 114tr, Minden Pictures / Konrad Wothe 55cra, Minden Pictures / Stephen Dalton 94tr, NHPA 80t, robertharding 146cra, robertharding / Lizzie Shepherd 38cb, Science Photo Library 65cr, Universal Images 162tr, Stuart Westmorland 83tr; The Metropolitan Museum of Art: Bashford Dean Memorial Collection, Bequest of Bashford Dean, 1928 159tr, Bequest of Benjamin Altman, 1913 145ftl, Bequest of George C. Stone, 1935 158bc, The Michael C. Rockefeller Memorial Collection, Bequest of Nelson A. Rockefeller, 1979 145tc, Rogers Fund, 1904 158tr, Rogers Fund, 1917 144ftr, Rogers Fund, 1921 158br; Wellcome Collection http://creativecommons.org/licenses/by/4.0/: 21cra

All other images © Dorling Kindersley
For further information see: www.dkimages.com

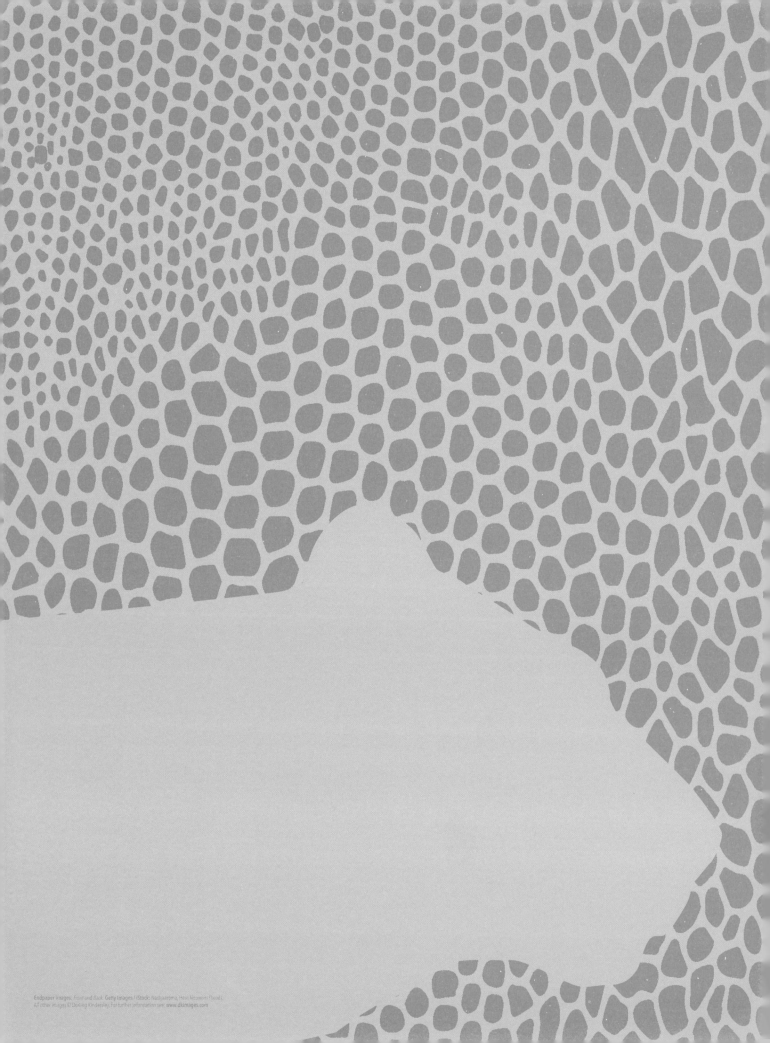